実践 Node.js 入門

基礎・開発・運用

伊藤康太

技術評論社

免責事項

本書に記載された内容は、情報の提供のみを目的としています。したがって、本書を用いた運用は、必ずお客様自身の責任と判断によって行ってください。これらの情報の運用結果について、技術評論社および著者はいかなる責任も負いません。本書記載の情報は2022年12月現在のものです。

商標・登録商標について

本書に記載されている製品名などは、一般に各社の商標または登録商標です。™や®は表示していません。

サポート

本書の書籍情報ページは下記です。こちらからサンプルファイルダウンロードやお問い合わせが可能です。

https://gihyo.jp/book/2023/978-4-297-12956-9

目次

5 CLIツールの開発 123

6 ExpressによるREST APIサーバー／Webサーバー 153

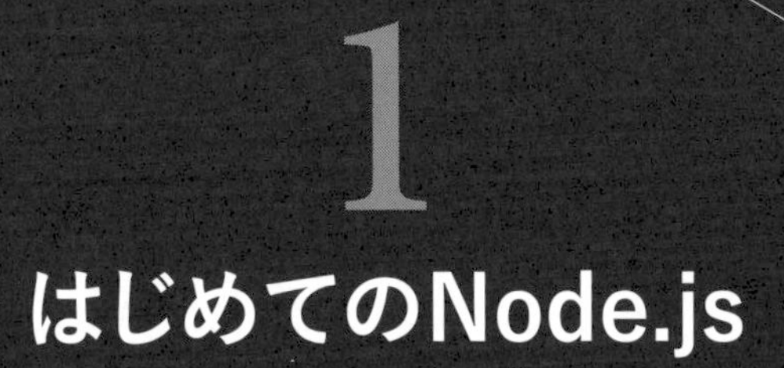

1 はじめてのNode.js

Node.jsとはいったい何者でしょうか。公式ページ*1を見に行くと次のように書いてあります。

> Node.js® is a JavaScript runtime built on Chrome's V8 JavaScript engine.

この一文にあるように、Node.jsはChromeに内蔵されているV8*2というJavaScriptエンジンの上に構築されたJavaScriptのランタイム（実行環境）です。

Node.jsはHTTPを受け付けるサーバーとしてユーザーからのリクエストをやりとりするなど、ネットワークの処理を得意としています。さらに、Node.jsは2009年の登場以来、サーバーでの実行にとどまらず、フロントエンド*3のためのツールとしても広く利用されてきました。

現在Node.jsは、フロントエンド周りの開発や実運用にもほぼ必須と言っても過言ではなくなるほどに成長し、OSSとして多くの人の手によって支えられています。

筆者がJavaScriptとNode.jsに触れ始めたのは2013年ごろです。Node.jsは黎明期から脱出しはじめ少しずつ市民権を得始めたように見えていました。

ユーザーに見える部分をつくれることが楽しくてフロントエンドにハマっていった筆者ですが、JavaScriptの知識が増えるにつれてバックエンドも同じ言語で書けたらなぁという気軽な気持ちからNode.jsに入門しました。JavaScriptという新しいハンマーを手に入れてすべてが釘に見えていたのでしょう。今思えば単純な動機ですがきっかけはその程度のものでした。

しかし、Node.jsに深く触れていくにつれ、JavaScriptという見た目こそ同じでも、ブラウザ／サーバーでそれぞれ動作するものは全然違うということに気づきました。注意すべき挙動やつくりが、フロントエンドとバックエンドでは大きく変わってきます。

それでも、JavaScriptという共通の文脈があるおかげで、今までなんとなくでしか理解できていなかったOSの動作やプロトコルなど、Webのしくみが少しずつコードとして腹落ちするようになっていきました。バックエンドとひとくくりにするには大きすぎますが、それらの領域が長年積み重ねてきたことがわかって

---

*1 https://nodejs.org/ja/

*2 https://v8.dev/

*3 本書ではブラウザで動作するものを主にフロントエンド、サーバーで動作するものをバックエンドと呼びます。

くると、とても楽しかったのを覚えています。

そういった経験から、フロントエンドの知識を持つエンジニアにとってNode.jsは、より広い領域に手を広げられるとてもよいツールだと考えています。

筆者はNode.jsのおかげで明らかにエンジニアとしての幅が広がりました。その感動が本書執筆における一番の動機です。そういった当時の熱量はもちろんですが、本書によって当時のNode.jsの情勢、それらとともに得てきた経験などが少しでも伝わればと思っています。

本書は当時の自分のような人に伝えるイメージで書きました。

- **初めてWeb開発に触れる新卒エンジニア**
- **バックエンドの理解を深めたいと思っているフロントエンドエンジニア**
- **昔触れたことがあるが、最近のJavaScriptがどうなっているかを知りたい方**
- **Node.js自体の特徴や適切な使い方に興味がある方**

JavaScriptやNode.jsの特徴・歴史などをなるべく噛み砕いて説明しつつ、Node.jsを使ったアプリケーション開発をバックエンドからフロントエンドまで一通り体験し、理解していくことを目指しています。

- **第1章：Node.jsの特徴や用途などに触れていきます。**
  - **Node.jsの大きな特徴である非同期やイベント駆動について理解を深めましょう**
  - **Node.jsの心臓であるイベントループの動作や特徴について解説します**
- **第2章：Node.jsの実行環境を構築し、簡単なJavaScriptの文法に触れます。**
  - **JavaScriptを触れ始めるにあたり、基礎的な文法を理解するための章です**
  - **JavaScriptに慣れている方はこの章を飛ばしてもかまいません**
- **第3章：Node.jsのモジュール（ファイルの分割）について解説します。**
  - **アプリケーション作成にあたり確実に必要になるファイル分割について触れます**
- **第4章：Node.jsにおける非同期処理の扱い方ついて触れます。**
  - **非同期コードの4つのパターンを理解しましょう**
  - **それぞれのパターンのエラーハンドリングについて解説します**

■第5章： CLIツールの作成を通して簡単なアプリケーションのつくり方を解説します。

- Webアプリケーションを学ぶ前に、まずはCLI作成を通してアプリケーションのつくり方の理解を深めましょう
- Node.jsでファイルの操作やnodeコマンドに渡すオプションの使い方などを扱います
- テストの書き方についても解説します

■第6章： Node.jsを利用したWebアプリケーションの基礎を解説します。

- HTMLを返し、APIを実装するサーバーのつくり方を扱います
- Node.jsが得意とするネットワーク処理の理解を深めましょう

■第7章： 第6章のアプリケーションを発展させ、フロントエンドの開発の基礎を解説します。

- フレームワークを利用したSPAの作成方法を扱います
- フロントエンドとバックエンドの違いを感じましょう

■第8章： 実際にNode.jsアプリケーションを運用する際に必要となる知識を筆者の経験から解説します。

- より実務に近いアプリケーションの運用について扱います
- 簡単な注意点から運用を見据えたアプリケーションの設計、調査方法などを扱います

1.1 Node.jsの言語としての特徴

Node.jsを特徴づける大きなポイントは「非同期のイベント駆動形ランタイム」と「Non-Blocking I/Oとシングルスレッド」です。

いきなり「非同期」や「イベント駆動」「Non-Blocking I/O」等言われてもわかりにくいでしょう。ひとつずつ解説していきます。

1.1.1
Node.jsとイベント駆動

通常、プログラムは記述された順番に実行されます。また、記述された関数などを実行している間は、その処理が完了するまで他の処理を行いません。これが同期処理です。つまり同期処理は同時に1つのタスクしか実行されません。

図1.1 同期処理

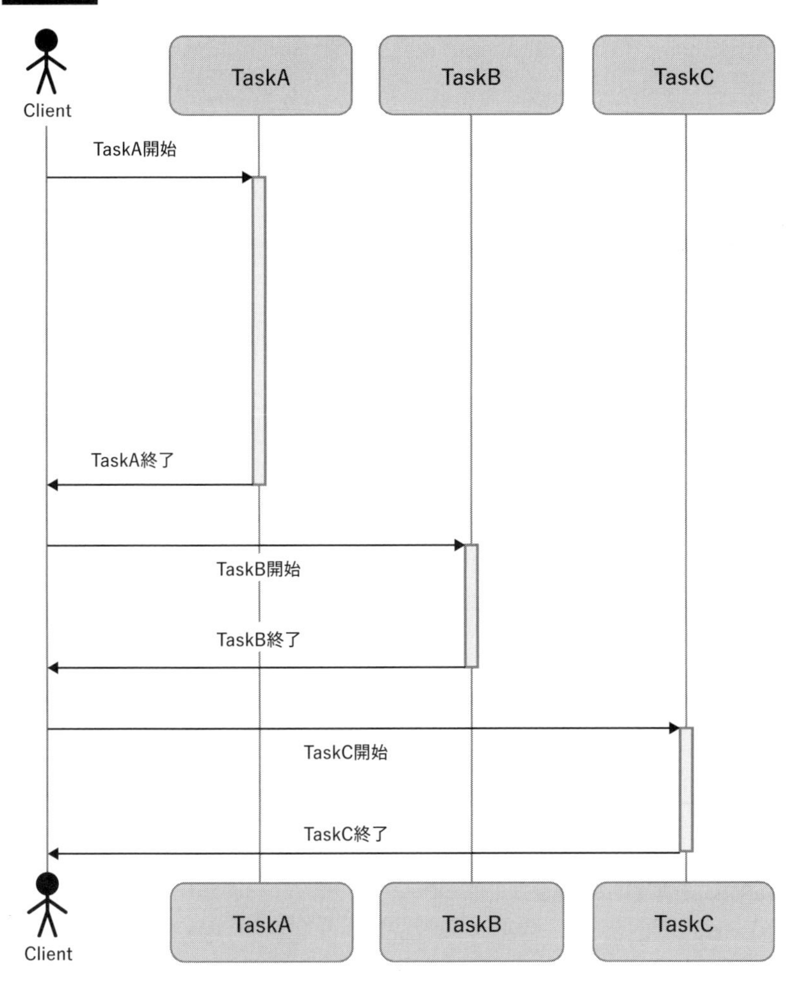

非同期処理は同期処理とは逆に、記述された順番で実行されるとは限りません。また、タスクの実行が完了する前に別のタスクが動作する可能性があります。

図1.2 非同期処理

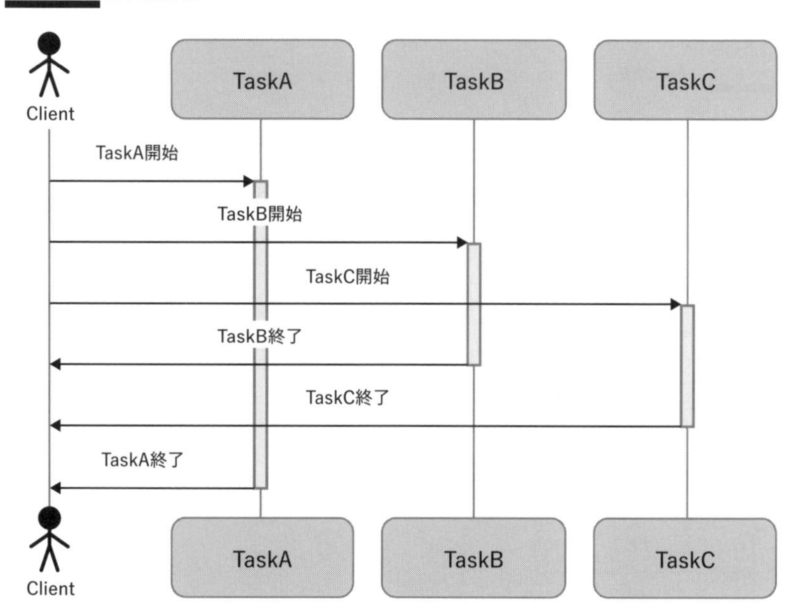

この図を見ると非同期処理の方が同時に複数のタスクを処理しているため、効率よく映るでしょう。実際に、非同期処理に性能上のメリットはあります。しかし、同期処理の方がプログラムは上から順に実行されるため、一般的に記述しやすくなります。同期／非同期はトレードオフの関係にあります。

ただし、Node.jsは非同期のメリットを最大限に享受し、デメリットを最小限にできる言語です。

JavaScriptと非同期の関係性

JavaScriptは、もともとWebページなどでちょっとした動きなどを扱うために利用されてきたプログラミング言語でした。たとえばブラウザでは次のようにさまざまな「イベント」によってタスクが発生します。

- **ユーザーが特定のHTML要素をクリックする。**
- **キーボードで文字入力される。**

JavaScriptはブラウザ上で発生するさまざまなイベントを処理することを得意とします。たとえば先ほど上げたイベントに紐づけて次のような処理ができます。

- **特定のHTML要素をクリックしたイベントを受け取ったら、アラートを表示する**
- **キーボードの入力のイベントを受け取るたびに、Webページの更新をする**

JavaScriptは「いつかこういうイベントが起きたら、この処理を実行する」といった非同期に起きるイベントの処理が言語に深く結び付いています。

それでは、ブラウザではなくサーバーで動作するNode.jsではどうなるでしょうか。

Webページではブラウザが JavaScriptを動かしています。サーバーサイドではJavaScriptを動かすためにOSとランタイムが同じ役割を果たしています*4。

OSもブラウザと同様にさまざまなイベント(ファイルの読み込み/書き込みやネットワークのデータ送受信、キーボードやマウスの入力など)が非同期的に発生し、それを処理しています。そのような視点で見るとブラウザとOSは似た性質を持っているとも言えます。

つまりブラウザで発生していたさまざまなイベントを処理するのと同様に、Node.jsはOSで発生するさまざまなイベントを処理するランタイムであるとも言えるでしょう。

このようにJavaScriptはもともと言語自体に非同期を中心に処理するという性質が深く結び付いています。JavaScript、Node.jsは優れた非同期処理が書きやすい特徴を持ちます(第4章参照)。

Node.jsが生まれた背景に、既存のJavaScriptの文法を使うとOSなどから発生する非同期なイベントを無理なく表現できる、という土壌がありました。ブラウザとサーバーというまったく違ったプラットフォームであるにもかかわらず、非同期という文脈は両者で共通していたため、Node.jsはJavaScriptの表現力を活用できました。

---

*4 もちろんブラウザを動かすためにもOSが必要ですが、ここではお互いにイベントを発生/処理するものとして述べています。

Node.jsにはEventEmitterと呼ばれるさまざまイベントを発行し、受け取る汎用的なしくみが存在します（4.5参照）*5。Node.jsは、このしくみを介して、「ファイルの読み込みを開始した」などOS側のイベントをJavaScriptの世界に持ってきて、Node.js側で受け取ることを可能としました。

このように発行されるイベントを下敷きにさまざまな処理を行う特徴を「イベント駆動型」と表現します。そしてその実行環境であるNode.jsは「非同期のイベント駆動型ラインタイム」と呼ばれています。

1.1.2 Node.jsとシングルスレッド

もうひとつNode.jsには、シングルプロセス/シングルスレッドで動作するという大きな特徴があります。

プロセスとは実行されているプログラムを管理する単位です。たとえばあるソフトウェア（プログラム）を1つ起動すると1つのプロセスが立ち上がるというイメージです。プロセスはどのようなプログラムを実行しているかというような情報を持っていたり、プログラムを実行するためのメモリを確保したりします。

そして、プロセスはプログラムを実行するスレッドを1つ以上持ちます。たとえば起動したプロセスの中で、画面を表示するスレッドやキーボードの入力を受け取るスレッド、など複数のスレッドを生成することでそれぞれの動作を独立させ実行させるイメージです。このようにスレッドが分割されることで、同じプロセスの中で同時に複数のタスクを別々に実行できます。

複数のタスクを別々に実行するだけであれば、プロセスを複数起動してそれぞれを通信させるという方法も可能です。しかし、一般的にプロセスよりスレッドの方が軽量です。また、同じプロセスに所属するスレッドは同じメモリ空間を参照するため、同じデータを複数のスレッドが参照できます。

スレッドを1つのみ利用する動作をシングルスレッド、複数利用する動作をマルチスレッドと呼びます。

Node.jsは基本的に1つのプロセスに対し1つのスレッドを生成する、シングルスレッドで動作するアプリケーションです*6。

---

*5　EventEmitterの存在はブラウザとは事情が異なるポイントです。ブラウザ（DOM）のイベントまわりも、CustomEventやEventTargetなど近年進化していますが、イベントの汎用的なしくみが初期からあったのはNode.jsの特徴です。

*6　内部的にはマルチスレッドな動作があったり、明示的にそういった操作を記述したりできます。

1.1.3 イベントループとNon-Blocking I/O

ここで「シングルスレッドで動かしたら高いパフォーマンスを得られないのでは」と疑問に感じる方もいるでしょう。たしかに、シングルスレッドよりマルチスレッドの方が、一般的に高いパフォーマンスが期待できます。

しかし、Node.jsはNon-Blocking I/Oという特徴を持つため、シングルスレッドでも性能を最大限発揮でき、効率的なタスク処理を可能にしています。

次のような機能をもつアプリケーションの例で考えてみましょう。

1. **リクエストデータの受け取り**
2. **キャッシュの取得**
3. **データベースからデータの取得**
4. **データベースの更新**
5. **キャッシュの更新**
6. **リクエストデータの返却**

サーバーXに対するリクエストAでは「リクエストデータの受け取り/キャッシュの取得/データベースからデータの取得/データベースの更新/キャッシュの更新/リクエストデータの返却」を行います。

サーバーXに対するリクエストBではキャッシュ操作やデータベース更新が行われず、「リクエストデータの受け取り/データベースからデータの取得/リクエストデータの返却」としましょう。

シングルスレッドで1つのタスクが順次処理されていくものと思っていると、リクエストA直後にリクエストBを受け取っても、リクエストAの処理が完了するまでリクエストBはレスポンスを返せないと考えるでしょう（次図のような動作をイメージする）。「リクエストAがサーバーXの処理を専有し、終わるまでリクエストBは結果を返せない」、これはI/Oをブロッキングするランタイムでは正しい感覚です。

図1.3 I/Oをブロッキングする場合

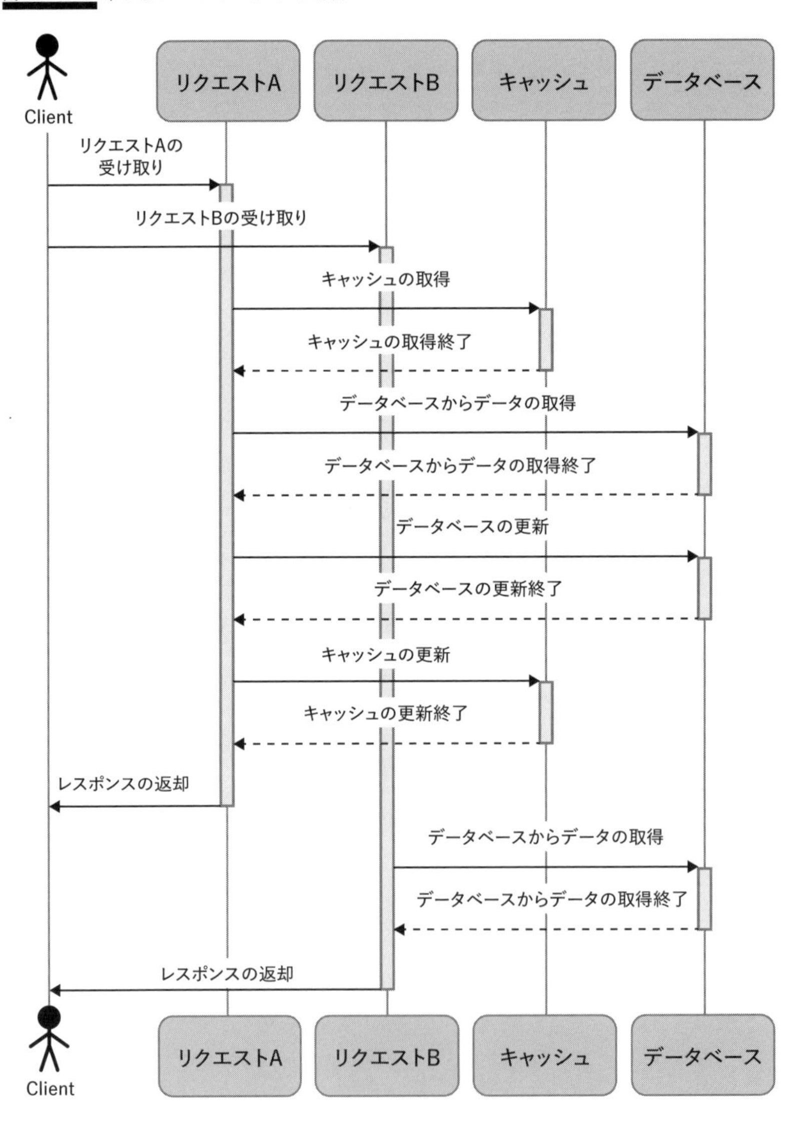

I/OとはInput/Outputの略で、日本語で言えば「入出力」です。コンピュー

ターはデータを入力すると結果が出力される機能の集まりです。たとえば、先ほど上げた機能のうち「キャッシュの取得」部分に注目すると「キャッシュが欲しい」という入力に対し「キャッシュされた結果を返す」という出力があります。

I/Oがブロッキングされるランタイムの場合、この入出力中は他の処理をせず、終わるまでI/Oを待機（I/O待ち）します。Node.jsがBlocking I/Oだった場合、リクエストAの処理が終わるまでリクエストBはレスポンスを返せません（**図1.3**）。

しかし、Node.jsはI/OをブロッキングしないNon-Blocking I/Oを採用しています。

Node.jsでは「リクエストの受け取り」から「レスポンスの返却」までに発生するさまざまなI/Oを一定の塊（イベント）に分割します。それぞれのイベントが細切れに実行されることで、イベントの間に別のイベントをブロックすることなく処理可能になります。

つまり、リクエストAの「キャッシュの取得」をしている間にもリクエストBの「データベースからデータの取得」が進み、先にレスポンスの返却が可能です*7。

*7 実際にはキャッシュの取得という処理はさらに「キャッシュサーバーへの問い合わせ開始」「キャッシュの取得開始」「キャッシュデータの取得」などより細かく分割されます。

図1.4 Non-Blocking I/Oの場合

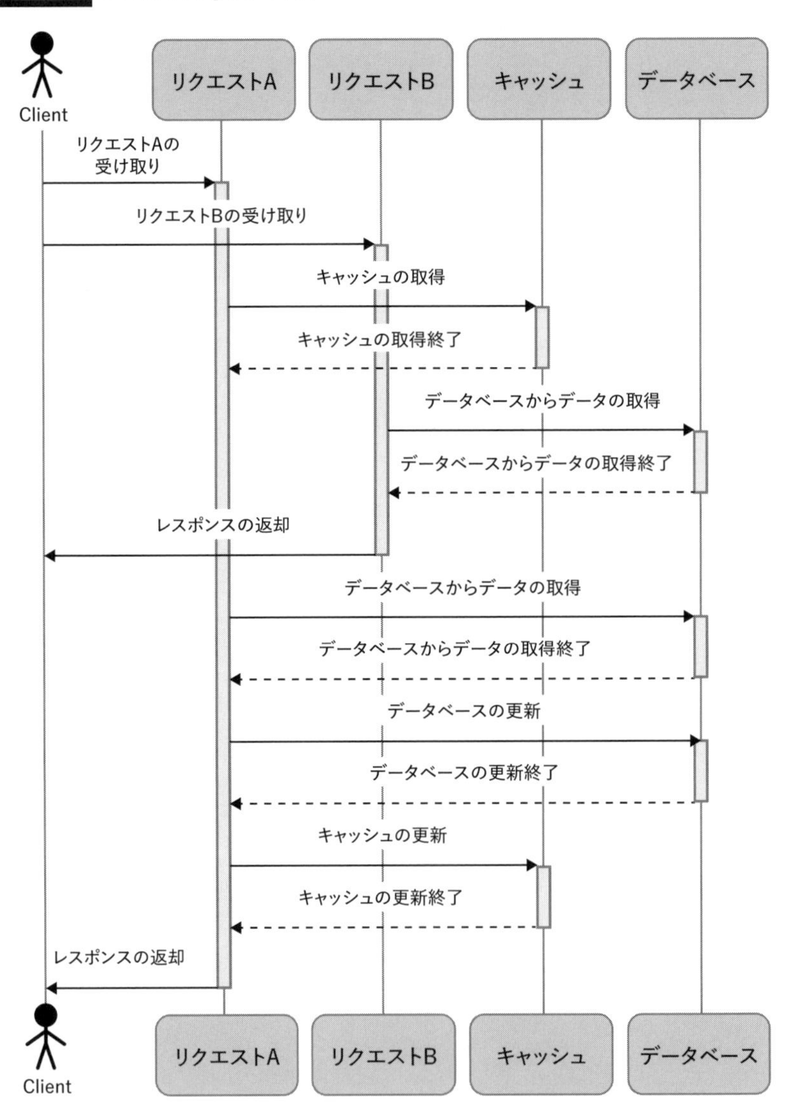

このようにひとつの処理の塊を一定の粒度（イベント）に細かく分割することで、Node.jsはシングルスレッドであっても同時に複数のリクエストを処理可能

です。この動作の実現にNode.jsはNon-Blocking I/Oとイベントループ*8という
しくみを採用しています。

Non-Blocking I/Oをコードで体験する

もう少し具体的にNon-Blocking I/Oについて見てみましょう。Node.jsでは、
I/Oが発生した場合にその完了を待たずに、すぐに次の処理を行うことになり
ます。

リスト1.1 file.js

```
const { readFile } = require('fs');

console.log('A');

// __filname は自分自身のファイルパスが入ります
readFile(__filename, (err, data) => {
  // ファイルの読み込みが終わった時に呼び出される
  console.log('B');
});

console.log('C');
```

このコードは自分自身を読み込んで、その結果を標準出力に出力するサンプル
です。実行結果は次のようになります。

```
$ node file.js
A
C
B
```

「A→C→B」という順番で出力されています。JavaScriptに慣れていない方は
違和感を覚えるかもしれません。

`readFile`という関数はファイルを読み込むためI/Oを発生させます。

ブロッキングI/Oを採用しているランタイムではI/Oが完了するまで次の処理
を行いません。つまり「A→B（I/Oの完了を待つ）→C」という順番で処理さ
れます。

Node.jsのI/Oはブロッキングされません。つまり`readFile`でファイルが読み
込み終わるのを待たずに次の処理が始まります。

リスト1.1の次の部分に注目してみます。

*8 https://nodejs.org/en/docs/guides/event-loop-timers-and-nexttick/#what-is-the-event-loop

リスト1.2　file.jsのreadFile部分

```
readFile(__filename, (err, data) => {
  console.log('B');
});
```

この部分は「readFileでファイル読み込みが**いつか終わったら**Bと出力してください」という記述になります。それでは、その「いつか」とはいつでしょうか。

Node.jsではI/Oなどのイベントが発生すると、いったん内部に持つキューのようなものにタスクを詰め込みます*9。

Node.js内部では詰められたタスクを取り出すために、イベントループと呼ばれる無限ループが常に動いています。先のサンプルのreadFileはI/O処理なので、readFileを呼び出すといったん処理はされず、イベントループによって実行されるまで待機します。イベントループによって取り出され処理が完了した後にBが出力されるので、先ほどは「A→C→B」という順番で実行されたのです。

図1.5　イベントループが絡む処理のイメージ

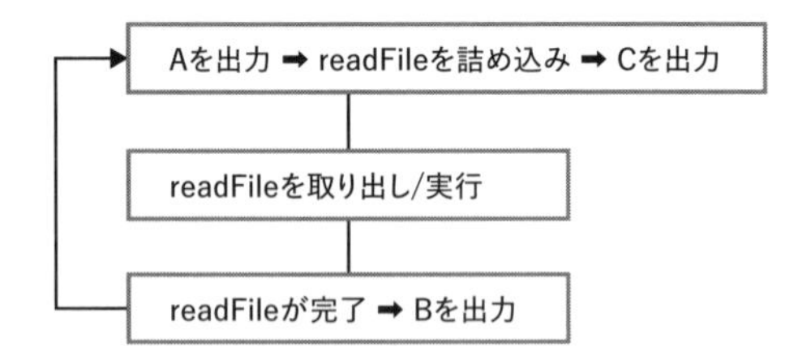

イベントループは待機中の処理がなければ、特に何も処理せずアイドル状態になります。つまりNode.jsはI/Oの処理待ちをしているだけの、何もしていないプロセスが発生しにくいという特徴があります。

イベントループはNode.jsの生命線です。イベントループが止まるとアプリケーションは次の処理にたどり着けません。Node.jsではイベントループをいかに停止させないかが重要な考え方になります。

イベントループの詳細な挙動は公式のドキュメント*10を参照すると、より理解が進むでしょう。

*9　I/O以外にもTimerの処理などがイベントとして処理されます。
*10　https://nodejs.dev/en/learn/the-nodejs-event-loop/

1.1.4 C10K問題とNode.js

Node.jsの特徴が、どのような処理を得意としているのかに触れていきます。

Node.jsはネットワーク処理を得意とし、ネットワーク処理を適切に行うことにフォーカスした言語として登場しました。そのため、Webサーバーの構築において利用しやすい優秀な特徴を備えています。

C10K問題という言葉を聞いたことがあるでしょうか。これは古くから利用されているWebサーバーのアプローチで起きる問題です。C10K問題とは同時接続するクライアントが10K（1万）となった際に、ソフトウェアの性能が発揮しきれなくなる問題です[*11][*12]。

ここではC10K問題が話題となった当時の状況と絡めて説明するため、古いタイプの設定であるprefork型のApache HTTP Serverを例に説明をします[*13]。prefork型のApache HTTP Serverでは事前にいくつかのプロセスをforkします。そしてforkしたそれぞれのプロセスでリクエストを処理します。

リクエスト1つ1つに単一のプロセス/スレッドを割り当てるアプローチでは、1万クライアントのアクセスに対し、1万のforkが必要になります。筆者が当時利用していた環境ではpreforkする数は64程度がデフォルトでした。つまり1台のサーバーで接続できるのは、リクエストのリソース負荷にかかわらず、同時に64リクエストまでです。それを超える数の同時接続数があるとそれ以上プロセスを割り当てられなくなり、CPU等のリソースに余裕があってもサービスとしての応答が悪化するという事象が発生します。

C10K問題へのアプローチ

この問題に対し、Node.jsはNon-Blocking I/Oとシングルプロセス/シングルスレッドというモデルで対処しています。多数のリクエストを受けても、それらを同時に処理する能力が高く、リソースを効率的に活用できるという特徴を持っています。

---

*11　必ず1万クライアントというわけではなく、C10Kという言葉が登場した際の目安として利用された値です。

*12　現在ではApache HTTP Serverをはじめ多くのWebサーバーにおいてC10K問題に対処がなされています。この点を気にすることはあまりないでしょう。

*13　現在はApache HTTP Serverもイベント駆動形に近いリクエストのハンドリング方法などに変更可能です。また、近年ではイベント型がデフォルトになる環境もあります。https://httpd.apache.org/docs/2.4/en/mpm.html

イベント駆動型で多数のリクエストにも強いのが、Node.jsはネットワーク処理を得意とする言語だと言われる理由のひとつです。

Node.jsが利用され始めた当時、筆者の周囲の環境ではイベント駆動型のしくみはまだ珍しい状況でした。イベント駆動を中心に据えたことなどから、Node.jsは当時主流のプログラミング言語とは考え方が多少異なってもいました。

このため、今までとプログラムの組み方が変わるNode.jsは難しいと言われたこともありました。しかしながら、Node.jsは現在知られるように、受け入れられ広まっていきます。この要因のひとつには、C10K問題で注目された、サーバーのリソースを効率的に活用しやすいという点があったのではないかと筆者は考えています。

ただし、Node.jsも万能ではありません。たとえば動画エンコーディングなどのCPU中心の処理などは、Node.jsといえども多数のリクエストを受け付ける用途としては適していません。

また、ただ使っていれば高いパフォーマンスを発揮できるというわけでもありません。記述する際に同期処理を避けるなど、パフォーマンスの注意点もあります（4.1や8.3.4参照）。

1.1.5 バックエンドのNode.js

Node.jsはネットワークに強いといった言語的な特徴、JavaScriptが多くの人が読み書きできる言語であること、コミュニティの規模やライブラリが充実していることなどからバックエンドの開発言語として現在支持を集めています。

定番Webアプリケーションフレームワークである Expressは、Node.jsのデファクトとも言えるほど利用が広がっています。

本書では主に第6章で、Node.jsのバックエンド開発を解説します。

1.2 フロントエンド／バックエンドの両方に必要となったNode.js

Node.jsは出自こそサーバサイドの実行環境ではありますが、今では単なるバックエンドのための言語ではなく、フロントエンド領域でも欠かせないものになっています。

- **開発ツール（1.2.1）**
- **フロントエンドのためのバックエンド（1.2.2）**

2つの視点で解説します。

1.2.1 開発ツールとしてのNode.js

Webアプリケーションをつくる上で、JavaScriptを中心にフロントエンドを開発することは一般的です。簡素なUIのシステムであればバックエンドからHTMLを返すだけでも十分に成り立ちます。

しかし、少しリッチな表現をしたいと思った時にはフロントエンドでJavaScriptを使う必要が出てきます*14。

古くはHTMLに直接`script`タグで、ライブラリなどを介さず、素朴にJavaScriptを記述していました。しかし、この書き方では、ブラウザ間の挙動の差異などに悩まされることも少なくありませんでした。そこで、当時のブラウザの差異などをうまく吸収して使いやすいAPIを提供していたprototype.jsやjQueryが流行ります。特にjQueryはデファクトスタンダートといってもよいレベルに普及しました。

jQueryは非常によくできたライブラリで、`document.querySelector`など現在の標準仕様に取り込まれたjQuery発の機能もあるほどです。

jQueryが特によく使われていた理由のひとつとして、機能を拡張するプラグインのしくみは欠かせない要素です。jQueryはデファクトスタンダードの位置を築いていただけあり、多くのプラグインが存在していました。そしてプラグインを利用するために、広大なインターネットの中からコードを探し出し、プラグインのJavaScriptファイルをダウンロードして自分たちのサービス上で配信をしていました*15。

ライブラリはバージョンアップされていくものです。Webサービスを運用していく以上、バグの修正や脆弱性は放置してはいけないのでプラグインもアップデートする必要があります。アップデートするためにはそれぞれのプラグインのバージョンアップがあるかをチェックし、またダウンロードし直して動かす、と

*14　たとえばTwitterのタイムラインのような無限スクロールする読み込みや、スマートフォンアプリのようなブラウザのリロードを伴わないスムーズな画面遷移などを行いたいなど。

*15　もちろんCDN等はありましたが、説明を簡単にするためこう表現しています。

いった作業が必要でした。このコストは安くありません。このように当時のフロントエンドは、これら各種ライブラリをいかに効率的に管理するのかという課題を持っていました。

npmの活用

ここでNode.jsにバンドルされていたnpmに注目が集まりました。

npmはもともとNode package manager*[16]、つまりNode.jsのコードを再利用可能にするためのパッケージマネージャーとして登場しました。npmはコードをホスティングするレジストリとそれを操作するCLIからなります。

npmを使ってインストールしたパッケージ（ライブラリ）は、バージョンの管理や環境の再構築が容易です。

npmはNode.jsのコードを共有し、管理するために作成されたものでした。しかし、JavaScriptのコードがホスティングできるのならば、フロントエンドのコードも当然ホスティングが可能です。

つまり、フロントエンドのパッケージの管理という課題も、Node.js（npm）の登場によって徐々に解決に向かっていきました*[17]。

ビルドの必要性とタスクランナー

そうして多くのパッケージが管理されるようになるにつれ、それらのパッケージをもとにした新しいパッケージが生まれていきます。ひとつのパッケージを構成するファイル数の増大と、各パッケージが別のパッケージに依存することによる複雑性も増えていきました。

パッケージの充実によって、車輪の再発明をしなくて済むというのはプログラミングにおいて非常に喜ばしいことです。しかし、ことフロントエンドに限っていえば、喜ばしいことばかりではありませんでした。

パッケージマネージャーのおかげでパッケージ（モジュール）を手で管理する必要はなくなりました。しかし、パッケージが増え、それぞれが複雑になったことで新たな問題が立ち上がります。

***16** 現在はnpmという区切りで成立した単語となり、Node Package Managerという記述は使われなくなっているようです。 https://github.com/npm/cli/commit/4626dfa73b7847e9c42c1f799935f8242794d020 https://twitter.com/npmjs/status/935096112393748 48 https://github.com/npm/npm/blob/v3.5.0/doc/misc/npm-faq.md#if-npm-is-an-acronym-why-is-it-never-capitalized

***17** フロントエンドのパッケージ管理を主眼にNode.jsでつくられたbowerというパッケージマネージャーもあったのですが、現在はnpmにほとんどのパッケージがホスティングされる状況となり、bower自体も移行が推奨されています。https://bower.io/

フロントエンドのコードはブラウザで動くという特性上、実行するためにはユーザーにJavaScriptファイルをダウンロードしてもらう必要があります。たとえば1つのWebアプリケーションが100個のファイルに依存していたとすると、100個のファイルのダウンロードが終わるまでアプリケーションが動作しないことになります。ブラウザが同時にダウンロードできるファイル数*18は限られており、回線に余裕があったり個々のファイルが小さかったりしても、ファイル数が多ければ速くなりづらいです。そのままだとかなりの時間が通信（ダウンロード）に専有されてしまいます。

そのため、一定の粒度でファイルを結合（バンドル）するという手段がとられます。ファイルどうしを結合してファイル数を少なくできればダウンロードが速くなります。また、より少ない時間でダウンロードを終わらせるために、minify（最小化*19）をかけたりもします。

そういったアプリケーションをつくる上で必要なタスクを自動化するため、Gruntやgulpなど Node.js製タスクランナーが開発されました*20。

また、これらとタイミングを近くしてJavaScriptで動的なWebアプリケーションを構築する**SPA（Single Page Application）**という技術も、より一般的になってきました。

より複雑性を増していくフロントエンドの中でAngularJSやknockout.jsなどのフレームワークが利用されるようになり、その中で自動化は必要不可欠と言える要素となっていきます。

トランスパイラによる仕様の先取り

2010年前後のフロントエンドJavaScriptは、徐々に複雑化する要求に仕様が耐えられなくなりつつありました。たとえば、JavaScriptには標準のモジュールシステムがなく、モジュールの増える開発スタイルと相性が悪くなっていきます。ほかにも変数のスコープの問題など、複雑化した開発に対応するには課題が多くありました。

もちろんそのまま放置されるわけはなく、JavaScriptの標準仕様である

＊18　HTTP/1.1の同時接続数。HTTP/2やHTTP/3では多少事情が異なりますが、当時の事情を解説しています。

＊19　必ずしも正確ではないですが、くだけた言い方で「圧縮」ということもあります。

＊20　それらの登場以前にもJava等で作成されたツールはありましたが、JavaScriptに対するツールをJavaScriptで作成するというのはコンテキストスイッチも少なく理にかなっています。

ECMAScriptが一気に進化をはじめます。2011年ごろ利用されていたJavaScriptはES5（ECMAScript v5）と呼ばれるバージョンの実装でした。その後継となるES2015（ECMAScript 2015、別名ES6）のバージョンでは、現在のJavaScriptでは当たり前に使われる仕様が続々と策定されます。

- **標準のModules**
- **const/letといったスコープ単位の変数定義**
- **Arrow Function**
- **他多数……**

ただし、仕様は策定されただけではすぐに使えるようになるわけではありません。各ブラウザが実装を完了するまでは、せっかくのうれしい機能も仕様のままです。

その問題を解決するために、2014年にBabelというトランスパイラが登場します。ES6（ES2015）で書かれたJavaScriptからES5のJavaScriptコードを出力します*21*22。トランスパイラを通すことによって、新しい仕様に沿って書いたコードを、まだES6にもとづいた仕様を実装していないES5実装のみの各ブラウザ*23で動かせるようになったのです。

モジュールシステム

前述のように、ES5時点ではブラウザにおけるJavaScriptでは標準のモジュール分割はありませんでした。JavaScriptファイルの分割は可能でした*24が、すべてのファイルはグローバルと同じスコープを持つなど使い勝手に課題がありました。これは複雑化するフロントエンド開発においてはコストが高く、より使いやすいモジュールシステムの導入が求められます。

対して、サーバーサイドではブラウザと違いscriptタグがないため、Node.js本体に実装されているコアモジュールの読み込みやファイルどうしの依存関係をつくるためにもモジュールのしくみが必要になります。そこでNode.jsでは

---

*21 Babelは、初期は6to5というまさしくES6をES5へ変換することを目的とした名前のツールでした。

*22 JavaScriptを出力する言語（AltJS）として、Babel以前にCoffeeScriptなど（2009年登場）がすでに利用されていました。Babelも挙動としてはこれに近いです。

*23 一般的なブラウザのほとんどをカバーしていると言っていいでしょう。

*24 いくつかの手法、たとえば複数の`script`タグによる整理、jQueryの`$.getScript()`などがありましたが、いずれも現代のモジュールシステムと比べて扱いづらいです。

`require('module_name')`のような形でモジュールを分割するCommonJS（3.1参照）のスタイルが採用されました。

ES2015でも`import/export`という仕様策定（3.2参照）は進められていましたが、ブラウザで実装するためには課題が多く、時間が必要でした。

そこで、Node.jsですでに採用実績のあったCommonJSスタイルを利用して、フロントエンドのコードもモジュール分割しようという動きが出てきます。ここで、webpackやBrowserifyといったバンドラーが登場し、このモジュールを結合する役割を果たします。

現在のBabelが担っているのは「ECMAScriptの最新仕様を、現在動いている仕様にトランスパイルすること」です*25。それに対して、webpackなどのバンドラーが担っているのは「ファイルの依存関係を解決してバンドル（結合）すること*26」と考えてもらうとイメージしやすいのではないでしょうか*27。

そして、これらのコードはJavaScriptに関連することもあり、Node.jsによって実装されてきました。Web開発とは違うツール開発という側面ではありますが、JavaScript開発のために開発者のコンテキストスイッチの少ないNode.jsが採用されるのは自然といえば自然の流れです。

そういった背景もあり、Node.jsはフロントエンドの開発ツールという立場においても、なくてはならないものとなっていきました。

1.2.2 フロントエンドのためのバックエンドとしてのNode.js

Node.jsは先にも述べたようにネットワークの処理が得意なランタイムです。JavaScriptのインターフェースを通して高パフォーマンスなアプリケーションを構築しやすく、またExpress*28（第6章参照）の登場もあり、サーバーサイドでの採用事例も着々と増えていました。

開発ツールというだけでも十分にフロントエンドに欠かせない存在となっていたNode.jsですが、SPAの登場などで複雑化していくフロントエンドの中で、APIサーバーとしてだけではないバックエンドとしての重要性も増していきます。

*25 Babelにも ES Modulesの文法を解釈する機能がありややこしいですが……。

*26 bundle、ファイルどうしを結合し、より少ないファイル数にすること。

*27 最近ではお互いにカバーする領域が重なってきているので、厳密に違いを語るのは難しくなっています。

*28 https://expressjs.com/ja/

SSRとNode.js

Node.jsが果たす役割のひとつがSSRです。

近年の複雑化するフロントエンド開発ではReact、Vue、Angularなどのフレームワークの助けは必要不可欠と言ってもよいでしょう。

SPAはJavaScriptでHTMLを構成することで、スマートフォンアプリライクな画面遷移の実現や、差分描画などで高速なユーザー体験の演出が可能です。しかしJavaScriptで動かすしくみ上、どうしてもブラウザがJavaScriptを読み込み実行するステップが必要になります。

そのぶん、サーバーから転送されたHTMLを最初から表示するクラシカルな方法に比べて初期表示は遅くなります。初期表示の速度を含めてチューニングしたい場合には、サーバーサイドでHTMLを構築する必要があります。

これを実現する技術がServer Side Rendering（SSR）です。フロントエンドでJavaScriptによって生成されるページを、サーバーサイドで事前にレンダリングしてHTMLとして準備しておく技術です。

先述のように、SSRは初期表示の速度でSPAより有利です。特に、PCに比べリソースの限られるスマートフォンの環境等ではSSRのメリットは大きくなります。

また、SEOの対策などでSSRが必要なケースもあります。現在のGoogleクローラーはJavaScriptを実行した結果を解釈できるとは言われていますが、どのように実行されインデックスされるかは確実にはわかりません。そこで、HTMLとしてクローラーへ返したいというニーズが発生しています。

SSRは実質的にNode.jsしか実現手段がありません。もちろん、理論上はどの言語でもSSRは可能です。しかし、フロントエンドがJavaScriptで開発されるなら、SSRを実装するのにJavaScriptでサーバーサイドを記述した方が開発者のコンテキストスイッチは少なく合理的です。

また、Universal JS/Isomorphic JSと呼ばれる、バックエンドとフロントエンドコードの共通化という側面からNode.jsが取り上げられることもあります。課題*29もありますが、これも開発時のコンテキストスイッチをできるだけ少なくして開発効率を上げようという試みの1つです。

開発ツールとしてもすでにフロントエンドにとって必要となっているNode.js

*29　お互いのコードで共通化できる部分はあるにせよ、それぞれ気をつける点が違うことには注意すべきです。同じJavaScriptでも、それぞれ役割が違うため、期待するほどの共通化ができないことも多いです。どの程度共通化できるか、どういった書き方になるかは第7章も参考にしてください。

をサーバーサイドに採用した方が合理的なことは確かでしょう。

Backend For Frontend

近年のシステムで採用されることが増えてきたマイクロサービスアーキテクチャでは、APIを提供するサーバーと、フロントエンドよりのサーバー*30を別チームが担当するということも増えています。そしてAPIの設計とフロントエンド（画面）の設計は必ずしも一致するとは限りません。複雑なアプリケーションになるほど、ひとつの画面を構成するために複数のAPIをコールする必要があるでしょう。

そのような時に、フロントエンドのために複数のAPIなどを束ねる役割をもつバックエンド、Backend For Frontend（BFF）という役割（概念）も登場しました。これもSSR同様フロントエンドのために必要とされるものです。フロントエンドエンジニアがメンテナンスしやすい環境であることを考えるとNode.jsを採用することが合理的です。

このようにしてNode.jsは現在のフロントエンドに欠かせない存在となっていきました。

筆者はNode.jsを覚える本質的なメリットは、文法的なコンテキストスイッチを少なくフロントエンドとサーバーサイドを記述できるようになることだと考えています。

しかし、先にも述べたようにフロントエンドとバックエンドでは気をつけるべきポイントが違います。本書ではサンプルコードなどを通して、なるべくそれらのポイントが理解できるよう解説していきます。

---

*30　フロントエンドで利用するためのJSONなどを渡すサーバー。

Column

TypeScript

TypeScript*[a]はJavaScriptに型を付与（静的型付けを導入）し、より安全に開発ができ、さらにエディタの強い補助を受けて開発を助けてくれるプログラミング言語です。

TypeScriptはJavaScriptへトランスパイルできるので、当然Node.jsでも利用できます。

■ **Node.jsとTypeScript** https://nodejs.dev/learn/nodejs-with-typescript

JavaScriptはスクリプト言語であり、ビルドステップを踏まずともコードを実行可能です。これは手軽さの反面、実行時やテスト時まで問題が顕在化しないデメリットもあります。実際にアプリケーションを運用していくと、実行時に利用するべきプロパティが実際にはなくなってしまっていたり、数値と思っていた変数が実際は文字列だったりとなることが少なくありません。

このような課題があると、ビルド時にこれらを解決したくなります。TypeScriptはJavaScriptの弱点に型を与えることで、実行時やテストの段階ではじめて遭遇していた、これらの問題を開発中にも気づけるようにしてくれます。

基本的にはTypeScriptはJavaScriptに型を与えるだけなので、JavaScriptの文法がわかっていれば利用自体はそこまで難しくありません。筆者は、新しくJavaScriptを用いる開発プロジェクトであれば、TypeScriptを最初から導入することをおすすめしています。

JavaScriptでの開発に慣れている方は、「型を導入するのがめんどくさいな」と感じる方もいるでしょう。しかし、複数人での開発などでは確実にコミュニケーションにかかるコストを下げてくれます。

筆者の場合は自分ひとりで開発する場合でもTypeScriptを導入するケースが多いです。自分が書いたコードでも時間が経てば忘れてしまうことは多いです。型で情報をより明確に表しておくと、チーム開発と同じように、コード理解を助けるメリットがあります。オブジェクトや関数の引数、返り値に型がついていることでエディタの補完が効きやすくなり、開発効率が高くなりメンテナンスのコストも下がります。このため、筆者の場合は書き捨てのコード以外はたいていTypeScriptで書き始めます。例外的に自分しか利用しないようなCLIツール等はJavaScriptのまま書くこともありますが、全体からみればそういったケースは少数です。

近年のライブラリは型情報が同梱されているケースも多く、初めて利用するライブラリであってもドキュメント代わりに型を参照できるのは非常に便利です。型情報が同梱されていない場合はDefinitelyTyped*[b]を参照してみましょう。有志によって非常に多くのモジュールの型情報が導入可能になっています。だいたいのユースケースではこちらで十分に足りるでしょう。

最初はアプリケーション内で複雑な型を使いこなそうとは思わず、ライブラリのドキュメント代わりにくらいの気持ちで問題ありません。次に標準で用意された`string`や`number`といった型を利用して、アプリケーション内に型を増やしていきましょう。慣れてきたタイミングで、より堅牢なアプリケーションを組めるようにTypeScriptの機能や使い方を覚えていきましょう。

本書では、Node.jsそのものの特徴を中心に解説するため、JavaScriptで解説しています。これはTypeScriptとJavaScriptの機能が混乱しないことを目的としているためです。

---

*a　https://www.typescriptlang.org/

*b　https://github.com/DefinitelyTyped/DefinitelyTyped

Column

Node.jsとブラウザで動作するJavaScriptの違い

ここまで触れてきたようにNode.jsはJavaScriptという文法を採用した実行環境です。そのため、ブラウザで動作するJavaScriptとは違ったAPIを持ちます。

たとえばサーバーサイドで動作するNode.jsでは、`document`や`window`などのグローバルオブジェクトやDOMなどを操作するAPIはありません。逆にNode.jsには、ファイル操作などOSの機能を直接操作する各種API（3.4）があります。

また、`setTimeout`や`fetch`などブラウザと共通するインターフェースをもつAPIでも、内部の動作は違うものもあります[*a]。

最近ではブラウザで動作するAPIをNode.jsに取り込む動きも多いですが、ブラウザとNode.jsで動作するJavaScriptは別物です。

■ **Node.jsとブラウザの違い** https://nodejs.dev/learn/differences-between-nodejs-and-the-browser

---

*a　その差分によっておきる問題は多くはないですが、違いがあるということを知っておくとよいでしょう。

2
JavaScript／Node.jsの文法

本章では、まずNode.jsの実行環境を構築し、本書のサンプルコード等の前提となる簡単なJavaScriptの文法に触れます。

2.1 開発環境の導入

Node.jsのインストール方法にはいくつかありますが、ここでは公式サイトからダウンロードする方法を紹介します*1。

公式サイト*2からインストーラーをダウンロードしてインストールします。最新のLTS版（推奨版）のほうを利用してください。

図2.1 nodejs.orgのトップページ

ホーム | NODE.JSとは | ダウンロード | ドキュメント | 参加する | セキュリティ | ニュース | CERTIFICATION
Node.js® は、Chrome の V8 JavaScript エンジン で動作する JavaScript 環境です。
Node.js assessment of OpenSSL 3.0.7 security advisory
ダウンロード macOS
18.12.1 LTS
推奨版
19.3.0 最新版
最新の機能
他のバージョン | 変更履歴 | API ドキュメント
他のバージョン | 変更履歴 | API ドキュメント
または、LTSのリリーススケジュールをご覧ください。
Copyright OpenJS Foundation and Node.js contributors. All rights reserved. The OpenJS Foundation has registered trademarks and uses trademarks. For a list of trademarks of the OpenJS Foundation, please see our Trademark Policy and Trademark List. Trademarks and logos not indicated on the list of OpenJS Foundation trademarks are trademarks™ or registered® trademarks of their respective holders. Use of them does not imply any affiliation with or endorsement by them.
The OpenJS Foundation | Terms of Use | Privacy Policy | Bylaws | Code of Conduct | Trademark Policy | Trademark List | Cookie Policy | GitHub 上で編集

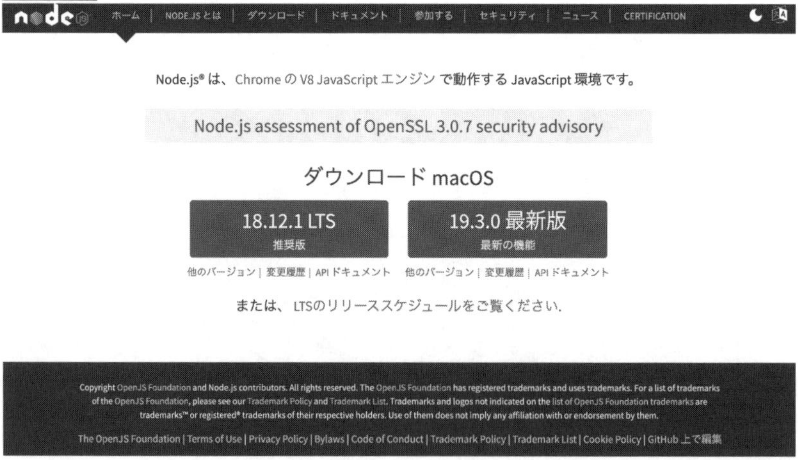

インストール後、コマンドを実行して次のようにバージョンが表示されていれば、インストールは完了です*3。

---

*1 本書ではmacOSで動作を確認します。Node.jsのコードについては、なるべくOS依存な挙動はないようにサンプルコードを記述しますが、この点には留意してください。Windowsなど固有の問題があった場合には仮想環境上のLinuxなども試しくてください。なお、6章〜8章はLinuxでの操作を前提としています。

*2 https://nodejs.org/ja/

*3 実行例は執筆時点でのバージョンです。

```
$ node -v
v18.12.1
$ npm -v
8.19.2
```

インストールが完了したら、作業用の任意のディレクトリを作成します。ここではnodescriptというディレクトリにしました。作成したディレクトリの中にindex.jsというファイルを作成し次の内容を記述します。

リスト2.1 index.js

```
console.log('hello Node.js');
```

ファイルの作成が完了したら、nodescriptディレクトリでnodeコマンドを実行します。

```
$ cd nodescript # ファイルのあるディレクトリに移動

$ node index.js
hello Node.js
```

console.log()は引数を標準出力に表示する関数です。標準出力にhello Node.jsと表示されたでしょうか。

Node.jsには対話的にコードを実行できるREPLが備わっています。入力した計算式や関数などの結果が次の行に出力され、簡単な挙動の確認や正規表現のチェックなどに便利です。使い方を覚えておくとよいでしょう。nodeコマンドのみを実行するとREPLが立ち上がります。式を入力しEnterを押して実行すると、返り値が表示されます。

```
$ node
> 1+2
3
> console.log('xyz') // 引数の表示後、console.log()自身の返り値のundefinedが表示
xyz
undefined
```

利用が終わったらCtrl+Cなどで終了しましょう。

2.1.1
Node.jsのバージョン

Node.jsは開発版（Current）から、偶数番号のバージョン（v18など）が安定版（LTS）としてリリースされるスタイルです。Currentは最新の機能をいち早く試すことができますが、破壊的変更が入る可能性もあります*4。プロダクション環境等で運用する際にはLTSの最新版を使うことをおすすめします。

サポート期間を外れたバージョンはバグや脆弱性の対応が行われなくなるため、基本的にはサポート期間が一番長いLTSの最新バージョンを使うようにしてください。

JavaScriptは各ブラウザで動いているという性質上、Webの世界を壊さないためにも非常に下位互換性の高い言語です。基本的な文法の範囲での利用であればバージョンアップによって動かなくなることは少ないです。メジャーバージョンを上げる際には、標準モジュール（Core API）を利用している箇所や外部モジュールの依存関係などに気をつけるとよいでしょう。

それぞれのLTSバージョンのサポート期間やリリースモデルについては公式サイト*5を確認してください。

Column

Node.jsの導入方法

実際にアプリケーションを作成し、運用する際にはLinuxサーバーにNode.jsをインストールすることが多いでしょう。バイナリをダウンロードしてもってくる、ソースコードから自前ビルドなど導入方法はいくつか考えられます。

筆者のおすすめは公式サイトで提供されているビルド済みバイナリを利用することです。ビルド済バイナリをダウンロードし、PATHを通すと、node本体とパッケージマネージャーのnpm（とnpx、corepack）が利用できます。

Node.js公式サイトの下記URLから、過去すべてのバージョンのバイナリが入手可能です。

■ **Node.jsのビルド済みバイナリの一覧** https://nodejs.org/dist/

バージョンごとにディレクトリが別れています。たとえば、v18（LTS）の最新リリースがほしければ、`latest-v18.x`を選択します。ここから自分たちの環境に

*4　ここではわかりやすくするため、LTSを安定版、Currentを開発版と表現しています。Node.js公式サイトでは、それぞれ推奨版と最新版と表記されています。

*5　https://nodejs.org/ja/about/releases/

あったバイナリ（node-v{{version}}-linux-x64.tar.gzやnode-v{{version}}-linux-arm64.tar.gzなど）をダウンロードし、解凍してから/usr/local/binなどパスの通る場所に配置しましょう。

もちろんOSSなので自分でビルドも可能ですが、少々手間になるでしょう。

nvm[*a]などに代表される、Node.jsのバージョンを管理できるソフトウェアもあります。筆者はインストールで不具合が生じた際などに、バージョン管理ソフトウェア起因の不具合（パスが通っていなかった等々）を追うより、公式で提供されているバイナリを展開する方がシンプルで問題の特定がしやすいと考えています。そのため、前述のように、ビルド済みバイナリを利用することが多いです。

先にも述べたようにNode.jsは下位互換性が高い言語です。基本的には最新のLTSバージョンに更新し続けるのが、パフォーマンスの向上もあり、最善となることが多いです。なので、バージョンを管理したいと思った時には最新のバージョンで動かすタイミングなのだ、と考えることにしています[*b]。

本家本元から直接ダウンロードしてきたものを利用すると、一番シンプルで問題が起こりにくい（起きた問題を切り分けやすい）と考えています。

＊a https://github.com/nvm-sh/nvm

＊b 複数のプロジェクトに並行して関わっている場合など、複数のバージョンを行き来せざるを得ない場合も、もちろんあります。

2.2 JavaScript基礎

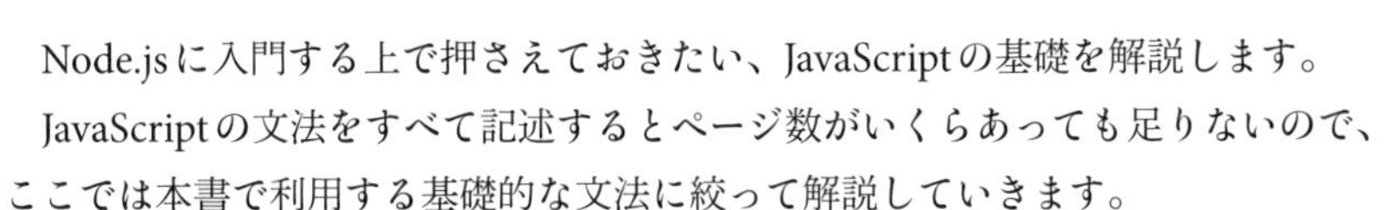

Node.jsに入門する上で押さえておきたい、JavaScriptの基礎を解説します。

JavaScriptの文法をすべて記述するとページ数がいくらあっても足りないので、ここでは本書で利用する基礎的な文法に絞って解説していきます。

JavaScriptのより詳細な記述方法などについては、MDN[*6]などのドキュメントにあたるとよいでしょう。

2.2.1 変数

まずは変数です。JavaScriptでは3つの方法で変数を宣言可能です。

＊6 https://developer.mozilla.org/ja/

宣言に用いる	内容
var	変数を宣言、初期化できる
const	スコープ内で有効な再代入不可能な変数を宣言できる
let	スコープ内で有効な変数を宣言、初期化できる

スコープとは、変数の値や式が参照できる範囲のことです。たとえば関数の範囲を決める関数スコープ、if文/for文といったブロックスコープなどが想像しやすいでしょう。また、どこからでも参照できるグローバルスコープと呼ばれるものもあります。

varはlet/constと違い、宣言したスコープを超えて参照が可能です。たとえば次のコードのようなケースでは、if文内で宣言されたfooがif文を超えても生き残り続けます。

```
if (true) {
  var foo = 5;
}
console.log(foo); // 5
```

ES2015から登場したlet/constは宣言したスコープ内でのみ有効となります。

```
if (true) {
  const bar = 5;
}
console.log(bar); // ReferenceError: bar is not defined
```

変数の影響範囲が広ければ広いほど、コードを追い切るのは難しくなり、メンテナンス性の低下やバグの原因にもなります。これからJavaScriptの開発を始める方は、let/constをメインに使うと覚えてください。

let/constの違いは「再代入可能か」です。実際に次のようなコードで確認してみると、再代入しようとしているというエラーが出力されます。

```
const foo = 5;
console.log(foo);
foo = 'test';
console.log(foo);
```

```
foo = 'test';
    ^
TypeError: Assignment to constant variable.
```

letの場合は再代入が可能なのでエラーになりません。

```
let foo = 5;
console.log(foo);
foo = 'test';
console.log(foo);
```

```
5
test
```

JavaScriptに限った話ではありませんが、変数への再代入が多くなるとバグの原因になり得ます。極端な例ですが、関数内で使われている一時的な変数がlet tmpで宣言されて、ロジックがそれを使いまわしているとします。その場合、ロジックはtmpに何がはいっているのかを完全に理解しながら組み立てなければならず、コードを後から読んだ時にそれを完璧に把握するコストが高くなるのは想像にかたくありません。変数が有効となる範囲はできる限り小さい方が望ましいです。

利用の優先順位は「const > let > var」と覚えておくのがよいでしょう*7。

変数の名前（識別子）は、文字、アンダースコア（_）、ドル記号（$）でのみ書き始めることができます。それに続いて数字も利用可能です。

```
const abc = 'abc'; // OK
const _abc = '_abc'; // OK
const abc123 = 'abc123'; // OK
const 123 = '123'; // NG 数字先頭の定義はできません
```

2.2.2 演算子

他の言語と同様に代入、比較、算術、文字列などの演算子が利用できます。

```
const a = 2; // 2
```

*7　現在では既存のコードベースに合わせる以外の理由で、新規コードにvarを利用することはほぼありません。

```
const b = a * 2 + 1; // 5

const less = a < b; // true
const equal = a === b; // false
```

演算子で特に気をつけたいのは等価比較です。等価比較には=を2つ並べた==と、3つ並べた===があります。==に対して、===はより厳密に比較します。このため、==を等価演算子*8、===を厳密な等価演算子*9のように呼称します。

下記の例の場合、どちらも同じ挙動になります。

```
const a = 1;
const b = 1;
const equal = a == b; // true
const equal2 = a === b; // true
```

注意すべきは、文字列などのあいまいな比較で結果が変わる場合です。下記は数値型の1と文字列型の1を比較する例です。

```
const a = 1;
const b = '1';

const equal = a == b; // true
const equal2 = a === b; // false
```

あいまいな比較（==）では等しいと判断されますが、厳密な比較（===）の場合は違う型を比較しているため等しくないと判断されます。

判定範囲の広いあいまいな比較のほうが使いやすく感じる方もいるでしょう。しかし、あいまいな比較は自分の想定していなかったタイミングで「等しい」と判断されてしまい、プロダクトのバグとなる可能性があります。実際に利用する際は基本的に厳密な比較を使い、どうしても必要な場合にのみあいまいな比較を利用する方がよいでしょう。

不等価演算子にも、あいまいな!=と、厳密な不等価演算子の!==が存在します。

---

*8　等価（==）https://developer.mozilla.org/ja/docs/Web/JavaScript/Reference/Operators/Equality

*9　厳密等価（===）https://developer.mozilla.org/ja/docs/Web/JavaScript/Reference/Operators/Strict_equality

2.2.3 データ型

JavaScriptで扱うデータ型をみていきましょう。

JavaScriptは動的な型付けの言語なので、明示的に型を宣言せずに利用します。ですが、それぞれの値を演算や比較する等の処理を行う場合に、変数の内部に入っている型が何かを意識するケースがままあります。

本書を読み進めるにあたって、なるべくこれらの細かな挙動の差異を意識しないような説明をしますが、まずはそれぞれがどのように違うのか、というところだけインプットしておくとよいでしょう。

本書執筆時点で最新のJavaScript（ECMAScript）では7つのプリミティブな型と、それらを複合的に扱うobject型が利用可能です*10*11。

データ型	内容
String	文字列を表す型
Number	整数や浮動小数点数などの数値を扱う型
BigInt	大きな桁を扱う整数値
Boolean	trueかfalseをもつ真偽値
Symbol	一意な値となるシンボル値（6.10.2で扱います）
undefined	未定義を表す型
null	データがないことを示す型
Object	オブジェクトや配列、正規表現、関数など。プリミティブ以外の型

データ型の確認にはtypeof演算子が使えます。typeofが返すデータ型は一部上記の表と異なります*12。

```
typeof データ // 文字列でデータ型を返す

typeof 'string'    // 文字列は'string'
typeof []          // 配列は'object'
typeof console.log // 関数は'function'
```

*10 Primitive https://developer.mozilla.org/en-US/docs/Glossary/Primitive

*11 nullはプリミティブなデータ型の中でもやや独特な存在です。MDNのドキュメントを参照してください。 https://developer.mozilla.org/en-US/docs/Glossary/Null

*12 https://developer.mozilla.org/en-US/docs/Web/JavaScript/Reference/Operators/typeof

```
typeof null          // nullは'object'
```

ここでは、よく使う基本的なデータ型を説明していきます。

String

"（二重引用符）か'（単一引用符）または`（逆引用符）でくくったもの文字列として扱います。

```
$ node
> "こんにちは"
'こんにちは'
> 'こんにちは'
'こんにちは'
> `こんにちは`
'こんにちは'
```

"と'の2つはどちらも同じ結果を返します。好きな方を利用してかまいませんが、実際のコード中ではどちらかにそろえたほうがよいでしょう。また\n（改行）のような文字もサポートされています。

```
$ node
> console.log('一行目\n二行目')
一行目
二行目
undefined
```

3つめの`（逆引用符）はES2015で追加されたテンプレートリテラルという記法です。単純な定義をするだけであれば前者の2つと同じように利用できますが、こちらは変数の展開や複数行にまたがる文字列の定義などが可能です。

```
// 複数行
`一行目
二行目
三行目`

// 変数の展開、${変数}をテンプレートリテラル内に記載
const one = 'ひとつめ';
const two = 'ふたつめ';
const line = `「${one}」「${two}」`; // 「ひとつめ」「ふたつめ」
```

Number

Numberは数値を扱う型です。整数または小数表記を用います。

```
const int = -5;
const double = 3.4;
```

その他にも16進数やe+整数といった表記を用いることもできますが、本書ではそれらの表記は扱いません。

また、Number*13はもともと大きな範囲の数値を扱うことができませんでした。そのため、BigInt*14型が導入されました。

Webアプリケーションの範囲ではBigIntを利用するケースは少ないですが、大きな数値の時は型を意識する必要がある、ということだけ覚えておきましょう。

Boolean

Booleanは真偽値であるtrueとfalseの2つを扱います。他のプログラミング言語と特に変わりはありません。

```
const okFlag = true;
const ngFlag = false;

// okと出力される
if (okFlag) {
  conosle.log('ok');
} else {
  console.log('ng');
}
```

undefinedとnull

undefinedは変数が未定義であることを示します。

```
$ node
> x
undefined
```

nullは「存在しないこと」を表すデータ型です。コード中にはそのままnullが書けます。

```
const data = null
```

---

*13 https://developer.mozilla.org/ja/docs/Web/JavaScript/Data_structures#%E6%95%B0%E5%80%A4%E5%9E%8B_number

*14 https://developer.mozilla.org/ja/docs/Web/JavaScript/Data_structures#%E9%95%B7%E6%95%B4%E6%95%B0%E5%9E%8B_bigint

undefinedとnullは思わぬエラーを引き起こしがちな値です。

たとえばオブジェクトをnullで上書きしてしまった後に、そのオブジェクトのプロパティにアクセスしてしまった時などに、実行時エラーが発生します。

```
let obj = { foo: 'hello' };
console.log(obj.foo); // hello

obj = null;
console.log(obj.foo); // Uncaught TypeError: Cannot read properties of null (
reading 'foo')
```

TypeScriptを導入している場合、nullやundefinedをコンパイル時にチェックし実行時エラーの事前検知もしやすくなります*15。

2.2.4
Object

JavaScriptのObjectはざっくりと言うとプリミティブ（String, Number, Booleanなど）型以外のものです。たとえば配列や日付を扱うDate、正規表現、関数などさまざまなものがObjectを継承して実装されています*16。

JavaScriptのコード中で、Objectはさまざまな値を1つのグループとして扱う用途で多く利用されます。Object初期化は{}でくくった「プロパティ名:値」で表現されます。また、,区切りで複数の要素を入れられます。

```
{
    プロパティ名: 値,
    プロパティ名2: 値
}
```

この時、プロパティ名には文字列型や数値型、Symbol型（6.10.2参照）などを指定可能です。

```
const obj = {
  key: 'value',
  key2: 'value2'
};
```

*15 stritNullChecks https://www.typescriptlang.org/docs/handbook/2/basic-types.html#strictnullchecks

*16 MDNのドキュメントを参照するとObjectを継承していることが確認できます。 https://developer.mozilla.org/ja/docs/Web/JavaScript/Reference/Global_Objects/Function

プロパティの値にはプリミティブ型やObjectの入れ子、Dateオブジェクトや正規表現、関数などさまざまなものを入れることが可能です。

```
const obj = {
  foo: {
    bar: 'baz'
  },
  now: new Date(),
  func: function() {
    console.log('function');
  }
}
```

本書においてObjectと表現するものは、この{プロパティ名: 値, ...}で宣言したものを指します。配列や関数も広くはObjectですが、本書では区別して呼び分けます。

ES2015からはより柔軟な記述が可能な新記法が登場しています。

たとえばプロパティ名を省略して記載するのは近年ではよく利用される記法です。

```
const key = 'value';
const key2 = 'value2';

const obj = {
  key, // keyの値(value)が入る
  key2 // key2の値(value2)が入る
};
```

また、プロパティ名をオブジェクトの外で定義した値から初期化も可能です。

```
const key = 'keyName';
const obj = { [key]: 'value' }; // keyNameというプロパティに値（value）が入る
console.log(obj); // { keyName: 'value' }
```

Objectで宣言したプロパティには.もしくは[]でアクセスができます。

```
const obj = {
  foo: 'hello',
  bar: {
    baz: 'world'
  }
};
```

```
console.log(obj.foo); // hello
console.log(obj['foo']); // hello
console.log(obj.bar.baz); // world
console.log(obj['bar']['baz']); // world
```

どちらも同じように動作しますが.はプロパティ名が変数の識別子と同じパターンの時にしか使えません。できる限りは変数と同じような命名をする方がよいでしょう。

```
const obj = {
  123: '数値'
  '': '空文字列'
};

console.log(obj.123); // SyntaxError
console.log(obj[123]); // 数値
console.log(obj.''); // SyntaxError
console.log(obj['']); // 空文字列
```

また、Objectのプロパティは宣言後に書き換えることが可能です。

```
const obj = {
  foo: 'hello'
};

console.log(obj.foo); // hello

obj.foo = 'good bye';

console.log(obj.foo); // good bye
```

ここで「おや？」と違和感を覚える方もいるでしょう。Objectはconstで宣言した値もプロパティを書き換えることが可能です。constはあくまで再代入の禁止なので、Objectの場合プロパティを固定するわけではありません。

objに対して再代入しようとした場合はエラーになります。

```
const obj = {
  foo: 'hello'
};

obj = {
  foo: 'good bye'
};
// Uncaught TypeError: Assignment to constant variable.
```

Object.freeze()でオブジェクトを凍結すると、プロパティの上書きを防げます。しかし、これはあくまでオブジェクトが不変になるのみで、プロパティの上書き時にエラーは発生しないことに注意してください。

```
const obj = {
  foo: 'hello'
};

Object.freeze(obj);

console.log(obj.foo); // hello

obj.foo = 'good bye'; // 代入自体にはエラーが発生しない

console.log(obj.foo); // hello
```

その他細かな文法についてはMDNのドキュメント*17を参照してください。

Column

ObjectとJSON

JavaScriptのObjectはJSONとよく似た記法ですが、厳密には動作が異なります*a。ここには注意が必要です。

特に気をつけるべき点は値に利用できる型の部分です。JSONの場合は上記のドキュメントにもあるように、値に**文字列**、**数値**、**配列**、boolean、null、JSON Objectしか持てません。

APIのレスポンスなど、JSONとして渡さなければならない処理内では上記の値のみになっているかを意識するとよいでしょう。

たとえば、JavaScriptのObjectは関数を保持できます。しかし、JSONはJavaScriptの関数を保持できないため、JSONに変換する際に情報が抜けてしまいます。

JavaScriptにはJSON.stringifyというJavaScriptのObjectをJSONの文字列に変換する関数が提供されています。この関数を利用して、ObjectをJSONに変換した際の挙動を確認してみましょう。

*17 https://developer.mozilla.org/en-US/docs/Web/JavaScript/Reference/Operators/Object_initializer#syntax

```
const obj = {
  foo: function() {
    console.log('foo')
  },
  bar: 'bar'
};

// fooプロパティはJSONに変換できないので消えてしまう
const str = JSON.stringify(obj); // '{"bar":"bar"}'

// JSON文字列に変換した時点でfooプロパティはなくなっているので、パースした
Objectからもfooは消えている
const obj2 = JSON.parse(str);
obj2.foo(); // Uncaught TypeError: obj2.foo is not a function
```

*a　Object literal notation vs JSON https://developer.mozilla.org/en-US/docs/Web/JavaScript/Reference/Operators/Object_initializer#object_literal_notation_vs_json

2.2.5 配列

JavaScriptの配列は[]でくくられたものをリストとして扱うことができます。区切り文字は,で、配列の添字は0から始まります。

[]で宣言された配列はArrayオブジェクトとして扱われ、いくつかのプロパティや関数を利用できます。たとえば、配列の長さを示す.lengthプロパティなどにアクセスできます。

```
const arr = ['foo', 'bar', 'baz'];

console.log(arr[0]); // foo
conosle.log(arr.length); // 3
```

配列がもつ関数の例をあげると、配列の要素をループしながら新しい配列に変換するArray.prototype.mapや条件に一致したもののみを抽出するArray.prototype.filterなどがあります。

```
const students = [
  { name: 'Alice', age: 10 },
  { name: 'Bob', age: 20 },
  { name: 'Catherine' , age: 30 }
];
```

```
const nameArray = students.map(function(person) {
  return person.name;
});
console.log(nameArray); // ['Alice', 'Bob', 'Catherine']

const under20 = students.filter(function(person) {
  return person.age <= 20;
});
console.log(under20); // [{ name: 'Alice', age: 10 }, { name: 'Bob', age: 20 }]
```

2.2.6 関数

JavaScriptの基本的な関数はfunctionというキーワードから始まる定義です。

```
function add(a, b) {
  return a + b;
}

const value = add(1, 2);
console.log(value); // 3
```

addが関数名、()で囲まれたa,bが引数、{}で囲まれた部分が関数の処理部分です。return文で関数の返り値を指定できます*18。

また、JavaScriptにおける関数の引数にオブジェクトを渡した場合は参照渡しになります。

```
function setName(obj) {
  obj.name = 'Bob';
}

const person = { name: 'Alice' };
console.log(person.name); // Alice

setName(person);
console.log(person.name); // Bob
```

関数は関数式として別名の変数に代入が可能です。この時、関数名を省略できます（無名関数）。無名関数はCallbackや即時実行関数にも使えます。

*18 何も返さない場合はreturn文を省略できます。

```
const add = function(a, b) {
  return a + b;
}

// Callbackに無名関数
setTimeout(function() {
  console.log('1s')
}, 1000);

// 即時実行関数、その場で実行される
(function() {
  console.log('executed')
})();
```

「すべての関数で関数名をつけるべき」とは考えませんが、エラーが起きた際にすぐ原因箇所を特定したいような場所では関数名を付けておくとデバッグが行いやすくなるでしょう。

ES2015以降の関数

また、ES2015以降の関数にはデフォルト引数やArrow Function（アロー関数）という新しい記法が登場します。

デフォルト引数はそのまま、関数の引数を省略した場合にデフォルト値を渡すことができるものです。

```
function add(a, b = 2) {
  return a + b;
}

const total = add(1);
console.log(total); // 3

const total2 = add(1, 3);
console.log(total2); // 4
```

Arrow Functionの記法をみてみましょう。次の例はほぼ同様の挙動をします。

```
// Function
function add(a, b) {
  return a + b;
}

// Arrow Function
const add = (a, b) => {
  return a + b;
};
```

また、Arrow Functionは1つしかない引数の()や、関数内部の処理が1行の場合に{}やreturnの省略ができ、シンプルな記述が可能です。

```
const double = a => a * 2;
console.log(double(3)); // 6
```

筆者は関数全体がかなり短いとき以外は、できるだけ()、{}、returnなどの省略をせずに記述するようにしています。後にその関数の処理に手を加える必要がでた際に、差分が見やすくなるため好みという理由です。これは、できるだけ多くの人が読みやすい状態に近づけるという方針を筆者が持っているためです。ただ、近年では開発環境の充実もあり、個人的な考えを優先せず、ESLintなどのLinter、prettierなどのformatterのデフォルト設定に合わせることが多いです。

2.3 JavaScriptと継承

2.2.5で配列にはArray.prototype.mapやArray.prototype.filterといった共通の関数があると述べました。

これは配列の元となるArrayオブジェクトに紐づいている関数です。

JavaScriptはJavaなどに見られるclassをベースとした言語ではありません。代わりにprototypeというしくみを採用しています。これによって継承を実現しています。JavaScriptではObjectを継承して、Arrayなど各種の派生型が定義されています。

たとえばMDNのArrayページ*19を参照すると、Array.prototype.mapやArray.prototype.filterの他にもさまざまな関数が提供されていることがわかります。

たとえばArrayオブジェクトに長さを出力するshowLength関数を追加してみましょう。

リスト2.2　配列にshowLength関数を拡張する

```
const a = [1, 2, 3];
console.log(a); // [ 1, 2, 3 ]
```

*19　https://developer.mozilla.org/ja/docs/Web/JavaScript/Reference/Global_Objects/Array

```
// 配列の長さを標準出力に表示する
Array.prototype.showLength = function() {
  // thisは生成された配列自身をさす
  console.log(this.length)
}

a.showLength(); // 3
```

このようにArray.prototypeに対して関数を追加すると、Arrayオブジェクトから生成されたすべての値から関数が呼び出し可能になります*20。

また、ここまで説明していないthisというキーワードが登場しています。これは次の2.3.1と2.4で詳しく触れます。

```
Array.prototype.showLength = function() {
  // thisは生成された配列自身をさす
  console.log(this.length)
}
```

2.3.1 JavaScriptとclass

ES2015以降のJavaScriptではclass構文が導入されています。

次のコードはコンストラクタの引数で与えたnameをthis.nameに保持し、その値をprintName関数で表示するclassの例です。

```
class People {
  // コンストラクタ
  constructor(name) {
    this.name = name;
  }
  printName() {
    console.log(this.name);
  }
}

const foo = new People('foo-name');
foo.printName(); // foo-name
```

ここでのthisはインスタンス自身を指すため、new People('foo-name')で生成

*20 リスト2.2のようにJavaScriptが標準で提供するオブジェクトに対してもprototypeで拡張可能です。ですが実際のアプリケーションでは混乱を生みやすいため、標準提供されているオブジェクトを拡張するのはできるだけ避けたほうがよいでしょう。

されたfooになります。そのためfoo.printNameを呼び出すとfooのthis.nameに保持された'foo-name'が出力されます。

JavaScriptのclassはprototypeのシンタックスシュガーです。

2.3でも触れたように、JavaScriptはもともとprototypeでclassのような役割を実現していました。

旧来のprototypeを利用した表現では次のようになります[*21]。

```
// コンストラクタ
function People(name) {
  this.name = name;
}

People.prototype.printName = function() {
  console.log(this.name);
}

const foo = new People('foo-name');
foo.printName(); // foo-name
```

より具体的な挙動についてはMDNのドキュメント[*22]を参照してください。

最初からprototypeベースの挙動を理解するのは難易度が高いです[*23]。prototypeによる拡張が行われる言語である、という内容だけまずは頭に入れておくとよいでしょう。

現在のコードで継承を表現したい場合は、できるだけprotytypeよりclassによる表現を利用するほうがおすすめです。最初のうちは、実運用するコードでは、prototypeにあまりタッチしないほうが安全でしょう。

ただ、筆者はclass自身も多用は避けたいと考えています。次のコラムでその考えを示します。

*21 Objectのプロトタイプに関する記事は参考になります、 https://developer.mozilla.org/ja/docs/Learn/JavaScript/Objects/Object_prototypes

*22 https://developer.mozilla.org/ja/docs/Web/JavaScript/Inheritance_and_the_prototype_chain

*23 prototypeの挙動を利用したプロトタイプ汚染攻撃と呼ばれる攻撃の手法もあります。

Column

classとどう向き合うべきか

筆者は多くの場合、**そもそもclassなど状態を内包する設計を避けたほうがよい**と考えています。

もちろん、近年のフレームワークにはclassをベースとしたものもあり、それらのclassの継承などで必要になるケースはあります。しかし「必要以上に多くのclassの利用は避ける」と意識すると、Node.jsでの落とし穴にハマるケースが減るでしょう。

Node.jsはシングルスレッド/シングルプロセスという特性上「オブジェクトの状態によって動作が変わる＝関数が引数以外の副作用を持つ」設計が致命的な障害を招く可能性があります（詳細は8.3.2参照）。

筆者は、上記のような問題が発生する可能性をできる限り減らしたいため、classより関数を組み合わせて機能を実現するスタイルが好みです。本書で扱うExpressやReactも関数を中心に据えて開発するスタイルで解説しています。

2.4 JavaScriptとthis

2.2.5と2.3.1で少し触れましたが、thisというキーワードを利用することで、インスタンスそのものの参照にアクセスできました。

上記の例はまだわかりやすい内容でしたが、JavaScriptにおけるthisの挙動は少し複雑です。

JavaScriptのthisは、実行される場所（コンテキスト）によって値が変わるプロパティです[*24]。

たとえばグローバルなコンテキストで実行された場合のthisは、Node.jsではglobalオブジェクトを指し示すものになります[*25]。これがブラウザではwindowオブジェクトになります。

*24 this https://developer.mozilla.org/ja/docs/Web/JavaScript/Reference/Operators/this

*25 globalオブジェクトはJavaScriptの文法ではなくNode.js固有の概念です。どのファイルやモジュールからも同じ参照を返すオブジェクトです。

リスト 2.3　REPLでthisを比較する

```
$ node
> this === global
true
```

関数内のthisについてみていきましょう。

リスト 2.4　index.js

```
function isGlobal() {
  console.log(this === global);
}

isGlobal(); // true
```

上記のコードをnodeコマンドで実行してみるとtrueが出力されます。つまり、この時のthisはglobalオブジェクトを指しているということになります。

```
$ node index.js
true
```

今度はオブジェクトに入れて実行する例をみてみましょう。先ほどの2.3.1で出てきたthis.nameを出力する関数を定義し、これをオブジェクトに入れます。

リスト 2.5　index.js

```
function printName() {
  console.log(this.name);
}

printName(); // undefined
```

この時thisはglobalオブジェクトを表しているため、globalにはnameというプロパティがなく、undefinedが出力されます。

では、この関数をオブジェクトに入れてみましょう。

リスト 2.6　index.js

```
function printName() {
  console.log(this.name);
}

const obj = {
  name: 'obj-name',
  printName: printName
};
```

```
obj.printName(); // obj-name
```

この時、printName内部のthisはobj自身になります。なのでobj自身が持っているnameプロパティの値が出力されます。

ではprintName関数を1秒後に表示するように変更してみましょう。

リスト2.7 index.js

```
function printName() {
  setTimeout(function () {
    console.log(this.name)
  }, 1000);
}

const obj = {
  name: 'obj-name',
  printName: printName
};

obj.printName(); // undefined
```

この時、obj.printName()はundefinedを出力します。

これはconsole.log(this.name)の呼ばれるコンテキストがタイマー（setTimeout）に移ったことにより、thisがタイマーを指すようになったためです。

このように実行されるコンテキストによってthisの値は変わります。これは、thisが使われるコードでは常に実行されるコンテキストを意識しなければいけないことを意味し、コードを煩雑にします。

コードのthisを元のターゲットに戻すにはbindによるthisの固定*26やthisを別名にして保持しておくなど、いくつかテクニックがあります。

リスト2.8 index.js

```
function printName() {
  setTimeout(function () {
    console.log(this.name)
    // この関数のコンテキストをprintNameのthisに固定する
  }.bind(this), 1000);
}

const obj = {
```

*26 https://developer.mozilla.org/ja/docs/Web/JavaScript/Reference/Global_Objects/Function/bind

```
  name: 'obj-name',
  printName: printName
};

obj.printName(); // obj-name
```

また、Arrow Functionを利用することでbindと同様の効果を得られます。

リスト2.9　index.js

```
function printName() {
  // Arrow Functionを使う
  setTimeout(() => {
    console.log(this.name)
  }, 1000);
}

const obj = {
  name: 'obj-name',
  printName: printName
};

obj.printName();
```

Arrow Functionは実行時のコンテキストを固定化する（＝思わぬthisへのアクセスを防ぎうる）仕様が備わっています。Arrow Function内のthisは実行時のコンテキストに左右されず、定義時にthisの値が決まります。

この仕様のおかげでthisの指す先が変わっていたという事故は少なくなりました。

このようにJavaScriptのthisはなれるまでは、思わぬコンテキストを向いてしまう可能性があります。thisの挙動になれるまでは、thisが出現する箇所の関数はなるべくArrow Functionに寄せるほうがよいでしょう。

thisの挙動については、JavaScriptの入門コンテンツであるJSPrimerの「関数とthis」*27にわかりやすい解説があるので、そちらの参照もおすすめです。

*27　https://jsprimer.net/basic/function-this/#function-this

2.5 ES2015以降の重要文法

ここではES2015以降のJavaScriptで重要になる文法やよく使う文法について触れていきます。本書でも頻繁に利用していくことになるので、わからなくなった場合にはここを参照してください。

2.5.1 Spread構文

Spread構文は0個以上の引数や配列、オブジェクトなどを展開する構文です。これはいくつかの配列やオブジェクトから、新しい参照を持つ配列やオブジェクトを生成するのに便利です。

変数の前に...を記述することでオブジェクトを展開できます。次のコードはa, bの配列を合わせたcという配列を生成する例です。

```
const a = [1 ,2, 3];
const b = [4, 5, 6];
const c = [...a, ...b]; // [1, 2, 3, 4, 5, 6]
```

Objectも同様にSpread構文を使って新しいオブジェクトを作成できます。

```
const obj1 = {
  a: 'aaa',
  b: 'bbb'
};

const obj2 = {
  c: 'ccc'
};

const obj3 = {
  ...obj1,
  ...obj2
};
// {
//   a: 'aaa',
//   b: 'bbb',
//   c: 'ccc'
// }
```

配列やオブジェクトを合成するだけであれば、Array.pushの利用やプロパティの追加など別の手法もあります。

```
const a = [1 ,2, 3];
a.push(4, 5, 6);
const c = a; // [1, 2, 3, 4, 5, 6]

const obj1 = {
  a: 'aaa',
  b: 'bbb'
};

obj1.c = 'ccc';

const obj3 = obj1;
// {
//   a: 'aaa',
//   b: 'bbb',
//   c: 'ccc'
// }
```

しかし、Spread構文を利用する利点があります。「新しい参照を持つ配列やオブジェクト」を生成できる点です。単にプロパティや要素を追加するといった処理の場合、オブジェクトそのものが指し占めす箇所は変わりません。

```
$ node
> const a = { a: 'aaa' }
undefined
> b = a
{ a: 'aaa' }
# aとbは同じアドレスをもつオブジェクトなので比較はtrueを返す
> a === b
true
# aをもとにした新しいオブジェクトを生成する
> const c = { ...a }
undefined
# aとcは別のアドレスをもつオブジェクトなので比較はfalseとなる
> a === c
false
# aとbは同じアドレス、aとcは別のアドレスをもつオブジェクトになっている
# aにfooプロパティを追加する
> a.foo = 'foo'
'foo'
> a
{ a: 'aaa', foo: 'foo' }
# bは同じアドレスをもつ参照なので、bにもfooプロパティが追加される
> b
{ a: 'aaa', foo: 'foo' }
```

```
# cは別のオブジェクトなのでcにはfooは追加されない
> c
{ a: 'aaa' }
```

C言語っぽく表現するなら「オブジェクトは変数のポインタである」ととらえると、少し理解しやすいのではないでしょうか。

注意点として、Spread構文は参照を展開することを留意してください。先の例のようにプリミティブな値のみであったり、オブジェクトのネストが1段だったりという場合は単純に新しいオブジェクトのコピー生成とみなすことができますが、オブジェクトが含まれる場合に注意が必要です。

```
const a = [
  { foo: 'foo1' },
  'foo2',
  { foo: 'foo3' }
];
const b = [
  { foo: 'foo4' },
  'foo5',
  { foo: 'foo6' }
];

const c = [...a, ...b];
console.log(c[0].foo); // foo1

a[0].foo = 'bar1';
// c[0]にはa[0]のオブジェクトの参照が入っているので、a[0]のオブジェクトの値を書き換えるとc[0]も書き換わる
console.log(c[0].foo); // bar1

a[1] = 'bar2';
// a[1]はプリミティブな値なので、a[1]を書き換えてもc[1]は書き換わらない
console.log(c[1]); // foo2
```

```
const obj1 = {
  a: 'aaa',
  b: {
    foo: 'bbb'
  }
};

const obj2 = {
  c: {
    foo: 'ccc'
  }
};
```

```
const obj3 = {
  ...obj1,
  ...obj2
};

obj1.b.foo = 'bbb-update';
// obj3.bにはobj1.bの参照が入っているので、obj1.bの値を書き換えるとobj3.bの値も
書き換わる
console.log(obj3.b.foo) // bbb-update

// obj1.aはプリミティブな値なので、obj1.aの値を書き換えてもobj3.aの値は書き換わ
らない
obj1.a = 'aaa-update';
console.log(obj3.a) // aaa
```

また、Spread構文はオブジェクトだけではなく関数の引数などにも利用可能です。次の例では引数x、y、zのそれぞれに、配列の1、2、3が展開されます。

```
const args = [1, 2, 3];

function add(x, y, z) {
  return x + y + z;
}

const total = add(...args);
consoel.log(total); // 6
```

2.5.2 分割代入

分割代入は配列、オブジェクトなどからまとめて値を取り出す構文です。配列の場合、添字に好きな変数名をつけて取り出すことができます。

```
const [first, second, ...foo] = [10, 20, 30, 40, 50];
console.log(first); // 10
console.log(second); // 20
console.log(foo); // [30, 40, 50]

const { a, b, ...bar } = {
  a: 10,
  b, 20,
  c: 30,
  d: 40
};

console.log(a); // 10
```

```
console.log(b); // 20
console.log(bar); // { c: 30, d: 40 }
```

これは関数の返り値などを受ける際に便利で、最近ではReact Hooksなどでよく見かける構文です（**リスト7.13**など参照）。

```
function returnArray() {
  return [1, 2, 3];
}

// いらないものは変数名をつけなければ飛ばせる
const [one, , three] = returnArray();
console.log(one); // 1
console.log(three); // 3
```

また、オブジェクトも:を使うことで別名をつけて取り出すことが可能です。

```
const obj = {
  a: 10,
  b: 20,
  c: 30
};

const { a: foo, c: bar } = obj;
console.log(foo); // 10
console.log(bar); // 30
```

2.5.3 ループ

ループ（繰り返し）について紹介します。一番基本となるループはC言語ライクな文法のfor文です。

```
const arr = ['foo', 'bar', 'baz'];

for (let i = 0; i < arr.length; i++) {
  console.log(arr[i]);
}

// foo
// bar
// baz
```

配列オブジェクト（Array）にはforEach関数があるため、この関数を利用して同様にループ処理が可能です。

```
const arr = ['foo', 'bar', 'baz'];

arr.forEach((element) => {
  console.log(element);
});

// foo
// bar
// baz
```

ES2015以降、現在ではfor...ofを利用するのがよいでしょう。

```
const arr = ['foo', 'bar', 'baz'];

for (const element of arr) {
  console.log(element);
}

// foo
// bar
// baz
```

for...ofは反復処理可能なオブジェクトをループ処理できます。forEachと似ていますが、for...ofは配列以外もループできることや、途中に非同期処理（第4章参照）を挟むことができるという優位性があります。

Arrayの他にMap*28、Set*29などの、iteratorと呼ばれる反復処理可能なプロパティをもつオブジェクトはfor...ofで反復処理が可能です。

また、その他にオブジェクトのキーをループ処理するfor...inなどもあります。しかしこれはループ順序が実装依存であることや、プロトタイプ拡張されているケースで意図と違った挙動をしてしまう可能性を含んでいるので、慣れないうちや特別な意図がない限りは利用を避けましょう。

結論としては、for...ofか、基本的なfor文の2択で選ぶのがよいでしょう。

1. **添字が必要ない → for…of**
2. **添字が必要 → for文**

---

*28 https://developer.mozilla.org/en-US/docs/Web/JavaScript/Reference/Global_Objects/Map

*29 https://developer.mozilla.org/en-US/docs/Web/JavaScript/Reference/Global_Objects/Set

Column

Strictモード

JavaScriptのコードを読み始めると'use strict';という文を見ることがあります。この記述は、Strictモード*a（厳格モード）を有効化します。

Strictモードは、過去のJavaScriptと一部互換性を破棄し、より厳格なJavaScriptを記述・動作可能にする宣言です。

古いJavaScriptでは暗黙的な動作をするものがありました。たとえばvarを宣言し忘れた変数定義はグローバル変数として自動的に定義されます。

```
mistake = 5;
console.log(mistake); // 5が出力される
```

このコードに対しStrictモードを有効にすると、エラーとして検出されます。

```
'use strict';

mistake = 5;
console.log(mistake); // ReferenceError: mistake is not defined
```

古い時代のWeb開発にはこういった厳格でない挙動が喜ばしいシーンもありましたが、近年ではきちんとエラーとして検出できたほうが望ましいです。より安全なアプリケーション構築が可能です。

新しく記述するJavaScriptでは基本的にはファイルの先頭で宣言するもの、と考えておくとよいでしょう。

また、ECMAScript modulesやclassの内部では自動的にStrictモードになります。

本書では部分的なコードも多いため表記を省略していますが、基本的にStrictモードでの挙動で説明します。

*a https://developer.mozilla.org/ja/docs/Web/JavaScript/Reference/Strict_mode

3
Node.jsとモジュール

Node.jsには歴史的な経緯から2種類のモジュール分割方法があります。標準が定まっていなかったころにNode.jsが採用したCommonJS modulesと、ECMAScript標準のECMAScript modulesです。

```
// CommonJS modules
const fs = require('fs');

// ECMAScript modules
import fs from 'fs';
```

Node.jsのモジュールシステムでは、それぞれのファイルが独立したスコープを持ち、明示的に外部に公開しない限り別ファイルから参照できません。

本書執筆時点での最新バージョンv18（LTS）ではどちらのモジュール方式も特別なオプションなしに利用できます。ですが、CommonJS modulesとECMAScript modulesには多少の機能差が存在し、相互呼び出しにおいていくつか制約があります。

歴史的にCommonJS modulesの方が先に普及していたため、npm等ですでに公開されているモジュールはCommonJS modulesを採用したものが多いです。

そのため、公開モジュールを利用することを考慮すると2つの形式を混ぜた開発環境を構築するのは少し難易度が高いでしょう。

近年ではECMAScript modulesに対応したモジュールも増えてきていますが、完全に普及するにはまだ時間が必要だと筆者は考えています。

本書ではなるべく平易に実行できることを目的とするため、サンプルコードはCommonJS modulesを中心に利用します。

3.1 CommonJS modules

単純な計算をするcalc.jsモジュールを作成し、CommonJS modulesを説明していきます。

3.1.1 exportsとrequire

CommonJS modules（略してCommonJS、CJSとも）ではexportsという、ファ

イル単位に自動的に生成される変数に代入することで関数や変数を外部に公開可能です。

リスト 3.1 calc.js

```
exports.num = 1;

exports.add = (a, b) => {
  return a + b;
};

exports.sub = (a, b) => {
  return a - b;
};
```

これを別ファイルから読み込むときはrequireというキーワードを使います。今回は同じディレクトリに読み込む先/元のモジュールを配置する想定です。

```
path/to/folder/
├── index.js
└── calc.js
```

calcという変数名でcalc.jsに分割したモジュールを読み込む例を示します。

リスト 3.2 index.js

```
const calc = require('./calc');

console.log(calc.num); // 1

let res = calc.add(3, 1);
console.log(res); // 4

res = calc.sub(3, 1);
console.log(res); // 2
```

リスト 3.2のcalc変数にはcalc.js（**リスト 3.1**）でexportsした3つのプロパティ（関数や値）が格納され、それぞれにアクセスが可能です。

requireと省略

リスト 3.2のようにパスを指定して読み込む場合.jsを省略可能です。モジュールの読み込みでは相対パスや絶対パスによる指定や、index.jsを省略可能などいくつかルールがあります。モジュール読み込みの具体的なルールは、ドキュメント*[1]の疑似コードを参照してください。

たとえば./path/to/index.jsの場合は./path/toまで省略可能です。しかし、筆者としては、安易に省略しすぎないほうがよいと考えています*[2]。プロジェクトの状況にもよりますが、筆者は.jsのみ省略するケースが多いです。

requireで代入しているのは、ただの変数です。calc以外にも好きな名前で受けることが可能です。ただし、コードの可読性などを考えると、無作為な命名は避けるべきでしょう。

```
const hoge = require('calc') // 文法上はOK
```

module.exports

exports.xxx以外にもmodule.exportsという変数が利用できます。

リスト 3.3　calc.js

```
module.exports = {
  add: (a, b) => {
    return a + b;
  },
  sub: (a, b) => {
    return a - b;
  }
};
```

リスト 3.4　index.js

```
const calc = require('./calc');

let res = calc.add(3, 1);
console.log(res); // 4

res = calc.sub(3, 1);
console.log(res); // 2
```

次のようにオブジェクト以外にも変数や関数などを代入可能です。この場合、ほかの変数や関数を公開はできません。

リスト 3.5　calc.js

```
module.exports = 'foo';
```

---

*1　https://nodejs.org/api/modules.html#modules_all_together

*2　3.2で説明するECMAScript modulesと併用されるケースも増えてきているため、CommonJS modulesも今後はまったく省略しないというように変化していく可能性もあるでしょう。Node.jsにおけるモジュール管理は変化の最中なため、今後も状況を注視していくことが重要でしょう。

リスト 3.6　index.js

```
const calc = require('./calc');

console.log(calc); // foo
```

exports.xxxとmodule.exportsは併用できません。両方を併記した場合module.exportsが優先されます。コードを書く際にはどちらかに統一したほうがよいでしょう。筆者は慣れるまではなるべくexportsを利用することをおすすめしています。

3.1.2 モジュール読み込みとシングルトン

モジュールはシングルトンで読み込まれることに注意してください。たとえば、a.jsとb.jsから互いにcalc.jsを読み込む場合を考えてみましょう。

```
path/to/folder/
 ├── index.js
 ├── a.js
 ├── b.js
 └── calc.js
```

リスト 3.7　a.js

```
const calc = require('./calc');

// 実行されたらすぐにcalc.numを書き換える
calc.num = 5;
```

リスト 3.8　b.js

```
const calc = require('./calc');

// 1秒後にcalc.numを書き換える
setTimeout(() => {
  calc.num = 10;
}, 1000);
```

この2つのファイルを読み込んで、calcの中身の変化を追ってみましょう。

リスト 3.9　index.js

```
const a = require('./a'); // a.jsを読み込み（実行）
const b = require('./b'); // b.jsを読み込み（実行）
const calc = require('./calc');
```

```
console.log(calc.num); // 5

// 1.5秒後にcalc.numを表示
setTimeout(() => {
  console.log(calc.num); // 10
}, 1500);
```

上記のコードを実行すると1.5秒後に10という結果が表示されます。

```
$ node index.js
5
10
```

リスト3.9の動きを言葉で説明すると次のようになります。

1. **requrire('./a')を実行したタイミングでa.jsの中身が実行され、calc.numに5が代入される**
2. **require('./b')を実行したタイミングでb.jsの中身が実行され、1秒後にcalc.numが代入される**
3. **calcを読み込んでcalc.numを表示する**
4. **1.5秒後にcalc.numの中身を表示する**

a.jsやb.jsから変更したcalc.numの値がindex.jsにも伝播していることがわかります。つまり、モジュールはシングルトンオブジェクトとして読み込まれているということが確認できます。

シングルトンで読み込まれるという点は、かなり重要な特性です。たとえばリクエストの内容をファイル内のグローバル領域に格納する場合を考えます。Node.jsはシングルスレッドで動作するため、ロジックの途中でリクエストが混ざってしまう可能性があります。

この特徴は今後システム開発をしていく上でも、バグにつながりやすいポイントなので覚えておくとよいでしょう。

Column

requireと分割代入

requireで受けた先はただの変数になるので、2.5.2で紹介した分割代入を利用して必要なものだけ読み込むことも可能です。

リスト 3.10 index.js

```
const { add } = require('./calc');

const res = add(3, 1);
consoel.log(res); // 4
```

3.2 ECMAScript modules

ECMAScript modules（略称ESM）は、JavaScriptの標準として策定されたモジュールの方式です。Node.jsで昔から採用されてきたCommonJS modulesとは出自が違います。

ブラウザで動作するJavaScriptは、最初期はとても小さなコードで十分だったため、モジュールの概念がなくグローバルな領域を利用していました。たとえばライブラリなどを導入する際は、多くの場合グローバルな領域にライブラリ独自の名前を付けたグローバル変数にライブラリの実体を保持し、各スクリプトはグローバル変数からライブラリを引き出すという形です。jQueryで言えば$がこれにあたり、scriptタグでjQueryのタグを読み込むと$が定義され、各スクリプトから利用可能になります。

```
<script src="https://ajax.googleapis.com/ajax/libs/jquery/3.6.0/jquery.min.js"></
script>
<script>
  // $がグローバル変数として定義される
  $('.foo').html('bar');
</script>
<body>
  <div class="foo">foo</div>
</body>
```

しかし、JavaScriptの機能は拡張され続け、グローバルな参照だけではアプリケーションの作成は難しくなっていきました。そういった状況から、JavaScriptの標準としてECMAScript modulesが策定されました。現在ではNode.jsとモダンなブラウザーで実装が完了し利用可能です[*3]。

*3 https://developer.mozilla.org/en-US/docs/Web/JavaScript/Guide/Modules

3.2.1
モジュール分割方式の違いと注意点

Node.js上で実装されているCommonJS modulesとECMAScript modulesのモジュール分割方式は似ている部分もあり、お互いの読み込みが可能な部分もありますが、細かな差異があります。

Node.jsの世界では昔からCommonJS modules形式が利用されてきたため`.js`のファイルはCommonJS modules形式のファイルが多く存在しています。

その差異による摩擦を少なく扱うために、Node.jsのECMAScript modulesを採用するファイルは、標準では`.mjs`という拡張子を利用します。

3.2.2
exportとimport

ECMAScript modulesの基本的な使い方はCommonJS modulesとそう変わりません。モジュール側は`export`というキーワードで変数や関数を外部に公開できます。

リスト3.11 calc.mjs

```
export const num = 1;

export const add = (a, b) => {
  return a + b;
};

export const sub = (a, b) => {
  return a - b;
};
```

利用する側は`import`というキーワードで読み込みます。`import`は拡張子まで指定が必要です。

リスト3.12 index.mjs

```
import { num, add, sub } from './calc.mjs';

console.log(num);

let res = add(3, 1);
console.log(res); // 4

res = sub(3, 1);
console.log(res); // 2
```

すべてのモジュールを読み込む場合は、asキーワードでモジュールに名前を付与した新しいオブジェクトとして読み込み可能です。

```
import * as calc from './calc.mjs';
```

default export（デフォルトエクスポート）

CommonJS modulesのmodule.exportsと似たdefault export（コード上はexport default）があります。

リスト3.13 calc.mjs

```
export const num = 1;

export const add = (a, b) => {
  return a + b;
};

export const sub = (a, b) => {
  return a - b;
};

export default function () {
  console.log('calc');
}
```

こちらはCommonJS modulesとは違い、exportとexport default共存が可能です。

リスト3.14 index.mjs

```
import defaultCalc, { add, sub } from './calc.mjs';

defaultCalc(); // calc
```

上記のサンプルはdefault exportされた関数にdefaultCalcという名前をつけて読み込む例です。default exportされた関数は呼び出し側が自由に名前をつけることができます。

筆者としては、exportとdefault exportを意図なく混在させるより、通常のexportで統一する方が書きやすい/読みやすいと考えています[*4]:。もしもdefault exportを導入するなら、プロジェクト全体のルールとしてどういう場合に利用す

*4 CommonJS modulesのmodele.exportsの時と同様です。

るか、という認識が共通化できるとよいでしょう。

3.2.3
モジュールの動的読み込み（Dynamic Imports）

ECMAScript modulesの特徴的な機能に、モジュールの動的読み込み（Dynamic Imports）があります*5*6。

次のようにimport()式にモジュールのパスを指定すると、import()式を呼び出したタイミングで初めてモジュールの読み込みが可能になります。

```
import('./calc.mjs')
  .then((module) => {
    console.log(module.add(1, 2))
  })
```

動的読み込みは特にフロントエンド（ブラウザサイド）のコードでニーズがあります。たとえばユーザーがクリックした時にしか使わないモジュールであれば、クリックしたタイミングで初めてダウンロードすれば、初期描画時にネットワークから取得するコストを下げることが可能です。

```
document.querySelector('.addButton').addEventListener('click', () => {
  import('./calc.mjs')
    .then((module) => {
      const result = module.add(1, 2);
      document.querySelector('.result').innerText = result;
    });
});
```

このようにフロントエンドのパフォーマンスをチューニングするために、動的読み込みは欠かせない機能です。

しかし、Node.jsでは初期構築（=サーバーが立ち上がるまで）の速度は、フロントエンドほど重要ではありません。Node.jsの場合は、起動時にコードの依存ツリーを解決可能ですし、サーバーの立ち上がりの速度に起因する問題は、設計によって回避がしやすいためです。そのため、Node.jsのコードでは、動的読み

*5 https://developer.mozilla.org/en-US/docs/Web/JavaScript/Reference/Operators/import

*6 もともとECMAScript modulesで導入され、CommonJS modulesにはない概念でした。現在はCommonJS modulesでも利用できます。詳細はドキュメントを参照してください。 https://nodejs.org/dist/latest-v18.x/docs/api/esm.html#import-expressions https://nodejs.org/dist/latest-v18.x/docs/api/esm.html#import-expressions

込みの出現頻度はそこまで高くありません。

また、近年のフロントエンドのコードは昔に比べファイル数が非常に多くなっています。たとえば動的読み込みしたモジュールがさらに別のモジュールを読み込んでいた場合、連鎖的にネットワーク通信のコストがかかります。そのため、動的読み込みだけでなく適切なサイズでファイルを結合してファイルの数を減らし通信回数を減らすことが、現時点では有効な手段となります。

このため、筆者は現在のフロントエンドのコードにおいては、動的インポートだけでなくwebpackなどのバンドラーを通じたファイルの結合が、まだ必要と考えています。

3.3 モジュールの使い分け

Node.jsのモジュールは現時点でCommonJS modulesとECMAScript modulesの2つ選択肢があります。デフォルトでは拡張子が`.js`もしくは`.cjs`のファイルはCommonJS、`.mjs`のファイルがECMAScript modulesです。

`package.json`のtypeプロパティ*7を利用することで、`package.json`があるディレクトリ以下の`.js`ファイルのモジュールタイプの固定化も可能です。

リスト 3.15 package.json

```
{
  "type": "module" // pakcage.jsonがあるディレクトリ以下の.jsファイルを↩
ECMAScript modulesとして解釈させる
}
```

具体的な挙動はドキュメント*8を参照してください。

併用も可能ではあるものの、1つのアプリケーションの内部では1つの形式のみを用いるべきです。双方の形式を混ぜて使うのは、できる限り避けたほうがよいでしょう。

ECMAScript modulesのみで記述するのは、シンプルなアプリケーションを除くとまだコストが少し高いと考えています。今後ECMAScript modulesを採用す

*7 https://nodejs.org/api/packages.html#determining-module-system

*8 https://nodejs.org/api/packages.html#type

るプロジェクトは増えていくはずですが、CommonJS modulesの数を上回るまでには長い時間がかかるでしょう。

それでは、現時点でモジュール分割方式をどう使い分けるべきでしょうか。

筆者が考えるひとつの基準として、アプリケーション開発をするか、ライブラリ開発をするかという観点があります。

3.3.1 アプリケーション開発

アプリケーション開発には現時点ではCommonJS modulesを採用したほうが、まだ多少優位な点が多いでしょう。詰まることが少なくなるはずです。

単純なスクリプトや依存モジュールの少ないケースであればECMAScript modulesでも問題になりにくいですが、対応しきれていない依存モジュールが現れてしまったときがやっかいです。現状では、Node.jsのライブラリ（モジュール）はCommonJS modules対応のみのものも少なくありません。

また、TypeScriptなどもNode.jsのECMAScript modulesに対応をしましたが、まだ周辺のエコシステムが開発に追従しきれていません。ECMAScript modulesをNode.jsで不自由なく利用できるようになるまでは時間がかかる印象です。

既存のアプリケーションですでにCommonJS modulesを採用している場合、無理に移行しようとするとコストが非常に高くなる可能性もあります。しかし同時に、今後はバージョンアップなどによりECMAScript modulesのみに対応するモジュールも増えてくるだろうと予想されるため、いつかは対応が必要になってくるでしょう。

今後1からアプリケーションを構築するケースでは、すべてECMAScript modulesのみを採用する選択はあり得ます。難易度は高くなりますが、くるだろう未来を見据えて挑戦する価値はあるでしょう。

3.3.2 ライブラリ開発

ライブラリを提供するのであれば、CommonJS modulesとECMAScript modules両方の形式に対応した方法で提供できるとよいでしょう。

npmで管理するパッケージや後述する標準モジュール3.4は、先に説明した相対パスで指定し読み込む方法とは違い、パッケージ名だけで読み込むことができます。

```
const foo = require('foo'); // CommonJS modulesのファイルでfooパッケージを読み込む
```

```
import foo from 'foo'; // ECMAScript modulesのファイルでfooパッケージを読み込む
```

この時、パッケージの内部がCommonJS modulesなのかECMAScript modulesなのかを気にして、利用する側が読み込み方を変えなければならないのはライブラリとして少し不便です。

現在はECMAScript modulesが使われ始めていますが、同時にCommonJS modulesの形式を採用しているアプリケーションも多い過渡期です。CommonJS modulesでもECMAScript modulesでも使えるライブラリ（モジュール）を設定するための、デュアルパッケージ*9と呼ばれる方法があります。

package.jsonの中で`exports`プロパティを指定すると、CommonJS modulesとECMAScript modulesで呼び出される時のファイルを分割可能です。

リスト3.16 package.json

```
{
  "exports": {
    "import": "./index.mjs",
    "require": "./index.cjs"
  }
}
```

リスト3.16のように指定した場合はCommonJS modulesから呼び出された時は`index.cjs`*10が読み込まれ、ECMAScript modulesから呼び出された時は`index.mjs`が読み込まれます。

この機能を利用して、たとえばECMAScript modules側をwrapperにして両対応するといったアプローチがあります*11。

リスト3.17 package.json

```
{
  "exports": {
    "import": "./wrapper.mjs",
```

***9** 具体的な実装方法については割愛します。『Dual CommonJS/ES module packages https://nodejs.org/api/packages.html#dual-commonjses-module-packages』などを参照してください。

***10** ECMAScript modulesとCommonJS modulesを併用する場合、明示的な区別のためにCommonJS modulesを採用するファイルに`.cjs`の拡張子を用いています。

***11** https://nodejs.org/api/packages.html#approach-1-use-an-es-module-wrapper

```
    "require": "./index.cjs"
  }
}
```

デュアルパッケージの課題

提供ターゲットが定まっているのであれば、どちらかに振り切ってしまうことも考えられますが、ECMAScript modulesだけの対応ではユーザーの幅が狭まってしまうのが現状です。

デュアルパッケージは理想的な対応に思えますが、別々のファイルが呼び出されることで問題点も発生します。

2つのファイルに分かれることで、それぞれを呼び出した時に違う動作をする可能性があります。ユーザー側では気づきにくく、バグになりえます。これらの問題点に関しても、公式ドキュメントに軽減策*12が載っています。参考にしてください。

利用者の実行環境を限定できるモジュールであれば、package.jsonのtypeを指定してCommonJS modulesやECMAScript modulesのみに限定する方法を検討するのもよいでしょう。

最近ではNode.js v12以下がLTSから落ちたこともあり、ECMAScript modulesのみで提供されるモジュールも増えてきています*13。

3.4 標準モジュール（Core API）

Node.jsは、V8エンジンと、標準のJavaScriptにはない各種実装を組み合わせた実行環境です。本書ではこの「標準のJavaScriptにはない各種実装」を標準モジュール（Core API）と呼びます。

Node.jsのバージョンによって利用できないAPIや廃止されたAPIなどもあります。最新の情報はAPIドキュメント*14を参照してください。

次の表はよく利用する、目にする機会が多い標準モジュールです。

*12 https://nodejs.org/api/packages.html#dual-commonjses-module-packages
*13 Node.jsはv12の途中でECMAScript modulesにオプションなしで対応。
*14 https://nodejs.org/api/documentation.html

モジュール名	利用用途
fs	ファイル作成/削除などの操作
path	ファイルやディレクトリパスなどのユーティリティ機能
http/https	http/https サーバーやクライアントの機能
os	CPU の数やホスト名など OS 関連情報の取得
child_process	子プロセス関連の機能
cluster,worker_threads	マルチコア、プロセスを利用するため機能
crypto	OpenSSL のハッシュや暗号・署名や検証などの暗号化の機能
assert	assertion（変数や関数の検証）機能

これらのモジュールは相対パスなどを指定せずに読み込むことができます。

```
require('fs');
```

第1章でも少し触れましたが、fsモジュールを利用するサンプルコードは次のようになります。

リスト 3.18 index.js

```
const fs = require('fs');

fs.readFile(__filename, (err, data) => {
  console.log(data);
});
```

また、Node.jsのドキュメントを参照しているとrequire('node:fs')のようにnode:というprefixが付与されているのを目にするでしょう。node:はNode.jsの標準モジュールであることを表すprefixです。

これは外部のモジュールと標準モジュールで名前空間が競合してしまうことを避けるために導入されたものです*15。

下位互換性を担保するために、fsなど以前から存在する標準モジュールは以前と同様にnode:prexixなしでも同様に動作します（require('fs')）。

ただし、すべての標準モジュールがprefixなしで動くわけではありません。Node.jsに導入された標準モジュールのテストランナーはnode:testというよう

*15 https://github.com/nodejs/node/issues/36098

にprefixが必須です*16。

このように、今後はprefixが必須となる標準モジュールも増えてくると考えられます。

本書ではまだ世の中で記載の多いnode:prefixなしで説明しています。これは本書で参照しているNode.js外のドキュメントとの差異を減らして理解しやすくしてもらうためです。

今後はnode:prefixを付与した記述も増加していくだろうと考えられるため、prefixありの形式に移行していくとよいでしょう。

Column

モジュール内の特殊な変数

ここまで自身のファイル名を参照する`__filename`という特殊な変数を利用しています。これは、Node.jsのCommonJS moduleを採用しているファイル（モジュール内）で利用できる特殊な変数です。

似たような変数に自身のフォルダ名を参照する`__dirname`があります。こちらもCommonJS module内でしか利用できません。

3.5 npmと外部モジュールの読み込み

アプリケーションやツールを作成する場合、すべての機能を自分だけでつくることはまれです。Node.jsにバンドルされているnpmを利用することでhttps://npmjs.com*17に公開されている数多くのモジュールを利用できます。

それではnpmを利用して公開されているモジュールを実際に利用してみましょう。ここではNode.jsのコアチームによって開発されている、undiciというHTTPリクエストを行うライブラリを利用する例で説明します。

*16 標準モジュールのテストランナー（test runner）はまだExperimentalです。 https://nodejs.org/api/test.html

*17 npmはもともとnpm, Inc.という企業によって運営されていました。現在はGitHub社によって運営が続けられています。

3.5.1 package.json/package-lock.json

npmに公開されているモジュールを利用・管理するためにはpackage.jsonというファイルが必要になります[*18]。まずはprivate: trueとなるようなjsonファイルをディレクトリのルートに作成し、undiciをインストールしてみましょう。

```
$ mkdir test_npm
$ cd test_npm
# package.jsonの作成
$ echo '{ "private": true }' >> package.json
$ cat package.json
{ "private": true }
```

```
# undiciのインストール
$ npm install undici --save
```

undiciをインストールするとpackage.jsonが自動的に更新され、dependenciesというパラメータにundiciの依存バージョンが追加されます。

```
{
  "private": true,
  "dependencies": {
    "undici": "^5.14.0"
  }
}
```

このようにpackage.jsonでアプリケーションの依存関係を管理できます。

package.jsonは他にもスクリプトのショートカットを登録したり、アプリケーションをnpmに公開する際の情報を記入したりとさまざまな機能があります[*19]。

最初に登場したprivate: trueは「これはプライベートなアプリケーションです」ということを示すものです。誤って手元のアプリケーションをnpmモジュールとして公開してしまうことを防ぐために入れています[*20]。また、プライベートであると明示することで、本来必要なプロパティを省略可能になります。これ

*18 厳密にはpackage.jsonがなくても利用可能ですが、挙動の理解が難しくなるのでここでは必要なものとして覚えておいてください。また、npm initコマンドで対話的にpackage.jsonを作成可能です。

*19 npmには多くの機能があります。本書ではそのうち、開発に必要な情報を厳選して解説しています。機能全体はドキュメントを参照してください。 https://docs.npmjs.com/

*20 npm publishでパッケージを公開できます。詳細はドキュメントを参照してください。https://docs.npmjs.com/cli/v8/commands/npm-publish

らについて詳細は公式のドキュメント*[21]を参照してください。

インストールしたnpmモジュールの実体はpackage.jsonがあるディレクトリのnode_modulesディレクトリに保存されます。

```
directory/
├── node_modules/
├── package.json
└── package-lock.json
```

ここでディレクトリを覗いてみると、作成した覚えのないpackage-lock.jsonというファイルが作成されていることが確認できます。このファイルはnode_modulesディレクトリを復元するために必要となるファイルです。

npm上に公開されているモジュールは、それ単体ではなく、その他のモジュールを利用して構築されていることが多いです。アプリケーションからすれば、ひとつのモジュールに依存しているだけのつもりでも、実際は多くのモジュール依存することになります。それらの依存ツリーのバージョンなどを固定し、node_modulesディレクトリを再構築可能にするためのファイルがpackage-lock.jsonです。

依存モジュールの実体はインストールのタイミングでnode_modulesディレクトリに保存されます。このディレクトリはインストールした環境によって違いが出ます。たとえばWindowsでインストールした実体とLinuxでインストールした実態は違うものになる可能性があります。このため、node_modulesディレクトリはGit等にコミットしてはいけません。

再度アプリケーションを構築するためには、先述のpackage.jsonとpackage-lock.jsonを利用します。Git等にコミットするのはこちらのファイルにしましょう。これらのファイルがディレクトリにあれば、npm installを実行するだけで必要なパッケージをnode_modulesに導入できます*[22]。

3.5.2 npm scripts

package.jsonは依存関係を記録するファイルと紹介しましたが、その他にも多

*21　https://docs.npmjs.com/cli/v7/configuring-npm/package-json

*22　node_modulesについては、バージョン管理の対象外とすべきです。適宜.gitignoreファイルなどに指定しましょう。

くの機能を持っています。中でもよく利用されるのはnpm scripts*23でしょう。

これはプロジェクト内で共通して利用されるタスクなどをまとめる、簡易的なタスクランナーのようなものです。package.jsonのscriptsプロパティの中に次のようにタスクを記述してみましょう。

```
{
  "private": true,
  "scripts": {
    "prebuild": "echo 'pre build'",
    "build": "echo 'build'",
    "postbuild": "echo 'post build'"
  }
}
```

npm scriptsに記述したタスクは`npm run xxx`のようにnpm経由で呼び出すことが可能です。また、`pre`を付けたスクリプトはタスク直前に、`post`を付けたスクリプトはタスク直後に自動的に実行されます。

```
$ npm run build

> prebuild
> echo 'pre build'

pre build

> build
> echo 'build'

build

> postbuild
> echo 'post build'

post build
```

このように複雑なコマンドを短く記述する、`preinstall`や`postinstall`でモジュールのインストール前後に初期化処理を行うなど、プロジェクト内で共通の処理がある場合はnpm scripts内に記述しておくと便利です。

*23 https://docs.npmjs.com/cli/v8/using-npm/scripts

3.5.3
セマンティックバージョニング（semver）

npmのパッケージはセマンティックバージョニング（Semantic Versioning、semver）の仕様にしたがってバージョニングすることが推奨されています*24。

セマンティックバージョニングでは、`Major.Minor.Patch`の規則で、`1.0.0`や`0.13.1`のように3つの数値をドットで区切る記法が利用されます。

`major.minor.patch`のバージョンを表しています。それぞれの更新ルールは次のようになります。

名称	ルール
Major	バグ/機能追加を問わず下位互換性を損なうリリース時にインクリメントされ、MinorとPatchを0にリセットする
Minor	下位互換性のある機能追加のリリース時にインクリメントされ、Patchを0にリセットする
Patch	下位互換性のあるバグ修正のリリース時にインクリメントされる

すべてのモジュールがこのルールに従っているとは限りません。しかし、このルールを知っておくことで、下位互換性のない破壊的な変更が加えられているかを知る、ある程度の目安となります。

また、npmのパッケージ更新の挙動もこのsemverを基準に動作します。

自分でnpmモジュールを公開する時などは、ユーザーのためにもこのバージョニングに従ったリリースを心がけるとよいでしょう。

3.5.4
モジュールの利用

実際にインストールしたモジュールを利用していきましょう。

3.5.1で`package.json`を作成したディレクトリに`index.js`を作成し、次のサンプルコードを入力しましょう。Core API同様に、npmからインストールしたモジュールも、相対パスなどを指定せずに読み込むことができます。

```
require('undici');
```

*24 https://docs.npmjs.com/about-semantic-versioning

リスト 3.19　index.js

```
const { request } = require('undici');

request('https://www.yahoo.co.jp')
  .then((res) => {
    return res.body.text()
  })
  .then((body) => {
    console.log(body);
  });
```

リスト 3.19を実行すると`https://www.yahoo.co.jp`のURLにアクセスした時のHTMLが取得できます。

先述のようにnpmを利用してインストールしたモジュールは、Node.jsのコアモジュールと同様に相対パスを指定せずアクセスが可能です。

undiciの実体は`node_modules`ディレクトリに存在するので、`node_modules`ディレクトリを削除するとこのコードは動かなくなります。

```
$ rm -rf node_modules

$ node index.js
node:internal/modules/cjs/loader:936
  throw err;
  ^

Error: Cannot find module 'undici'
```

GitHub等からcloneしてきたばかりのコードなどは`node_modules`ディレクトリはないので、このエラーが出るかもしれません。そのようなときは`package.json`があるディレクトリでインストールコマンド（`npm install`）をたたきましょう。

```
$ npm install
```

インストールコマンドをたたくと`package.json`（あるいは`package-lock.json`）を参照して、アプリケーションが必要としているモジュールを一括で取得可能です。

Column

yarnやpnpmとNode.js

最近ではnpmの他にyarnやpnpmなど、その他のパッケージマネージャーの利用も増えていて、Node.js本体でも実験的にですがそれらの利用をサポートする動き[*a]もあります。

本書ではnpmを前提に説明していきますが、プロジェクトによってはyarnを利用しているところも多いでしょう。どちらを利用しても大きな違いはありませんが、1つのプロジェクトで混ぜて利用はできないため注意が必要です。

***a**　https://nodejs.org/api/corepack.html

4
Node.jsにおける非同期処理（フロー制御）

JavaScriptを利用する上で非同期処理は切っても切り離せません。

Node.jsのアプリケーションで利用されるイベントハンドリングのパターンは大きく分けて次の4つがあります。

- **Callback**
- **Promise**
- **async/await**
- **EventEmitter/Stream**

本書執筆時点での筆者おすすめの設計パターンは次のようになります。

1. **可能な限りasync/awaitを採用する**
2. **ストリーム処理が必要な場合にのみEventEmitter/Streamを採用する**

ここではJavaScriptの文法の進化などにも触れつつ、なぜこのような設計を推奨しているかを解説してきます。

4.1 同期処理と非同期処理

パターンの説明に先立って、同期処理と非同期処理について少し解説します。

Node.jsはイベントループがあることで、シングルプロセス/シングルスレッドでも、多数のリクエストを効率的に処理可能です。逆に言うと、イベントループを長時間停止させるコードは、多数のリクエストを受ける際にパフォーマンスを発揮しにくくなります。Node.jsのコードを作成する上では、**イベントループをいかに長時間停止させないか**を意識することが重要です。

では、どのような処理がNode.jsのイベントループを停止させるのでしょうか。シンプルに言ってしまえば、同期処理（非同期以外の処理）はイベントループを停止させます。

Node.jsにおける非同期処理は、libuv*1というライブラリから提供されています。libuvはクロスプラットフォーム向けの非同期処理を提供するライブラリです。libuvというクッションを利用することで、Node.jsはLinuxやmacOS、

*1 https://github.com/libuv/libuv

Windowsなどのクロスプラットフォームで非同期な動作の担保が可能になっています。

つまり、イベントループを停止させる同期処理とは「libuvで提供されていないもの」が該当します。Node.jsはV8エンジンと標準のJavaScriptにはない各種実装（Core API）の組み合わせです（3.4）。このCore APIは非同期処理がベースに考えられ、Core APIの非同期処理はlibuvから提供されています。逆にV8が解釈している標準のJavaScript、たとえばループなどの文法や、`JSON.parse`/`Array.forEach`は基本的に同期処理です。

機能	実装	同期/非同期
JSON operation	V8	同期
Array operation	V8	同期
File I/O	libuv	非同期（Sync関数を除く）
Child process	libuv	非同期（Sync関数を除く）
Timer	libuv	非同期
TCP	libuv	非同期

ここでTimerの部分に違和感を持つ人もいるでしょう。`setTimeout`や`setInterval`はブラウザでも動作するJavaScriptです。実はこれらはJavaScriptの仕様（ECMAScript）には含まれていません*2。

このため、Timerの機能はV8ではなくlibuvから提供されています。仕様から提供されるライブラリを理解するのは複雑になり過ぎてしまうので、ここではTimerはブラウザでも動くコードだが例外的に非同期である、と覚えておきましょう。

この話に興味がわいた方はどの機能がどの仕様から提供されているのかを追ってみると、Node.jsへの理解がより進むでしょう。

*2 https://html.spec.whatwg.org/multipage/timers-and-user-prompts.html#timers

4.2 Callback

ここからは非同期のフロー制御の話に入ります。

最初はJavaScriptの非同期制御で一番古くから利用されているCallback（コールバック）です。

ここではNode.jsでファイルを扱う標準モジュールのfsを例にとって説明していきます。次のコードは1.1.3にも登場したファイルを読み込んだ結果を標準出力に出力するサンプルです。

リスト4.1 index.js

```
const { readFile } = require('fs');

console.log('A');

readFile(__filename, (err, data) => {
  console.log('B', data);
});

console.log('C');
```

1.1.3の説明でもあった通り、上記のサンプルコードはA→C→B（+ファイルの内容）と出力が続きます。Callbackは「処理が終わった時に呼び出される関数を登録する」インターフェースです。readFileなら第二引数にCallback（コールバック関数）を与えます。

```
readFile(ファイル, Callback)
```

そのため、Callbackでは処理を直列にする（フロー制御）ためにはCallbackの中でCallbackを呼ぶ必要があります。

次のような仕様のプログラムを考えてみましょう。

- **ファイル自身を読み込み**
- **ファイル名をフォーマットして別名で書き込み**
- **バックアップしたファイルをReadOnlyにする**

この仕様をCallbackで実装したコードが次のサンプルです。

リスト 4.2 index.js

```
const { readFile, writeFile, chmod } = require('fs');

const backupFile = `${__filename}-${Date.now()}`;

readFile(__filename, (err, data) => {
  if (err) {
    return console.error(err);
  }
  writeFile(backupFile, data, (err) => {
    if (err) {
      return console.error(err);
    }
    chmod(backupFile, 0o400, (err) => {
      if (err) {
        return console.error(err);
      }
      console.log('done')
    });
  });
});
```

図4.1 フロー図

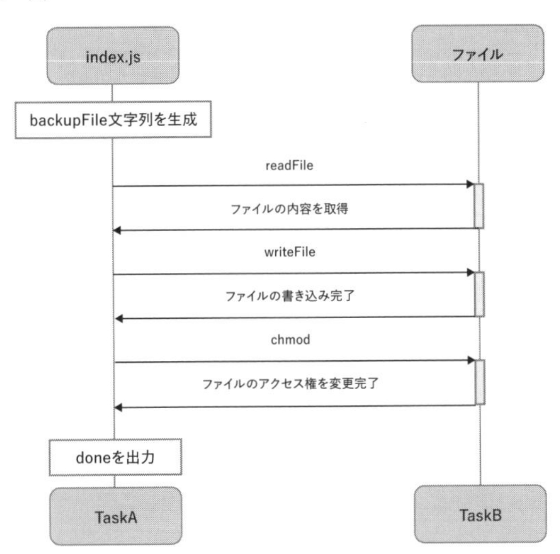

Callbackは処理が終了したタイミングで実行されるため、直列に処理をつなぐ場合は上記のコードのようにreadFile → writeFile → chmodとネストが深くなっ

ていきます。

ネストがどんどんと深くなるコードを、JavaScriptではCallback Hellと呼ぶことがあり、敬遠されがちです。Callback Hellは特にGitによってコードを管理する現在では、途中の処理を追加/削除した場合にインデントの位置が変わりコードレビューのコストを引き上げがちです*3。

複数人での開発では特に、コードを書く時間より見る時間の方が長くなります。コードリーディングやレビューのコストを下げるためにも、Callbackを避けるか、なるべくCallbackが深くなりすぎないようにコードを設計するのがよいでしょう。

また、Callbackでループ処理したい場合もあるでしょう。このとき、次のようにfor文を利用すると思ったように動かないことがあります。

リスト4.3 index.js

```
const fs = require('fs');

for (let i = 0; i < 100; i++) {
  const text = `write: ${i}`;

  fs.writeFile('./data.txt', text, (err) => {
    if (err) {
      console.error(err);
      return;
    }
    console.log(text);
  });
}
```

上記のコードは100回のループを回し、data.txtに数値を上書きしていくサンプルです。これを実際に実行してみましょう。

```
$ node index.js
write: 1
write: 4
write: 5
write: 6
write: 7
write: 8
write: 9
write: 10
...
```

*3 関数を適切に分割することで、ある程度影響を少なくはできますが、対処療法的です。

```
write: 98
write: 96
write: 99
write: 48
write: 50

$ cat data.txt
write: 50
```

この結果は実行している環境等によっても少しずつ変わります。ここで注目するのは、最後の結果が99になっていないことです[*4]。

リスト4.3は`fs.writeFile`を100回呼ぶことには成功していますが前の結果を待ち受けることができていません。つまり0番目の処理の完了をまたずに1番目の処理が開始するため、書き込みが完了するタイミングの順序は保証されません[*5]。

次の図のように書き込みの開始は順番に始まったとしても、それぞれの書き込み完了時間にズレがあるため、順序が保証されません。

***4** たまたまうまくいくケースもあります。

***5** 並行に処理を投げるという意味でこういった書き方を採用するケースはあります。

図4.2　Callbackと実行順序の例

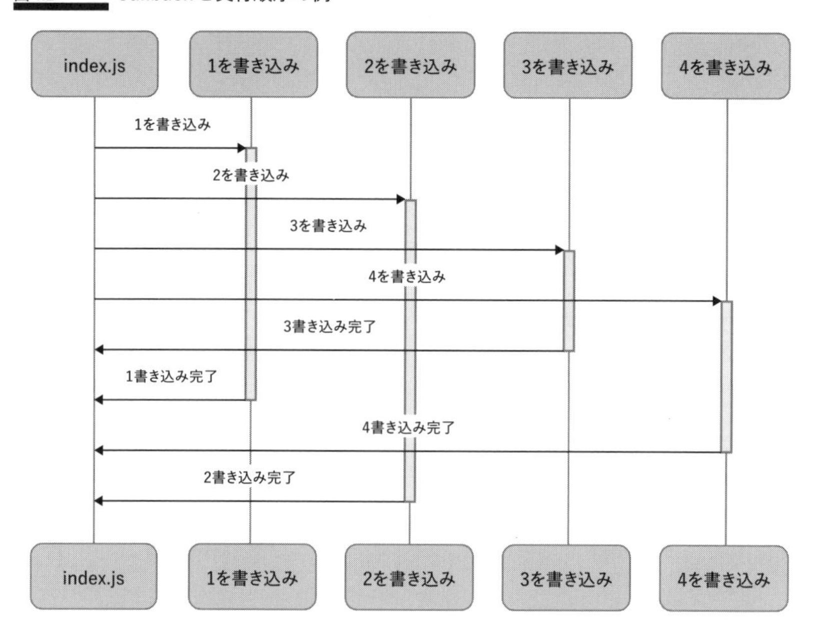

今回のケースでループを順次実行するためには再帰処理等を利用するとよいでしょう。処理が完了してから、次の処理を呼ぶことを強制できます。

リスト4.4　index.js

```
const fs = require('fs');

const writeFile = (i) => {
  if (i >= 100) {
    return;
  }

  const text = `write: ${i}`;
  fs.writeFile('./data.txt', text, (err) => {
    if (err) {
      console.error(err);
      return;
    }
    console.log(text);
    writeFile(i+1);
  });
};
```

```
writeFile(0);
```

図4.3　再帰処理を用いることでCallbackを順序付け

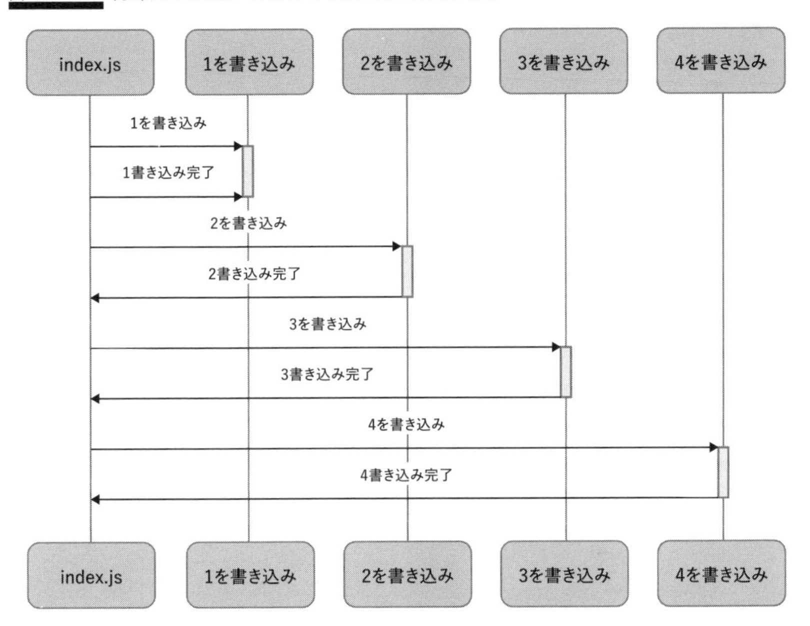

4.2.1
Node.jsとCallback

Node.jsの標準モジュールに実装されているCallbackのAPIには特徴的な慣例があります。

慣例
APIの最後の引数がCallback
Callbackの第一引数がエラーオブジェクト

Callbackに慣れていないうちは特にエラーハンドリング時の注意が必要です。

第一引数がエラーオブジェクトとなるので、エラーハンドリングは必ず第一引数のnullチェックが必要です。

リスト4.5 index.js

```
const { readFile } = require('fs');

readFile(__filename, (err, data) => {
  if (err) {
    console.error(err);
    return;
  }
  console.log(data);
});
```

この時、nullチェック内のreturnも大事な存在です。このコードでreturnを書かないと、エラーが起きた場合にも次のconsole.logが実行されてしまいます。エラーを握りつぶす場合には書かないケースもありますが、うっかり忘れてしまうと思わぬ処理に入ってしまう可能性があります。

```
const { readFile } = require('fs');

readFile(__filename, (err, data) => {
  if (err) {
    console.error(err);
    // return; // ここを忘れると次の処理に進んでしまう
  }
  console.log(data);
});
```

また、try-catchでCallback内のエラーを補足できません*6。

```
const { readFile } = require('fs');

try {
  readFile(__filename, (err, data) => {
    console.log(data);
  });
} catch (err2) {
  // Callbackの引数に入るエラーは補足できない
  consoel.error(err2);
}
```

*6　Callbackのエラーをとらえることはできませんが、非同期処理に入る前の同期処理中のエラーはtry-catchで補足可能なので、try-catchが必要なケースもあります。

したがって、Callbackの処理をネストしていく場合は、必ずすべてのCallbackごとにエラーのnullチェックをする必要があります。

4.3 Promise

Callbackは非同期なコードを表す優れたインターフェースですが、ネストが深くなりがちなことや、包括的なエラーハンドリングを行えないなどの弱点もありました。それらの弱点を解消した非同期処理を実現したのがPromiseです。

Promiseとは成功か失敗を返すオブジェクトです。Promiseオブジェクトが生成されたタイミングでは状態が決まらず、非同期処理が完了したタイミングでどちらかの状態に変化します。成功した場合はthenメソッドにセットされた成功時のハンドラーが呼び出され、失敗時はcatchメソッドにセットされたハンドラーが呼び出されます。

図4.4 Promiseの動作イメージ

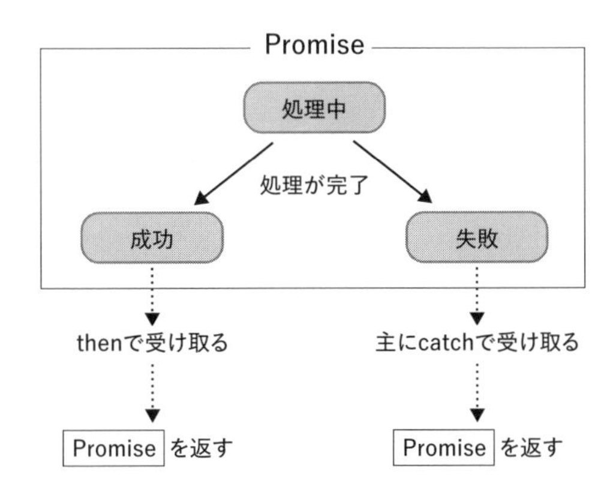

Promiseはresolve（成功）とreject（失敗）時に呼び出す関数を引数にもつ関数をコンストラクタとして生成します。

```
const promiseFunc = new Promise((resolve, reject) => {
  // ---
  // 非同期で行う処理を記述する
  // ---
  if (errorが起きた時) {
    // エラーが起きた時はrejectを呼び出す
    return reject(エラー内容)
  }
  // 成功した時はresolveを呼び出す
  resolve(成功時の内容)
});

promiseFunc.then(成功=resolve時に実行する関数)

promiseFunc.catch(失敗=reject時に実行する関数)
```

リスト 4.6　Promiseのコード例

```
const promiseA = new Promise((resolve, reject) => {
  resolve('return data');
});

promiseA.then((data) => console.log(data));

const promiseB = new Promise((resolve, reject) => {
  reject(new Error('return error'));
});

promiseB.catch((err) => console.error(err));

console.log('done');
```

リスト 4.6を実行してみると次のようになります。

```
$ node index.js
done
return data
Error: return error
    at /home/xxx/tmp/index.js:8:10
    at new Promise (<anonymous>)
```

promiseAはresolveの引数に入れた結果をthenの引数で受け取り出力し、promiseBはrejectの引数に入れた結果をcatchの引数で受け取っていることが確認できます。

またthenやcatchはつなぐこと（チェイン）が可能です。これによって、Callbackの時にあったネストが深くなることを防ぎ、包括的なエラーハンドリングが可能です。

```
const promiseX = (x) => {
  return new Promise((resolve, reject) => {
    if (typeof x === 'number') {
      resolve(x);
    } else {
      reject(new Error('return error'));
    }
  })
};

const logAndDouble = (num) => {
  console.log(num);
  return num * 2;
};

// thenで成功時をつなげる、失敗時はcatchに飛ぶ
promiseX(1)
  .then((data) => logAndDouble(data))
  .then((data) => logAndDouble(data))
  .catch(console.log(data))
```

Promiseの登場によってJavaScriptの非同期処理は弱点を補い、より記述しやすくなりました。PromiseはCallback Hellも回避でき、だいぶ書きやすくなります。ただ、従来のループや条件分岐と組み合わせづらい課題もあります。async/await（4.4）で、この問題を解消します。

4.3.1 CallbackのPromise化

Callbackによる非同期処理はCallbackをPromiseオブジェクトでラップすることによってPromise化が可能です。

実際に、先ほどのCallbackのコードをPromise化してみましょう。`readFile`、`writeFile`、`chmod`をPromiseオブジェクトでラップし、それぞれ`reaFileAsync,writeFileAsyhnc,chmodAsync`にします。

リスト4.7 index.js

```
const { readFile, writeFile, chmod } = require('fs');

const readFileAsync = (path) => {
  return new Promise((resolve, reject) => {
    readFile(path, (err, data) => {
      if (err) {
        reject(err);
        return;
```

```
      }
      resolve(data);
    });
  });
};

const writeFileAsync = (path, data) => {
  return new Promise((resolve, reject) => {
    writeFile(path, data, (err) => {
      if (err) {
        reject(err);
        return;
      }
      resolve();
    });
  });
};

const chmodAsync = (path, mode) => {
  return new Promise((resolve, reject) => {
    chmod(backupFile, mode, (err) => {
      if (err) {
        reject(err);
        return;
      }
      resolve();
    });
  });
};

const backupFile = `${__filename}-${Date.now()}`;

readFileAsync(__filename)
  .then((data) => {
    return writeFileAsync(backupFile, data);
  })
  .then(() => {
    return chmodAsync(backupFile, 0o400);
  })
  .catch((err) => {
    console.error(err);
  });
```

ぱっと見るとCallbackに比べてコード量が一気に増えたように見えますが、重要なロジックは最後のフロー部分です。

```
readFileAsync(__filename)
  .then((data) => {
    return writeFileAsync(backupFile, data);
  })
```

```
  .then(() => {
    return chmodAsync(backupFile);
  })
  .catch((err) => {
    console.error(err);
  })
});
```

readFileAsyncの結果をthenで受け取りwriteFileAsyncに渡し、その結果をさらにthenで受けてchmodAsyncを実行するというフローをたどっています。Callbackの時に比べ、Promiseチェインを利用することでネストを深くせずに処理をつなぐことが可能です。また、最後のcatchでreadFileAsync、writeFileAsync、chmodAsyncのどこかで起きたエラーがすべて補足可能です。

promisifyとpromiseインターフェース

Callbackの時に比べてコード量が増えることが気になる方もいるでしょう。ただ、上記のコードは説明のためにわざと冗長な書き方でラップしています。Node.jsにはこのようなケースで便利に使えるpromisifyという関数が標準モジュールのutilに実装されています。util.promisifyは次の慣例に従ったCallback関数をPromise化できます。

慣例
APIの最後の引数がCallback
Callbackの第一引数がエラーオブジェクト
処理の完了時に一度だけ呼ばれるCallback関数

先にも出てきましたが、Node.jsのモジュールの多くはこの慣例に従っています[*7]。このため、先ほどのPromise化部分は次のように簡略化できます。

リスト4.8 promisifyの例

```
const { promisify } = require('util');
const { readFile, writeFile, chmod } = require('fs');
```

*7 処理の完了時に一度だけ呼ばれるCallback関数について、厳密にはCallbackすべてが一度だけ呼び出されるわけではありません。setIntervalなどのtimerAPIやReadlineなどは複数回呼び出されます。しかし、多くのAPIがこのような一度だけ呼び出されるインターフェースになっています。

```
const readFileAsync = promisify(readFile);
const writeFileAsync = promisify(writeFile);
const chmodAsync = promisify(chmod);
```

また現在のLTSバージョンのNode.jsであれば、fsのような標準モジュールには最初からPromiseのインターフェースが実装されています。冗長な書き方を排除した場合はもっとシンプルに記述が可能です。

リスト4.9　標準モジュールのPromiseインターフェース

```
const { readFile, writeFile, chmod } = require('fs/promises');

const backupFile = `${__filename}-${Date.now()}`;

readFile(__filename)
  .then((data) => {
    return writeFile(backupFile, data);
  })
  .then(() => {
    return chmod(backupFile, 0o400);
  })
  .catch((err) => {
    console.error(err);
  });
```

アプリケーションを作成する場合は、次のような順番でPromiseを利用するとよいでしょう。

1. **Promiseのインターフェースを確認**
2. **`util.promisify`でPromise化が可能かを確認**
3. **Promiseオブジェクトを利用してラップ**

4.4 async/await

Promiseの登場によってJavaScriptの非同期処理は弱点を補い、より記述しやすくなりました。しかしループや条件分岐など、Promiseではまだ記述しにくい処理も多く残っています。

そこで、さらにそれらを記述しやすくするシンタックスシュガーとしてasync/awaitが登場しました。async/awaitを利用することで、Promiseを利用した非同期処理を同期的な見た目で記述できます。

asyncをつけた関数を宣言すると、その中にawaitを記述できます。awaitは続く式から返されたPromiseの結果が判明するまで、その部分の実行を中止します。非同期処理をasync関数内では同期処理のように、順次、簡潔に書いていけます。

```
async function someFunc() = {
  const foo = await Promiseを返す式;
  const bar = await Promiseを返す式; // 前のawaitが完了するまで実行されない
  await Promiseを返す式;
};

const someFuncArrow = async () =>  {
  await Promiseを返す式;
};
```

リスト4.7のPromiseのコードをasync/awaitで書き直してみましょう。

リスト4.10 index.js（読みやすくなるよう空行を追加）

```
const { readFile, writeFile, chmod } = require('fs/promises');

const main = async () => {
  const backupFile = `${__filename}-${Date.now()}`;

  const data = await readFile(__filename);

  await writeFile(backupFile, data);

  await chmod(backupFile, 0o400);

  return 'done';
};
```

```
main()
  .then((data) => {
    console.log(data);
  })
  .catch((err) => {
    console.error(err);
  });
```

このコードではmainという名前の関数にasyncを宣言しています。async/awaitはPromiseのシンタックスシュガーです。main関数を実行するとPromiseが返ってきます。

async関数のreturnで返した結果をthenで受け取り、catchで包括的なエラーハンドリングが可能です。

リスト4.11　返り値がPromiseであることを利用する例

```
main()
  .then((data) => {
    console.log(data);
  })
  .catch((err) => {
    console.error(err);
  });
```

ここで重要なポイントは、Promiseとasync/awaitは相互に呼び出しが可能であるということです。

main関数の中身を見てみましょう。Promiseに比べてフローがかなり同期的になり、わかりやすくなったのではないでしょうか。

リスト4.12　main関数

```
const main = async () => {
  const backupFile = `${__filename}-${Date.now()}`;

  const data = await readFile(__filename);

  await writeFile(backupFile, data);

  await chmod(backupFile, 0o400);

  return 'done';
};
```

async/awaitは、asyncを宣言した関数の中でawait使ってPromiseを呼ぶことで、Promiseの結果が返ってくるまで次の処理の実行を待つことができます。

readFileの部分のように、async関数の内部ではawaitによって非同期処理を同期コードのように処理し、その結果の変数への格納が可能です。これによって、コードを書く上では同期処理的にわかりやすく、実際のコードとしては非同期（他の処理をブロッキングしない）という動作が実現します。

また、Promiseでは表現しにくかったループや条件分岐も同期コードのように直感的な記述が可能です。

```
const main = async () => {
  for (let i = 0; i < 10; i++) {
    const flag = await asyncFunction();
    if (flag) {
      break;
    }
  }
};
```

さらにasync関数中ではtry-catchによるエラーのハンドリングも可能です。

このようにCallback → Promise → async/awaitと近年のJavaScriptの非同期処理は進化し、劇的に非同期処理の記述がしやすくなりました。現行のNode.jsで開発するアプリケーションの非同期処理は、まずasync/awaitを基本に記述していくのをおすすめします[*8]。

Column

Promiseと並行実行

Promiseとasync/awaitを組み合わせると同期的なフロー制御だけでなく、並行処理もとてもシンプルに記述が可能です[*a]。

Promise.allは引数に与えたPromiseのリストを並行に実行した結果をPromiseとして返す関数です。これによって、複数の非同期処理を同時に処理した結果を、1つのawaitで待ち受けることができます。

次のコードはundiciを使って同時に3つのリクエストを送信するサンプルです。

*8 Callbackは最初期から存在することもあり、Promiseやasync/awaitより高速に動作しやすいという特徴はあるので、現状でも採用する可能性はあります。しかし、まずはasync/awaitでの記述からはじめて、どうしても高速化が必要なタイミングで採用するというのが、コスパがよいと筆者は考えています。

リスト4.13 Promiseによる並列実行

```
const { request } = require('undici');

const main = async () => {
  const resArray = await Promise.all([
    request('https://www.yahoo.co.jp/'),
    request('https://shopping.yahoo.co.jp/'),
    request('https://auctions.yahoo.co.jp/')
  ]);

  for (const res of resArray) {
    const body = await res.body.text();
    const title = body.match(/<title>(.*)<\/title>/g);
    console.log(title)
  }

  return 'done';
};

main()
  .then((data) => console.log(data))
  .catch((err) => console.error(err))
```

図4.5 並行実行

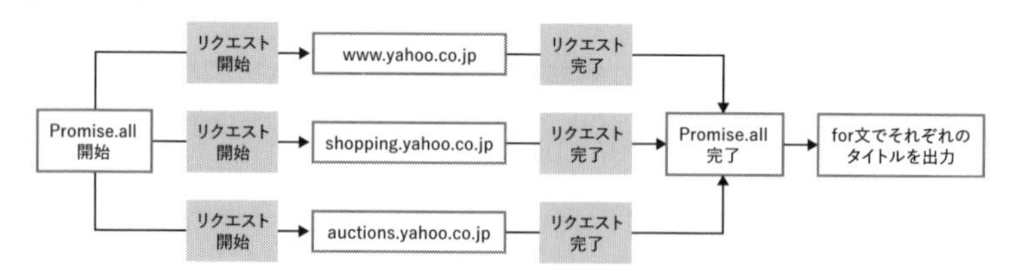

たとえば上記のようなリクエストを直列に実行した場合、それぞれのリクエスト終了まで次のリクエストが発生しません。このため無駄が発生します。

図4.6 直列実行

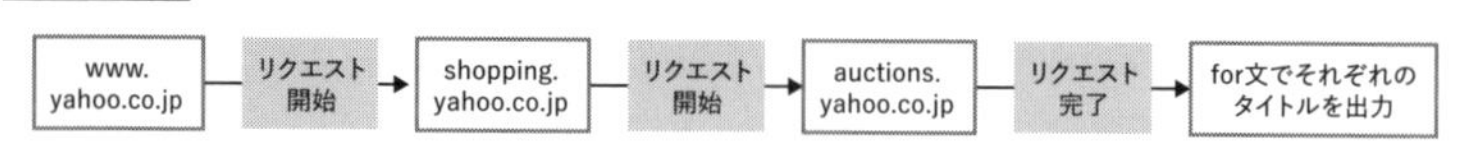

前後関係がない処理はPromise.allを利用し並行に実行することで、処理の完了までの時間を早められます。

＊a　同一プロセスによる処理のため厳密な意味での並行処理ではありませんが、ここでは簡易的に表すため並行と表現しています。

4.5 ストリーム処理

Node.jsにはasync/awaitのような非同期フロー制御の他に、イベント駆動型の非同期フロー制御（ストリーム処理）が存在します。

■非同期フローの制御

・Callback
・Promise
・async/await

■イベント駆動型の非同期フロー

・ストリーム処理（EventEmitter/Stream）

Callbackでは「処理の完了」というひとつのイベントにのみ処理を行うものでした。それに対しイベント駆動型のフロー制御では「処理の開始」「処理の途中」「処理の終了」「エラー発生時」といったさまざまなタイミングで処理を行います。

図4.7　ストリーム処理の動作イメージ

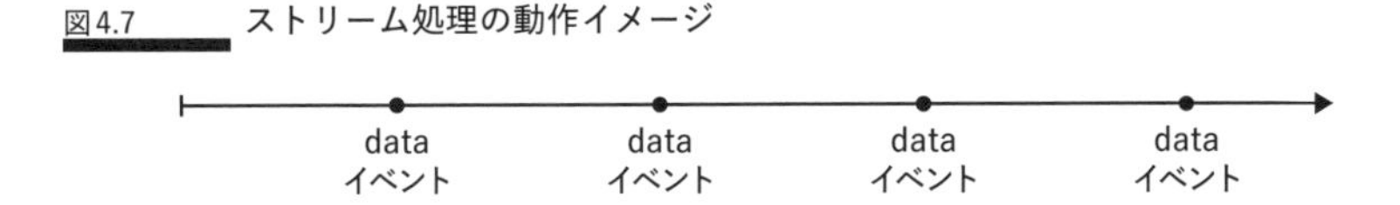

Callbackのような一度きりの処理に比べて、データを逐次処理することでメモリを効率的に利用でき、イベントループを長時間停止させてしまう処理を分割したいといったケースで有効です。

実際にWebアプリケーションをつくるとき、ストリーム処理型のモジュールを自分で作成するシーンはそこまで多くありません。しかし、Node.jsの非同期によるパフォーマンスを活かしきるために、ストリーム型のAPIが実装されているモジュールを利用するシーンはあります。そのため、ストリーム処理についても理解し使えるようになることは非常に重要です。

イベント駆動型の処理はNode.jsのコアにあるEventEmitter（やそれを継承したStream）と呼ばれる基底クラスを継承し実装されています*9。

次のような処理は、ストリーム処理を行う代表的な例です。

- **HTTPリクエスト/レスポンス**
- **TCP**
- **標準入出力**

まずは基底クラスとなるEventEmitterの挙動をみてみましょう。EventEmitterはNode.jsのイベント駆動形アーキテクチャを支える根幹となるクラスです。

リスト 4.14 index.js

```
const EventEmitter = require('events');

// EventEmitterの基底クラスを継承して独自イベントを扱うEventEmitterを定義
class MyEmitter extends EventEmitter {}

const myEmitter = new MyEmitter();

// myeventという名前のeventを受け取るリスナーを設定
myEmitter.on('myevent', (data) => {
  console.log('on myevent:', data);
});

// myeventを発行
myEmitter.emit('myevent', 'one');

setTimeout(() => {
  // myeventを発行
  myEmitter.emit('myevent', 'two');
}, 1000);
```

実行すると、最初にoneと表示され、1秒後にtwoと出力されます。

```
$ node index.js
on myevent: one
on myevent: two
```

*9 https://nodejs.org/api/events.html

図4.8 EventEmitter

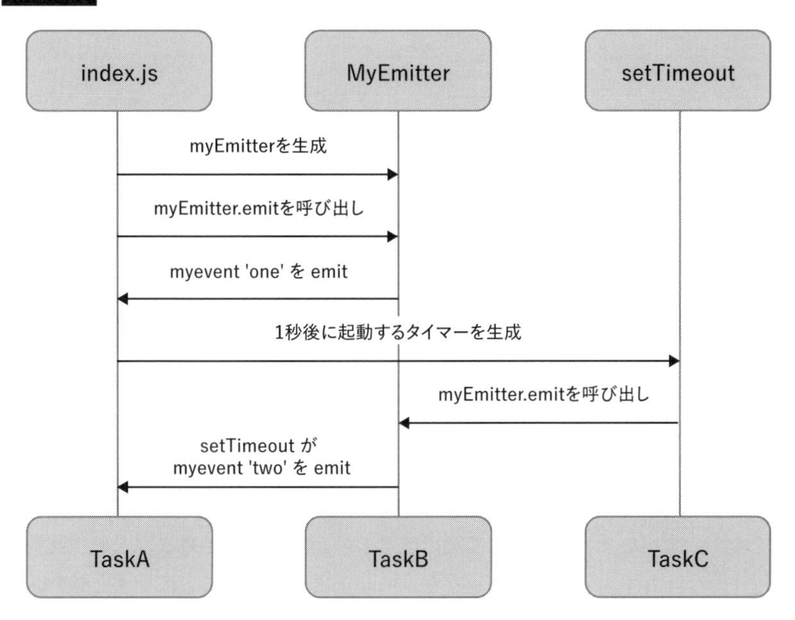

サンプルコードではMyEmitterクラスを作成し、MyEmitterクラスのインスタンスにmyeventという名前のイベントを受け取るリスナーを設定しています。そして直後にmyEmitter.emit('myevent', 'one')でmyeventというイベントをoneという引数で呼び出しています。その後setTimeoutを利用して1秒後に今度はtwoという引数でmyeventを呼び出します。

このように、EventEmitterは「何度も」「細切れ」に起きる非同期なイベントを制御するための実装です。そしてこの特性を利用し、断続的なイベントをより扱いやすいようにEventEmitterを継承してつくられたインターフェースがStreamです。

StreamはEventEmitterにデータをため込む内部バッファを組み込んだもの、とイメージしてください。内部バッファに一定量のデータがたまると、イベントが発生します。

図4.9 Streamの動作イメージ

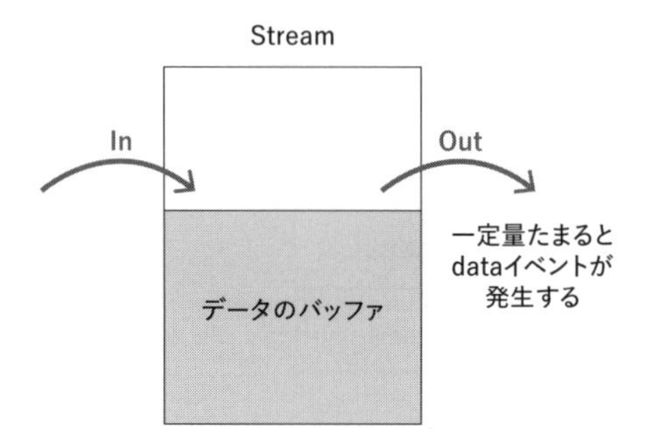

さらに、Streamオブジェクトどうしをつなぎ合わせることができます。たとえばたまったデータを別の形式に変換するStreamを途中に接続することで、すべてのデータがたまり切る前に変換可能なものから処理を始める、といった動作が可能になります。すべてのデータをメモリ上に保持することはせずに処理するため、メモリの使用量を抑えやすいというメリットがあります。

Streamを利用することで、イベントのつなぎ合わせ、データの流量の調整、変換処理など連続するデータの流れを効率的に扱うことが可能です*10。

Node.jsでは次の4つのStreamが処理のベースになっています。

Streamの種別	どういったStreamか
Writable	データの書き込みに利用する（ex: fs.createWriteStream）
Readable	データを読み取りに利用する（ex: fs.createReadStream）
Duplex	書き込み/読み取りの両方に対応（ex: net.Socket）
Transform	Duplexを継承し、読み書きしたデータを変換する（ex: zlib.createDeflate）

Node.jsはシングルスレッド/シングルプロセスで動作するモデルです。アプリケーションの設計上、I/Oなどの処理はなるべく細切れにすることがパフォーマンス上重要になります。そのような「処理を細かく、何度も分割する」という点

*10 Streamの詳細については次の記事が分かりやすく解説されています。 https://techblog.yahoo.co.jp/advent-calendar-2016/node-stream-highwatermark/

でストリーム処理は優れています。

Callbackは完了時に一度呼ばれることに対し、ストリーム処理はひとつの処理に対して何度も処理が発生するという違いがポイントです。

Node.jsの代表的なストリーム処理である、HTTPを例にとってみてみましょう。次の要件のコードを作成して動作を確認します。

- **3000番ポートでHTTPサーバーを立ち上げる**
- **localhostの3000番ポートにリクエストするクライアントで作成したサーバーにアクセスする**

次のコードは3000番ポートをlistenするHTTPサーバーのサンプルです。

リスト 4.15 server.js

```
const http = require('http');

// httpサーバーの生成
http
  .createServer((req, res) => {
    // クライアントに返す内容を書き込み
    res.write('hello world\n');
    // クライアントに内容を送信
    res.end();
  })
  .listen(3000);
```

上記のコードを実行しながら、ブラウザでhttp://localhost:3000にアクセスしてみるとhello worldが表示されます。

図4.10 アクセス時の表示

hello world

次はブラウザではなく、コードからこのサーバーにアクセスしてみましょう。

リスト4.16 client.js

```
const http = require('http');

// サーバーに対してリクエストするオブジェクトを生成
const req = http.request('http://localhost:3000', (res) => {
  // 流れてくるデータをutf8で解釈する
  res.setEncoding('utf8');

  // dataイベントを受け取る
  res.on('data', (chunk) => {
    console.log(`body: ${chunk}`);
  });

  // endイベントを受け取る
  res.on('end', () => {
    console.log('end');
  });
});

// ここではじめてリクエストが送信される
req.end();
```

ここで先ほどEventEmitterの説明で出てきた`.on`が登場しています。上記の`http.request`のCallbackに与えられる`res`はHTTPリクエストのレスポンスを表すストリームオブジェクトです。

つまり、次に示す箇所では、それぞれ`data`と`end`というイベントが発生したことを受け取るリスナーを設定しているということです。

リスト4.17 dataイベントとendイベントを受け取る指定

```
// dataイベントを受け取る
res.on('data', (chunk) => {
  console.log(`body: ${chunk}`);
});

// endイベントを受け取る
res.on('end', () => {
  console.log('end');
});
```

サンプルコードのHTTPリクエストの流れを単純に分解すると次のようになります。

- **サーバーに接続する**
- **データをサーバーから取得する**
- **サーバーへの接続を切断する**

サーバーからデータを取得する時のことを考えてみましょう。先ほどのサンプルコードに出てくるようなHTTPサーバーであれば、表示している量も少ないので取得するデータ量も少なくてすみます。しかし、もっと巨大なHTMLが返ってくるサーバーだとすると、一度に取得するのではコストが高くなってしまいます。

そこで、データを逐次取得しdataイベントでその結果を受けることで、データを少しずつ処理していくことが可能になります。Node.jsでは、一度に大きなデータを扱ってしまう可能性のあるHTTPの処理には、Callbackよりもストリーム処理のほうが相性がよいのです。

dataイベントは状況によって何度も呼び出され、リスナーの中身は何度も処理される可能性があります。

大きなデータを取得してくる間、ほかに何も処理ができないのはリソースが勿体ありません。しかし、ストリーム処理とすることによって、そのリスナーが呼び出されるまでの間、Node.jsは別の処理が可能です。また、データを小さく区切ることで一度に回るループが小さくなったり、より少ないメモリでの動作が可能になったりするなどのメリットがあります。

実は**リスト 4.15**内にもストリーム処理が隠れています。createServerの引数に登録した関数はrequestイベントのリスナーです。

```
http
  .createServer((req, res) => {
    // ここはrequestイベントのリスナーです
    res.write('hello world\n');
    res.end();
  })
  .listen(3000);
```

したがって、このコードは次のようにも書くことができます。

```
const server = http.createServer();

// 独立してリスナーを定義できる
server.on('request', (req, res) => {
  res.write('hello world\n');
  res.end();
});

server.listen(3000);
```

サーバーの立場になって考えてみると、クライアントがアクセスしてくるまでの間、ずっとアクセスを待ち続けているのではリソースが勿体ありません。

そこで、それぞれのクライアントの接続をrequestイベントとして扱い、リスナーを登録します。こうすることでリクエストが来ない間、ほかのリクエストを受け取ったり、別の処理を行ったりできます。

このようにCallbackだけでなく、ストリーム処理もまたNode.jsの非同期処理の効率的な制御にとって非常に重要な役割を果たしています。

4.5.1 ストリーム処理のエラーハンドリング

ストリーム処理でもエラーハンドリングは必要ですが、Promise同様try-catchではエラーを補足できません。ストリーム処理（EventEmitter）では、エラーもイベントです。このため、ストリーム処理をするときはerrorイベントのハンドラーをセットすることを忘れないでください。

リスト 4.18 エラーハンドラーをセットする

```
stream.on('error', (err) => {
  console.error(err);
});
```

ストリーム処理のエラーハンドリングは忘れてしまいがちです。しかし、これが漏れてしまうと包括的にエラーをキャッチできず、エラー発生時にプロセスがクラッシュしていまいます*11。

*11 正確に言うとNode.jsではprocess.on('uncaughtException', ...)やprocess.on('unhandledRejection', ...)を利用することでハンドリングが漏れたエラーを補足可能です。しかし、これらのイベントを本来プロセスを落とさなければならないエラーまで補足してしまいます。そのため、これらのイベントをエラーから復帰するハンドリングのために利用することはなるべく避けたほうがよいでしょう。unhandledRejectionはNode.js v14までは警告のみでプロセスを落としませんでしたが、v15からプロセスを落とすように変更が加えられています。このようにこれらのイベントはプロセスが落ちる想定をしたものと考えてよいでしょう。あくまでプロセスを落とす前にログを落としたり、丁寧なシャットダウン処理を行うなどの使い方にとどめ、エラーハンドリングはそれぞれの箇所で行いましょう。

4.6 AsyncIterator

ストリーム処理はNode.jsの非同期において、なくてはならないものです。しかしストリーム処理にはいくつか課題があります。

- **async/awaitなどのフロー制御に組み込むことが難しい。**
- **エラーハンドリングを忘れやすく、忘れたときの影響が大きい。**

async/awaitとCallbackはPromiseを介して組み合わせることが可能ですが、ストリーム処理はこれまで単体で利用するしかありませんでした。

しかし、AsyncIterator*12（`for await ... of`）の登場によって、aysnc/awaitとストリーム処理の相性が劇的に向上しました。

AsyncIteratorは先ほど出てきた複数回登場するイベント（`data`など）をfor文に似た文法で表現できるものです。これによってasync/awaitの文脈上でストリーム処理を扱うことが可能になりました。

```
for await (変数 of 反復可能な対象){
  // ...
}
```

4.6.1 AsyncIteratorがなぜ役立つか

AsyncIteratorの有用性を確認するために、簡単なコードを実装します。次の要件を満たす処理を考えてみます。

- **自分自身のファイルを読み込む**
- **少し待ってから読み込んだ内容をファイルに追記する**
- **続きを読み込む**

ファイルへの書き込みもストリーム処理が可能ですが、複雑になるため今回はPromiseを利用して簡単に説明します。

*12 https://developer.mozilla.org/ja/docs/Web/JavaScript/Reference/Statements/for-await...of

AsyncIteratorなしで実装する

まずはファイル書き込み以外の処理をストリーム処理で実装してみます。

```
const fs = require('fs');

// ファイルを読み込むStreamを生成（64byteずつ）
const readStream = fs.createReadStream(__filename, { encoding: 'utf8',
highWaterMark: 64 });

let counter = 0;
// ファイルのデータを読み込むたびに実行されるリスナー
readStream.on('data', (chunk) => {
  console.log(counter, chunk);
  counter++;
});

// ファイルの読み込みが終了した時に実行されるリスナー
readStream.on('close', () => {
  console.log('close stream:');
});

readStream.on('error', (e) => {
  console.log('error:', e);
});
```

fs.createReadStreamはファイルを読み込むReadableStreamを生成する関数です。これを利用して対象のファイルから読み込み用のStreamを生成します*13。highWaterMarkオプションは読み込むデータ量の設定です。デフォルト値では64 * 1024なので一度のdataイベントですべて読み込めてしまいます。ここではdataイベントを何度も発生させたいので、64に設定しています。

ここに「少し待ってからファイルに書き込む」処理を追加してみましょう。ランダム秒待ってからファイルに追記するwrite関数を作成し、dataイベントのハンドラーで呼び出します。setTimeoutをPromiseでラッピングすることにより、非同期でスリープする関数を宣言します*14。

*13 fs.readFileなどを使うと1行読み込むのは楽ですが、ここではストリーム処理を説明するためにあえてfs.creaateReadStreamで説明しています。 https://nodejs.org/api/fs.html#fs_fs_createreadstream_path_options

*14 Node.js v16以降であればtimer自体にPromiseのインターフェースが実装されているので、自身でPromiseラップする必要はありません。 https://nodejs.org/api/timers.html#timers_timers_promises_api

リスト 4.19 index.js

```
const fs = require('fs');
const { writeFile } = require('fs/promises');
// 少し待つ非同期関数
const sleep = (ms) => new Promise(resolve => setTimeout(resolve, ms));

const readStream = fs.createReadStream(__filename, { encoding: 'utf8', ↩
highWaterMark: 64 });
const writeFileName = `${__filename}-${Date.now()}`

const write = async (chunk) => {
  // (Math.random() * 1000)ms 待つ
  await sleep(Math.random() * 1000);
  // ファイルに追記モードで書き込む
  await writeFile(writeFileName, chunk, { flag: 'a' });
}

let counter = 0;
readStream.on('data', async (chunk) => {
  console.log(counter);
  counter++;

  await write(chunk);
});

readStream.on('close', () => {
  console.log('close');
});

readStream.on('error', (e) => {
  console.log('error:', e);
});
```

このコードを実行してみると次のようになります。

```
$ node index.js
0
1
2
...
8
9
10
close
```

この標準出力にdataイベントの回数と、終了イベントを示すcloseが表示されます*15。また、実行によってindex.js-1622xxxxxxのようなファイルが作成されます。その中身を覗いてみましょう。

```
 {
  await sleep(Math.random() * 1000);
  await writeFile(writeFn('data', async (chunk) => {
  console.log(counter);
  counter++onsole.log('close');
});

readStream.on('error', (e) => {
  console.log('error:', e);
});
e, { encoding: 'utf8', highWaterMark: 64 });
const writeFileNameileName, chunk, { flag: 'a' });
}

let counter = 0;
readStream.o;

  await write(chunk);
});

readStream.on('close', () => {
  cresolve, ms));

const readStream = fs.createReadStream(__filenam = `${__filename}-${Date.now()}`

const write = async (chunk) =>const fs = require('fs');
const { writeFile } = require('fs/promises');
const sleep = (ms) => new Promise(resolve => setTimeout(
```

おそらくはこのようにファイルの中身がバラバラに書き込まれているでしょう。これはdataイベントのハンドラーはasync関数にしても、前のdataイベントを待機せず次の処理を実行しているということです。イベントのハンドラーは「いつ」「何度」呼び出されるかを制御できないため、すべてが並行に処理されます。

*15　dataイベントの回数は環境によっても変わります。

図4.11 非同期の書き込み

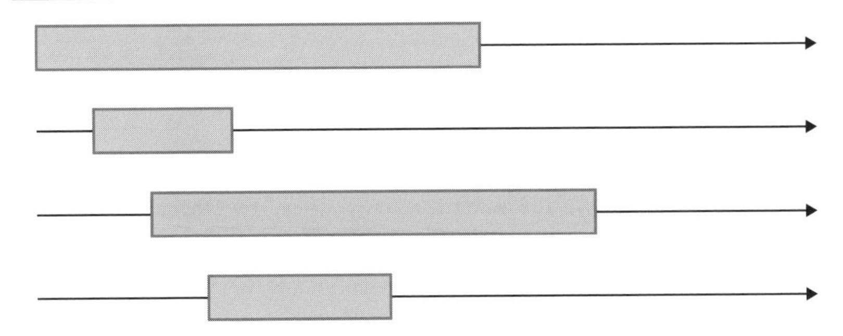

並行に処理されることで実行速度に対して有利に働く面もありますが、順次書き込みたいというシーンでは相性が悪いのです。

AsyncIteratorによる改善

ここでAsyncIteratorの登場です。**リスト4.19**を、AsyncIteratorを使って記述したのが次のコードです。

リスト4.20 index.js

```
const fs = require('fs');
const { writeFile } = require('fs/promises');
// 少し待つ非同期関数
const sleep = (ms) => new Promise((resolve) => setTimeout(resolve, ms));

const writeFileName = `${__filename}-${Date.now()}`

const write = async (chunk) => {
  // (Math.random() * 1000)ms 待つ
  await sleep(Math.random() * 1000);
  // ファイルに追記モードで書き込む
  await writeFile(writeFileName, chunk, { flag: 'a' });
}

const main = async () => {
  const stream = fs.createReadStream(__filename, { encoding: 'utf8', ⏎
highWaterMark: 64 });

  let counter = 0;
  // 非同期に発生するイベントを直列的に処理する
  for await (const chunk of stream) {
    console.log(counter);
    counter++;
```

```
    await write(chunk);
  }

}

main()
  .catch((e) => console.error(e));
```

ここで新しく登場したfor await ... of ...の部分がAsyncIteratorです。AsyncIteratorは、AsyncIteratorのインターフェースにのっとった非同期処理を実装したオブジェクトを、あたかも配列かのように反復処理できます*16。それぞれの要素は、for await ... of内で宣言した変数からアクセスできます。

```
for await (const 変数 of 非同期の反復可能オブジェクト) {
  // ...
}
```

Streamオブジェクトではdataイベントをfor await ... ofによって反復処理が可能です。

リスト4.20で**リスト4.19**のストリーム処理の例と違う部分は「dataイベントそのもの」の処理も停止することです。実行してみると、標準出力に少しずつcounter字が表示されます。また、実行によって作成されるファイルindex.js-1622xxxxxxファイルの中身を覗いてみると、元ファイルと同じ内容が書き出されています。つまり、dataイベントの処理そのものを待機して、順次書き出し処理が動いているということです。

本来非同期のStreamを順次処理できるということは、いわばasync/awaitの文脈にStreamを持ち込んだとの同じことです。さらに、async/awaitの文脈に持ち込めるということはtry-catchなどでエラーハンドリングが可能になります。

このようにAsyncIteratorをうまく導入することで、ストリーム処理とasync/awaitの相性の悪さを解消可能です。

しかし、使い方によっては並列に処理できていたものを直列に処理することによるパフォーマンス劣化もあるため、アプリケーションを作成する場合、適切に利用する必要があります（具体的には4.8参照）。

ストリーム処理とasync/awaitはNode.jsの非同期処理において非常に重要な要素です。一度に全部理解しきる必要はありませんが、アプリケーションが十分な

*16　例ではfor await (const 変数 ofの表記を用いますが、変数宣言はlet、varでも動作します。

パフォーマンスを発揮するために少しずつ使い方を習得していきましょう。

4.7 エラーハンドリングのまとめ

ここまで、エラーハンドリングについて、それぞれのフローの説明中に触れてきました。Node.jsのエラーハンドリングは特に重要です*17。

Node.jsでエラーハンドリングが漏れ、プロセスのクラッシュが発生してしまった場合、すべてのリクエストでエラーとなってしまうため影響が大きくなるからです。これは、1リクエストに対し1プロセスを割り当てるモデルに比べて、複数リクエストを1プロセスで受け付けるNode.jsの弱点です。

それぞれのエラーハンドリングについてまとめたのが以下の表です。

同期非同期	設計	エラーハンドリング
同期処理		try-catch, async/await
非同期処理	Callback	if (err)
非同期処理	EventEmitter (Stream)	emitter.on('error')
非同期処理	async/await	try-catch, .catch()
非同期処理	AsyncIterator	try-catch, .catch()

エラーハンドリングは、まず同期/非同期処理の2つに大別されます。

同期コードのエラーハンドリングはシンプルにtry-catchで囲うことと、async/awaitでラップしてしまうことの2択になります。async関数はcatchによって包括的なエラーハンドリングがされるため、上位関数でのcatchは必要になりますが、try-catchと同義とも言えるためここに記載しています。

リスト 4.21 asyncによるエラーハンドリングの例

```
const main = async () => {
  JSON.parse('error str!');
}
```

*17 もちろん、他の言語でもエラーハンドリングは重要ですが、Node.jsでは重要度がより高いです。

```
main()
  .catch((e) => console.error(e));
```

4.7.1 非同期のエラーハンドリング

非同期はCallback、EventEmitter（Stream）、async/await（AsyncIterator含む*18）にはそれぞれ次のエラーハンドリングが必要になります。

- **Callbackはエラーの`null`チェック**
- **EventEmitter（Stream）ではエラーイベントのハンドリング**
- **async/awaitではtry-catchと上位関数での`.catch()`**

Node.jsのアプリケーションは非同期処理が中心となるため、現在の環境であればasync/awaitを主として、可能な限りasync/awaitに寄せた設計をするとよいでしょう。

4.8 Top-Level Await

`await`はasync関数の中で利用すると説明しました。しかし、Node.js v14.8.0からはモジュールのトップレベルスコープ*19でawaitを記述できるTop-Level Await*20が利用可能です。

Top-Level AwaitはECMAScript modulesでしか動作しないことに注意してください。例を示します*21。

リスト4.22 index.mjs

```
import { readFile } from 'fs/promises';

// async関数でない場所でもawaitできる
```

*18 AsyncIteratorにはEventEmitter（Stream）をasync/awaitの文脈で扱うもののため、async/awaitと同じになります。

*19 最上位のスコープ。Top-Leval Await自体はCommonJSでは使えませんが、`require`などを書いているのと同じ階層だと理解してください。

*20 https://github.com/tc39/proposal-top-level-await

*21 ECMAScript modulesにはCommonJS modulesの仕様である`__filename`などもないため、自身の内容を読み込むためには`import.meta.url`などに書き換える必要があります。

```
const data = await readFile(new URL(import.meta.url), { encoding: 'utf-8' });

console.log(data);
```

Top-Level Awaitは特にCLIツールなどを書く場合に効果を発揮します。次のコードは10個のリクエストを同時に送信し、その時間を計測する簡易なツールです。

リスト4.23 req.mjs

```
import { request } from 'undici';

console.time('req');

const reqs = [];

for (let i = 0; i < 10; i++) {
  // リクエストするオブジェクトをreqsに入れる
  const req = request('http://localhost:8000').then(res => res.body.text());
  reqs.push(req);
}

// すべてのリクエストの完了を待ち受ける
await Promise.all(reqs);

console.timeEnd('req');
```

Top-Level Awaitを用いない場合は、即時関数か先ほどまでに登場していたmain関数のようにasync関数でラップするといった対応が必要になります。

4.8.1 Top-Level AwaitとAsyncIteratorの注意点

Top-Level AwaitやAsyncIteratorは非常に便利です。しかし、それぞれを組み合わせた場合には注意点があります。

問題点を明らかにするために、通常のStream処理で記述したHTTPサーバーと、Top-Level AwaitとAsyncIteratorを組み合わせたHTTPサーバーを比較します。

まずは先ほどのリクエストを受けるサーバーを用意しましょう。`setTimeout`でリクエストを受け取った後、100msたってからレスポンスを返すサーバーです。

リスト 4.24　server.mjs

```
import { createServer } from 'http';

const server = createServer();

server.on('request', (req, res) => {
  // 何かしらの非同期処理
  setTimeout(() => {
    res.end('hello')
  }, 100);
});

server.listen(8000);
```

筆者の環境では110ms〜120msほどでレスポンスが返りました。

```
$ node req.mjs # server.mjsのサーバーを動作させておく
req: 118.88ms
$ node req.mjs
req: 116.193ms
$ node req.mjs
req: 115.534ms
```

createServerによって生成されたサーバーインスタンスはStreamオブジェクトです。先ほどAsyncIteratorの説明で触れたように、Streamオブジェクトはfor await ... ofで待ち受けが可能です。標準ではStreamオブジェクトのdataイベントを待ち受けますが、eventsモジュールのon関数で任意のイベントを待ち受け可能になります。

先ほどのコードをevents.onとTop-Level Awaitを使って書き直してみましょう。

リスト 4.25　server-top-level-await.mjs

```
import { createServer } from 'http';
import { on } from 'events';
import { setTimeout } from 'timers/promises';

// requestイベントをfor...awaitで受けられるようにする
const req = on(createServer().listen(8000), 'request');

for await (const [, res] of req) {
  // 何かしらの非同期処理
  await setTimeout(100);
  res.end('hello');
}
```

一見Streamがうまく処理され、きれいに見えるコードです。それでは、この書き直したサーバーのパフォーマンスを計測してみましょう。

```
$ node req.mjs
req: 1.024s
$ node req.mjs
req: 1.086s
$ node req.mjs
req: 1.021s
```

今度は1秒ほどかかり、先ほどまでのサーバーに比べ約10倍の差がついていました。これはTop-Level Awaitの特性によるものです。

`server.on('request', (req, res) => {`での形でリクエストを受けている場合、`request`イベントそのものは並行に近い形で受け取り可能です。パフォーマンス計測のコードは同時に10リクエスト送信するため、100ms停止しても`setTimeout`で遅延させた100msと少しですべてのリクエストを受けています。

Top-Level AwaitとAsyncIteratorで受けたコードの場合、`request`イベントの受け取りそのものを待ち受けてしまいます。つまり、前のリクエストが終了するまで、次のリクエストが受け取れません。こちらのコードの場合、100ms停止してから次のリクエストの読み込みが始まるため100ms×10リクエストで約1秒の時間がかかります。

つまり、このケースではサーバーの`data`イベントをAsyncIteratorで待ち受けてはいけません。

コードの見た目だけではなく、それが本来非同期に処理したいのか、待ち受けたいコードなのか、適切な利用方法（サーバーの起動前処理、CLI等のリクエストを受けないツール等）を意識するとよいでしょう。

Column

Node.jsとio.js

Promiseは Node.jsで正式に利用できるようになるまでには時間がかかりました。破壊的な更新が多かった初期から利用者が増え安定を求められること増えたフェーズであったことや、その他さまざまな要因から新たな仕様などの取り込みに時間がかかってしまう時期でもありました。

そんな中で開発やリリースなどが停滞気味となってしまったNode.jsを、よりスピード感をもって進めるプロジェクトとしてio.jsというforkが生まれます。io.jsのコミュニティはかなり活発で、多くの機能や修正が行われました。

「結局どちらを使えばよいのか」など途中の時期におけるユーザーやコミュニティには混乱もありましたが、Node.jsとio.jsは最終的に統合され、Node.js v4.0としてリリースされることになります。PromiseやES6（ES2015）の文法などもこのタイミングで標準として利用可能となります。

そこからのNode.jsは今の形にとても近く、プロジェクトの体制やリリーススケジュールなどがしっかりと整えられ、安定性と開発速度両方の面で加速していきます。

OSSの事例として参考になる記事が今でもたくさん読めます。興味があれば調べてみてください。

Column

async.jsを利用したフロー制御

ネストが深くなりがちなことや、包括的なエラーハンドリングを行えない点はCallbackでフロー制御する際の弱点でした。そのようなCallbackの弱点を補強する形でPromiseではcatchができましたが、Promiseの登場以前にもそういった需要はありました。そこでasyncというモジュールが登場し、フロー制御のユーティリティツールとして広く利用されていました。

asyncは順次実行や並行処理/包括的なエラーハンドリングなどのフロー制御の実装をラップしてくれるモジュールです*a。

リスト 4.26 async.jsを用いる例

```
const async = require('async');

async.series([
  function(callback) {
    callback(null, 'one');
  },
  function(callback) {
    callback(null, 'two');
  }
], function(err, results) {
  // errで包括的なエラーハンドリングができる
  // resultsは配列で順番に実行した結果が入る ['one', 'two']
});
```

現在のJavaScriptではPromiseやasync/awaitなどそれらの弱点を克服する手段が言語レベルで実装されたため、アプリケーションコードにasyncモジュールが利用されることは少なくなりました。ただ、asyncは非常に人気の高いモジュールだったので、今でも何らかのモジュールの依存で見かけることがあります。

*a async/awaitと同様の名付けがされていてややこしいですが、これは言語仕様のasyncではなく、ライブラリとして提供されているものです。

5
CLIツールの開発

本章からは実際にNode.jsを使ってアプリケーションを開発していきます。

まずはCLIツールの開発を通して引数や環境変数の扱い方を解説します。ここではMarkdownファイルからHTMLを作成する簡易的なブログ記事作成CLIツールを題材として説明します。

ここで作成するCLIは次の機能を実装します。

- **CLIツールの名前を表示する**
- **file名を指定してMarkdownファイルを読み込む**
- **読み込んだMarkdownファイルをHTMLに変換する**
- **変換したHTMLをファイルに書き出す**
- **オプションでアウトプットするHTMLの名前を設定する**
- **これらの機能をテストするコードも含む**

5.1 Node.jsの開発フロー

Node.jsでアプリケーションを作成するために、まずは作業ディレクトリとpackage.jsonを用意しましょう。npm initコマンドを利用してパッケージ名やバージョンなど対話的に作成できます[*1]。

```
$ mkdir cli_test
$ cd cli_test
$ npm init -y # npm initをデフォルトの状態で進行させる
```

ここでnpm initによって生成されたpackage.jsonにはprivateプロパティがありません。誤ってnpmにpublishし、コードが公開されてしまうことを防ぐために、npmに公開するモジュールでない場合にはprivate: trueを追記しておくとよいでしょう。

リスト5.1 package.json

```
{
  "private": true, /* 追記 */
  "name": "cli_test",
```

*1 前回は手作業でpackage.jsonを作成しましたが、npm initを用いることが多いでしょう。

```
  "version": "1.0.0",
  "description": "",
  "main": "index.js",
  "scripts": {
    "test": "echo \"Error: no test specified\" && exit 1"
  },
  "keywords": [],
  "author": "",
  "license": "ISC"
}
```

5.1.1 ひな形をつくる

まずはひな形となるファイルを作成していきます。package.jsonを読み込んで標準出力に表示してみましょう。

リスト5.2 index.js

```
const path = require('path');
const fs = require('fs');

const packageStr = fs.readFileSync(path.resolve(__dirname, 'package.json'), {↩
 encoding: 'utf-8' });
const package = JSON.parse(packageStr);

console.log(package);
```

このコードでは第4章で説明した非同期処理のCallbackやPromiseではなく、同期APIの`readFileSync`でファイルの内容を読み込んでいます。同期APIは返り値で結果を受け取ることが可能ですが、同期APIの実行中は処理をブロックしてしまうため、利用の際にはパフォーマンスの問題が起きないよう注意する必要があります。今回のようなCLIツールの場合は実行者以外のリクエストを受けないので、「処理がブロックされても問題ない」=「同期APIを利用しても問題ない」利用ケースです。

このコードを、オプションなどを受け取れるように改良していきます。

5.2 引数の処理

`--name`でCLIの名前を表示する機能を追加してみましょう。

Node.jsで引数を受け取るには、Node.jsのグローバル変数のprocessオブジェクトを利用します*2。processオブジェクト内のargvに引数が格納されます。

リスト 5.3 argv.js

```
console.log(process.argv);
```

このコードに次のように引数を渡して実行してみましょう。

```
$ node argv.js one two=three --four
[
  '/usr/local/bin/node',
  '/home/xxx/dev/cli_test/argv.js',
  'one',
  'two=three',
  '--four'
]
```

このようにprocess.argvは配列で実行したコードパスや引数などを受け取ることができます。

リスト 5.2を発展させて--nameオプションを実装してみましょう。

リスト 5.4 index.js

```
const path = require('path');
const fs = require('fs');

const packageStr = fs.readFileSync(path.resolve(__dirname, 'package.json'), {↩
 encoding: 'utf-8' });
const package = JSON.parse(packageStr);

// nameオプションのチェック
const nameOption = process.argv.includes('--name');

if (nameOption) {
  console.log(package.name);
} else {
  console.log('オプションがありません');
}
```

このコードを--nameオプションつきで起動してみましょう。

```
$ node index.js --name
cli_test
```

*2 https://nodejs.org/api/globals.html#process

```
# オプションが無い時はツール名は表示されない
$ node index.js
オプションがありません
```

package.jsonのnameの値が出力されています。これで--nameオプションを受け取ってツール名を表示する機能が完成です。

5.3 ライブラリ導入とCLIへの落とし込み

「Markdownファイルからhtmlを作成する」機能を加えていきましょう。達成したい要件は次の3つです。

- **読み込むファイル名を指定する**
- **Markdownファイルを読み込む**
- **HTMLファイルを生成する**

npmモジュール（ライブラリ）を導入し、これらを解決していきます。

Node.jsの開発においてnpmモジュールの存在は開発をブーストしてくれる心強い味方です。npmに公開されている数多くのモジュールの中から、適切なモジュールを選択することもNode.jsで開発をする上で大切なスキルになります。

5.3.1 読み込むファイル名を指定する

まずは、CLIから読み込むファイル名の指定を、ライブラリを導入して達成します。今のままではprocess.argvへのアクセスがプリミティブ過ぎるので、yargs*3というモジュールで扱いやすくしましょう。

```
$ npm install yargs
```

yargsを**リスト5.4**に組み込んでみましょう。

*3 https://www.npmjs.com/package/yargs

リスト5.5 index.js

```
const path = require('path');
const fs = require('fs');
const yargs = require('yargs/yargs');
const { hideBin } = require('yargs/helpers');

const { argv } = yargs(hideBin(process.argv));
// 引数を表示する
console.log(argv)

const packageStr = fs.readFileSync(path.resolve(__dirname, 'package.json'), {↩
 encoding: 'utf-8' });
const package = JSON.parse(packageStr);

// nameオプションのチェック
const nameOption = process.argv.includes('--name');

if (nameOption) {
  console.log(package.name);
} else {
  console.log('オプションがありません');
}
```

hideBinはprocess.argv.slice(2)のショートハンドです。**リスト5.3**の実行結果にも出ていましたが、process.argvの最初の2つは実行したNode.jsのパスと、スクリプトのパスが格納されています。

```
$ node argv.js one two=three --four
[
  '/usr/local/bin/node',
  '/home/xxx/dev/cli_test/argv.js',
  'one',
  'two=three',
  '--four'
]
```

渡された引数を取得するには3つめ以降の値が必要になるため、配列の3つめ以降をhideBinによって取り出しています*4。コマンドライン引数のパースについては、Node.js*5やyargs*6*7のドキュメントに詳細が記載されているので、こ

*4 hideBinは単純なショートハンドではありません。Electron環境等で起きるprocess.argvのズレを吸収する機能も含んでいます。 https://github.com/electron/electron/issues/4690

*5 https://nodejs.org/en/knowledge/command-line/how-to-parse-command-line-arguments/

*6 https://github.com/yargs/yargs#usage

*7 https://github.com/yargs/yargs/blob/v17.6.2/lib/utils/process-argv.ts

れらも確認してください。

さっそく、**リスト5.5**を実行してみましょう。

```
$ node index.js --name
# yargsによってnameオプションが取得できている。
{ _: [], name: true, '$0': 'index.js' }
cli_test

# yargsは`--version`という自動的にpackage.jsonのバージョンを読み込んでバージョン
を表示するオプションが組み込まれています。
$ node index.js --version
1.0.0
```

yargsからnameオプションが取得できるようになったので、process.argvから直接判定していた箇所をyargsに置き換えます。シンプルにオプションを取得可能になります。

リスト5.6　index.js

```
const path = require('path');
const fs = require('fs');
const yargs = require('yargs/yargs');
const { hideBin } = require('yargs/helpers');

const { argv } = yargs(hideBin(process.argv));

const packageStr = fs.readFileSync(path.resolve(__dirname, 'package.json'), {↩
 encoding: 'utf-8' });
const package = JSON.parse(packageStr);

/*
const nameOption = process.argv.includes('--name');

if (nameOption) {
  console.log(package.name);
} else {
  console.log('オプションがありません');
}
*/

if (argv.name) {
  console.log(package.name);
} else {
  console.log('オプションがありません');
}
```

次にファイル名を指定するオプションを追加しましょう。

リスト5.7 index.js

```
const path = require('path');
const fs = require('fs');
const yargs = require('yargs/yargs');
const { hideBin } = require('yargs/helpers');

const { argv } = yargs(hideBin(process.argv))
  // オプションの説明を追加
  .option('name', {
    describe: 'CLI名を表示'
  })
  .option('file', {
    describe: 'Markdownファイルのパス'
  });

const packageStr = fs.readFileSync(path.resolve(__dirname, 'package.json'), {↩
 encoding: 'utf-8' });
const package = JSON.parse(packageStr);

if (argv.file) {
  console.log(argv.file);
} else if (argv.name) {
  console.log(package.name);
} else {
  console.log('オプションがありません');
}
```

このように.option('optionname'で指定すると、argvオブジェクトに説明やデフォルト値などを追加できます。今回はヘルプの時に表示される説明を追加しました。

```
# nameオプションとfileオプションがヘルプに追加されていることを確認
$ node index.js --help
Options:
  --help     Show help                                        [boolean]
  --version  Show version number                              [boolean]
  --name     CLI名を表示
  --file     Markdownファイルのパス


# fileオプションの内容が出力できることを確認
$ node index.js --file=./article.md
./article.md
```

これで読み込むファイル名を指定する部分が完成しました。次は実際に指定したファイルを読み込んでみましょう。

5.3.2 Markdownファイルを読み込む

Markdownの読み込みを実装します。

まず読み込むMarkdownファイルを作成します。

````
# タイトル

hello!

**テスト**

```javascript
const foo = 'bar';
```
````

作成したファイルは作業ディレクトリに配置します。ファイル名はarticle.mdとしました。

```
directory/
├── article.md
├── index.js
├── package.json
└── package-lock.json
```

ファイルの読み込みは**リスト5.4**と同様にfsモジュールを利用します。

リスト5.8 index.js

```
const path = require('path');
const fs = require('fs');
const yargs = require('yargs/yargs');
const { hideBin } = require('yargs/helpers');

const { argv } = yargs(hideBin(process.argv))
  .option('name', {
    describe: 'CLI名を表示'
  })
  .option('file', {
    describe: 'Markdownファイルのパス'
  });

// nameオプションの挙動を移動
if (argv.name) {
  const packageStr = fs.readFileSync(path.resolve(__dirname, 'package.json'),↩
```

```
{ encoding: 'utf-8' });
  const package = JSON.parse(packageStr);

  console.log(package.name);

  // nameオプションが入ってた場合は他のオプションを使わないので正常終了させる
  process.exit(0);
}

// 指定されたMarkdownファイルを読みこむ
const markdownStr = fs.readFileSync(path.resolve(__dirname, argv.file), { ↩
encoding: 'utf-8' });
console.log(markdownStr);
```

これを実行してみると、たしかに指定したファイルを読み込めています。

```
$ node index.js --file=./article.md
# タイトル

hello!

**テスト**
```javascript
const foo = 'bar';
```
```

5.3.3

ファイル分割

少しコードが長くなってきたのでファイルを分割してコードの見通しをよくしましょう。

次のようなディレクトリの構成にします。

```
directory/
├── lib/
│   ├── name.js
│   └── file.js
├── article.md
├── index.js
├── package.json
└── package-lock.json
```

先ほどのコードを関数化して、libディレクトリに切り出します。

リスト 5.9 lib/name.js

```
const path = require('path');
const fs = require('fs');
// package.jsonが1階層上になったので相対パスで一つ上に戻る
const packageStr = fs.readFileSync(path.resolve(__dirname, '../package.json⏎
'), { encoding: 'utf-8' });
const package = JSON.parse(packageStr);

exports.getPackageName = () => {
  return package.name;
};
```

Markdownファイルを読み込む関数では絶対パスを引数で受け取る形にします。

リスト 5.10 lib/file.js

```
const fs = require('fs');

// 引数にファイルの絶対パスを受け取る
exports.readMarkdownFileSync = (path) => {
  // 指定されたMarkdownファイルを読みこむ
  const markdownStr = fs.readFileSync(path, { encoding: 'utf-8' });

  return markdownStr;
};
```

これをindex.jsから呼び出すように修正すると次のようになります。

リスト 5.11 index.js

```
const path = require('path');
const yargs = require('yargs/yargs');
const { hideBin } = require('yargs/helpers');
const { getPackageName } = require('./lib/name');
const { readMarkdownFileSync } = require('./lib/file')

const { argv } = yargs(hideBin(process.argv))
  .option('name', {
    describe: 'CLI名を表示'
  })
  .option('file', {
    describe: 'Markdownファイルのパス'
  });

if (argv.name) {
  const name = getPackageName()
  console.log(name);
  process.exit(0);
}
```

```
// 絶対パスを指定してファイルを読み込む
const markdownStr = readMarkdownFileSync(path.resolve(__dirname, argv.file));
console.log(markdownStr);
```

ここでreadMarkdownFileSyncに渡す引数をファイル名ではなく絶対パスとしているのには理由があります。readMarkdownFileSyncはlibディレクトリにあるため、ファイル名だけ渡した場合、どのディレクトリにあるファイルを読み込めばよいのか関数側はわかりません。ファイル名だけを渡す場合「暗黙的に実行ディレクトリに依存している」関数となってしまいます。

5.5.3でも触れますが、暗黙的な依存はテストを書きにくくします。

したがって、関数の呼び出し元でパスを指定する方が、より関数の暗黙的な依存が少なく、より保守性の高いコードであると言えるでしょう。

これで無事にファイルを開けるようになったはずです。

````
$ node index.js --file=./article.md
# タイトル

hello!

**テスト**

```javascript
const foo = 'bar';
```
````

Column

process.cwd()

Node.jsではprocess.cwd()を利用するとスクリプトの実行パスを取得できます。絶対パスではなく実行パスをlib/file.jsで取得しても同様の動作を実現は可能です。

しかし、Webサービス等において、このような実行するコンテキストによって変わる変数の利用は十分に注意しなければなりません。もしユーザーの入力をそのまま利用してしまうと、外部からサーバー内の好きなファイルにアクセスされてしまう、果てはユーザーデータ等の漏洩にもつながりかねません。

実際にサービスを運用する際にはそのようなことにならないよう、実装には十分注意しましょう。

5.3.4 htmlファイルを生成する

次は読み込んだMarkdownファイルをhtmlに変換する機能をつくってきましょう。Markdownファイルをhtmlに変換するnpmモジュールはいくつかありますが、ここではmarked*8を採用します。

```
$ npm install marked
```

リスト5.10でMarkdownファイルを読み込む機能を持たせた`lib/file.js`にhtmlを書き出す`writeHtmlFileSync`関数を追加します。

リスト5.12　lib/file.js

```
const fs = require('fs');

// 引数にファイルの絶対パスを受け取る
exports.readMarkdownFileSync = (path) => {
  // 指定されたmarkdownファイルを読みこむ
  const markdownStr = fs.readFileSync(path, { encoding: 'utf-8' });

  return markdownStr;
};

// 指定したパスにhtmlを書き出す
exports.writeHtmlFileSync = (path, html) => {
  fs.writeFileSync(path, html, { encoding: 'utf-8' });
};
```

吐き出すファイル名をオプションで受け取れるようにしつつ、Markdownからhtmlファイルへの変換処理を組み込んでいきます。

yargsでオプションのデフォルト値を設定する

yargsではオプションのデフォルト値を設定可能です。

ここでは`out`オプションで自由に吐き出すhtmlファイルの名前を決められるようにしていますが、入力がなかった場合は`article.html`というデフォルトのファイル名を利用します。

リスト5.13　index.js

```
const path = require('path');
```

*8　https://www.npmjs.com/package/marked

```
const { marked } = require('marked'); // markedを追加
const yargs = require('yargs/yargs');
const { hideBin } = require('yargs/helpers');
const { getPackageName } = require('./lib/name');
const { readMarkdownFileSync, writeHtmlFileSync } = require('./lib/file')

const { argv } = yargs(hideBin(process.argv))
  .option('name', {
    describe: 'CLI名を表示'
  })
  .option('file', {
    describe: 'Markdownファイルのパス'
  })
  // outオプションを追加
  .option('out', {
    describe: 'html file',
    default: 'article.html'
  });

if (argv.name) {
  const name = getPackageName()
  console.log(name);
  process.exit(0);
}

const markdownStr = readMarkdownFileSync(path.resolve(__dirname, argv.file));
// Markdownをhtmlに変換
const html = marked(markdownStr);

// htmlをファイルに書き出し
writeHtmlFileSync(path.resolve(__dirname, argv.out), html);
```

`readMarkdownFileSync`関数でMarkdownファイルを文字列として読み込み、markedモジュールに渡すことでhtml化します。

html化した結果を`writeHtmlFileSync`関数でファイルに書き出します。

```
$ node index.js --file=./article.md
$ cat article.html
<h1 id="タイトル">タイトル</h1>
<p>hello!</p>
<p><strong>テスト</strong></p>
<pre><code class="language-javascript">const foo = &#39;bar&#39;;
</code></pre>
```

これでMarkdownファイルからhtmlファイルを生成するCLIをつくることができました。codeタグに自分でスタイルを当てるのもよいですし、prismjs*9のようなモジュールを利用して修飾するのもよいでしょう。

Column

shebang

筆者はコンパイルを必要としないスクリプト言語とCLIツールは相性がいいと考えています。コードを書いて即座に試し、その場でコードを書き換えて手軽に挙動を追加/変更可能なのはクイックな利用をしたいCLIに利用する性質として非常に優秀です。

Node.jsでCLIを記述するにあたり、shebangを利用するとさらに利便性を上げることができます。実行環境はLinuxやMacなどの場合、1行目にshebangを記述することでより短いコマンドでのスクリプト実行が可能になります。

shebangとはソースファイルの1行目に書かれる`#!/bin/bash`のような記述のことです。「このスクリプトを実行するのはこのコマンドです」という操作を指定可能です。`#!/bin/bash`は、このスクリプトはbashで実行します、と宣言しているということになります。

先ほどのCLIのindex.jsの一行目にshebangを入れてみましょう。

*9　https://prismjs.com/

リスト5.14 index.js

```
#!/usr/bin/env node
const path = require('path');
const { marked } = require('marked');
const yargs = require('yargs/yargs');
const { hideBin } = require('yargs/helpers');
const { getPackageName } = require('./lib/name');
const { readMarkdownFileSync, writeHtmlFileSync } = require('./lib/file↩
')

const { argv } = yargs(hideBin(process.argv))
  .option('name', {
    describe: 'CLI名を表示'
  })
  .option('file', {
    describe: 'Markdownファイルのパス'
  })
  .option('out', {
    describe: 'html file',
    default: 'article.html'
  });

if (argv.name) {
  const name = getPackageName()
  console.log(name);
  process.exit(0);
}

const markdownStr = readMarkdownFileSync(path.resolve(__dirname, argv.↩
file));
const html = marked(markdownStr);

writeHtmlFileSync(path.resolve(__dirname, argv.out), html);
```

これで「実行ユーザーのパスの通っているnodeを使ってこのCLIを実行してください」という指定ができます。つまり以下のように実行が可能です。

```
# 実行権限が必要です
$ chmod 744 index.js
$ ./index.js --file=./article.md
```

挙動が確認できたら、これをさらにわかりやすいコマンド名にするとより使いやすいでしょう。

```
$ cp index.js create-article
$ ./create-article --file=./article.md
```

これはNode.jsの機能ではありませんが、覚えておくとCLIツールをつくる際に役立つことがあるでしょう。

5.4 Node.jsのLint

機能を実装するだけであれば上記までの内容でも問題ありません。しかし、実際の開発ではつくって終わりではなく、その後の保守・運用が待っています。保守性を高めるために、コードの品質を一定に保つことは非常に重要なポイントです。そのために、コードの規約などを静的に定めるLintツールを利用しましょう。

現在のJavaScript環境ではESLint*10が広く使われています。

先ほどのコードにESLintを導入していきましょう。

5.4.1 開発時のみのパッケージ

まずはドキュメントの通りにESLintをインストールします。

```
$ npm install --save-dev eslint
```

ここで先ほどまでは見なかった--save-devというオプションが登場します。package.jsonの中身をみてみましょう。

```
$ cat package.json
{
  ...
  "dependencies": {
    "marked": "^4.2.4",
    "yargs": "^17.6.2"
  },
  "devDependencies": {
    "eslint": "^8.29.0"
  }
  ...
}
```

*10　https://eslint.org/

先ほどまでCLIで利用されていたmarkedやyargsはdependenciesに記入されていますが、ESLintはdevDependenciesというエリアに記入されています。dependenciesはアプリケーションを構成するモジュールを記録し、devDependenciesは開発時に必要なモジュールを記録するためのプロパティです。

これはnpm installの時に利用できる--productionオプションで活きてきます。

eslintは開発時には必要となりますが、実際にデプロイされるサーバー環境には必要のないモジュールです。--productionオプションでインストールをすると、そのようなモジュールをデプロイ環境にインストールしなくてすみ、必要な容量を抑えることが可能です。

5.4.2
ESLintの利用

eslint（ESLint）を利用するには設定ファイルが必要になります。これは.eslintrc.js, .eslintrc.yml, .eslintrc.jsonなどの形式が利用可能です。また、プロジェクトでまだ設定ファイルがない場合には--initオプションを使うことで対話的に設定ファイルを生成可能です。

まずはNode.js用に最小限のルールを設定して動作を確認してみましょう。今回はシングルクオートで文字列を定義していたコードをわざと引っ掛けるために、ダブルクオートでないとエラーとなるようにルールを定義しています。

リスト 5.15 .eslintrc.js

```
module.exports = {
  env: {
    commonjs: true,
    es2021: true,
    node: true
  },
  parserOptions: {
    ecmaVersion: 12
  },
  rules: {
    quotes: ['error', 'double']
  }
};
```

実際にeslintを使ってみましょう。npmを使ってインストールされたコマンドは./node_modules/.bin/以下に実体が格納されます。

```
$ ./node_modules/.bin/eslint *.js lib/**/*.js

/home/koh110/dev/nodejs-book/sample/ch03/cli_test/index.js
   2:22  error  Strings must use doublequote  quotes
   3:28  error  Strings must use doublequote  quotes
   4:23  error  Strings must use doublequote  quotes
   5:29  error  Strings must use doublequote  quotes
   6:36  error  Strings must use doublequote  quotes
   7:61  error  Strings must use doublequote  quotes
  10:11  error  Strings must use doublequote  quotes
  11:15  error  Strings must use doublequote  quotes
  13:11  error  Strings must use doublequote  quotes
  14:15  error  Strings must use doublequote  quotes
  16:11  error  Strings must use doublequote  quotes
  17:15  error  Strings must use doublequote  quotes
  18:14  error  Strings must use doublequote  quotes

/home/koh110/dev/nodejs-book/sample/ch03/cli_test/lib/file.js
   1:20  error  Strings must use doublequote  quotes
   6:57  error  Strings must use doublequote  quotes
  13:44  error  Strings must use doublequote  quotes

/home/koh110/dev/nodejs-book/sample/ch03/cli_test/lib/name.js
  1:22  error  Strings must use doublequote  quotes
  2:20  error  Strings must use doublequote  quotes
  4:57  error  Strings must use doublequote  quotes
  4:89  error  Strings must use doublequote  quotes

✖ 20 problems (20 errors, 0 warnings)
  20 errors and 0 warnings potentially fixable with the `--fix` option.
```

先ほどまでのコードは文字列をシングルクオートで宣言していたので、ダブルクオートで設定せよというエラーが出ます。設定をシングルクオートに変えてみると、エラーがなくなります。

リスト 5.16 .eslintrc.js の quotes の設定

```
module.exports = {
  ...
  rules: {
    quotes: ['error', 'single']
  }
};
```

設定をプラグインとして読み込むことが可能です。たとえば、eslint同梱のおすすめ設定を読み込むには次のように指定します。

リスト 5.17　.eslintrc.jsでおすすめの設定を読み込む

```
module.exports = {
  extends: 'eslint:recommended',
  ...
};
```

npmスクリプトで実行を効率化

eslintは非常に強力なツールですが、毎回上記引数やオプションを指定するのは面倒ですし、複数人が関わるプロジェクトではその実行方法を共有するのも大変です。誰でも実行しやすいようにnpmのscriptsを利用してショートカットを登録しましょう。

package.jsonのscriptsプロパティにlintというパラメータとコマンドを登録します。

```
{
  ...
  "scripts": {
    "lint": "eslint *.js lib/**/*.js",
    "test": "echo \"Error: no test specified\" && exit 1"
  },
  ...
}
```

ここで登録したコマンドはnpm run lintというように別名から呼び出すことができます。

```
$ npm run lint

> cli_test@1.0.0 lint /home/xxx/dev/cli_test
> eslint *.js lib/**/*.js

/home/xxx/dev/cli_test/index.js
   4:23  error  Strings must use doublequote  quotes
   5:29  error  Strings must use doublequote  quotes
```

このように別名で登録することによって、誰が実行しても同じ引数やオプションでLintをかけることが可能です。また、scriptsに記載するコマンドは./node_modules/.binのパスを解決できるため、より短く記述できます。

また、近年のエディタはプラグインでグラフィカルにどの部分がLintに引っかかっているのかを表示できることが多いです。

図5.1 VS CodeにおけるLintの表示例

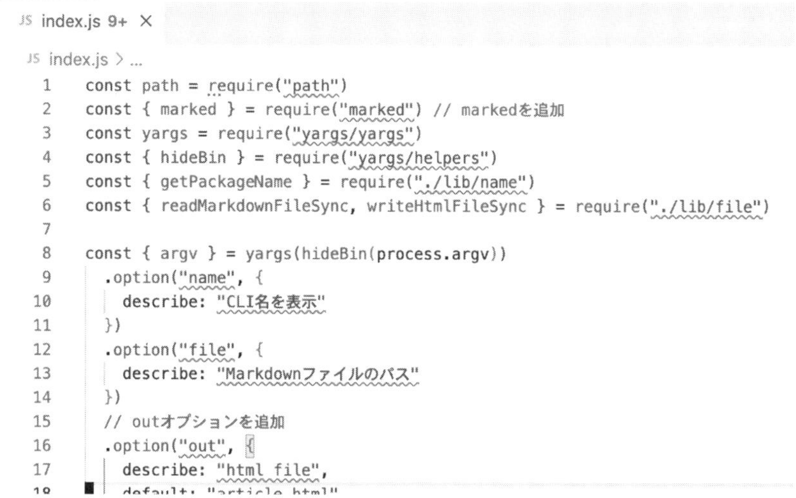

```
JS index.js 9+ ×

JS index.js > ...
1   const path = require("path")
2   const { marked } = require("marked") // markedを追加
3   const yargs = require("yargs/yargs")
4   const { hideBin } = require("yargs/helpers")
5   const { getPackageName } = require("./lib/name")
6   const { readMarkdownFileSync, writeHtmlFileSync } = require("./lib/file")
7
8   const { argv } = yargs(hideBin(process.argv))
9     .option("name", {
10      describe: "CLI名を表示"
11    })
12    .option("file", {
13      describe: "Markdownファイルのパス"
14    })
15    // outオプションを追加
16    .option("out", {
17      describe: "html file",
18      default: "article.html"
```

5.5 Node.jsのテスト

Lintも保守性を向上させるためには重要な要素ですが、より直接的にコードのロジックや品質を保つためにはテストが欠かせません。アプリケーションを作成する上でテストの技能は必須です。ここでNode.jsのテストを覚えましょう。

5.5.1 標準モジュールを利用したテスト

まずは標準モジュールを使った、ごくシンプルなテストを書いてみましょう。Node.jsの標準モジュールにはアサーション関数を提供するassert[*11]モジュールがあります。

assertモジュールはその名の通りアサーション関数を提供する標準モジュールです。まずは値どうしを比較する際によく利用されるassert.strictEqualのサンプルをみてみましょう。

*11 https://nodejs.org/api/assert.html

リスト 5.18 sample.test.js

```
const assert = require('assert');

assert.strictEqual(1 + 2, 3, '「1 + 2 = 3」である');
```

assert.strictEqualは第一引数と第二引数が等しいかを比較する関数です。第三引数はアサーション失敗時に表示されるメッセージを指定できます。**リスト5.18**は失敗しないので、実行すると何も起きずに実行が完了します。

```
$ node sample.test.js # なにも起きない
```

では**リスト5.18**をわざと失敗するように書き換えてみましょう。

リスト 5.19 sample.test.js

```
const assert = require('assert');

// assert.strictEqual(1 + 2, 3, '「1 + 2 = 3」である');
assert.strictEqual(1 + 1, 3, '「1 + 1 = 3」である');
```

書き換えたコードを実行してみるとアサーションが失敗します。

```
$ node sample.test.js
assert.js:105
  throw new AssertionError(obj);
  ^

AssertionError [ERR_ASSERTION]: 「1 + 1 = 3」である
    at Object.<anonymous> (/home/xxx/dev/cli_test/sample.test.js:3:8)
    at Module._compile (internal/modules/cjs/loader.js:1068:30)
    at Object.Module._extensions..js (internal/modules/cjs/loader.js:1097:10)
    at Module.load (internal/modules/cjs/loader.js:933:32)
    at Function.Module._load (internal/modules/cjs/loader.js:774:14)
    at Function.executeUserEntryPoint [as runMain] (internal/modules/run_main.js:
72:12)
    at internal/main/run_main_module.js:17:47 {
  generatedMessage: false,
  code: 'ERR_ASSERTION',
  actual: 2,
  expected: 3,
  operator: 'strictEqual'
}
```

失敗するとAssertionErrorがthrowされますが、その際に第三引数で指定したメッセージが表示されます。第三引数はオプショナルですが、失敗時にどのアサーションで失敗したのかがわかりやすくなるため、できるだけ入力することをおすすめします。

assertモジュールには、ほかにもオブジェクトを比較するassert.deepStrictEqualなどもあります。

リスト5.20 sample.test.js

```
const assert = require('assert');

const obj1 = {
  a: {
    b: 1
  }
};

const obj2 = {
  a: {
    c: 1
  }
};

assert.deepStrictEqual(obj1, obj2, 'オブジェクトが等しい');
```

assertモジュールにはいくつかのアサーション関数がありますが、ここで紹介した2つに共通するキーワードはstrictです。実はassertモジュールにはstrictを除いたassert.equalやassert.deepEqualなどがあります。しかし、これはNode.jsのドキュメント上でも利用が推奨されていません。

2.2.2で触れましたが、JavaScriptの等価演算子には==と===が存在します。strictがつくアサーション関数は厳密な比較（===）を利用します。この差はアプリケーションでも重要ですが、テストでは特に重要になります。

数値と文字列を比較するテストケースを例にみてみましょう。

リスト5.21 sample.test.js

```
const assert = require('assert');

assert.equal(1, '1', '数値と文字列の比較'); // OK
assert.strictEqual(1, '1', '数値と文字列の比較（strict）'); // NG
```

asser.equalでは数値と文字列の比較が==で比較されるため、テストが通過してしまいます。このような単純なテストの場合、strictで比較をする必然性はないように見えてしまいます。しかし、これがデータベースから取得した値を比較するテストだとすると、数値なのか文字列なのかの差は重要になってきます。

こんな間違い方はしないだろうと思う人もいるかもしれません。しかし、文字列の結合が思わぬ箇所に現れてしまい数値のつもりがいつの間にか文字列になっていた、というようなケースはJavaScriptを長く書いていると多くの人が経験します。筆者自身も最初のうちは問題なかったコードが改修によって思いもよらないキャストが起きていたという経験は何度もあります*12。

そういったうっかりミスを防ぐという意味でもテストコードは重要です。なので、基本的にassertなどのテストで比較をする場合、厳密な比較（strict）を利用する方がよいでしょう。

5.5.2 テストランナー

assertモジュールのみでもテストは記述可能です。実際にNode.js本体のコードはassertによって記述されています。しかし、assertモジュールが提供する関数はかなりローレベルなものだけです。アプリケーションのテストを行う場合、順番にテストを実行したり、テストごとに共通の前処理を行ったりというシーンは多くあります。アプリケーションコードだけでなく、そういったテストの仕様まで毎回自作するのは中々コストが高くなってしまいます。そういったテストでよくあるユースケースは、テストランナーによってまとめて提供されたAPIを使い省力化しましょう。

Node.jsのテストランナーはJest*13やmocha*14などが有名です。ここではJest（jest）を利用して説明します*15。jestはテストの実行管理だけでなく、モック（mock）やアサーション関数なども提供しています。

Lint同様アプリケーションそのものには必要ないのでdevDependenciesに保存します。インストールが完了したら、プロジェクトトップに簡単なテストファイルを作成しましょう。

```
$ npm install --save-dev jest
```

*12 近年ではTypeScriptの導入等で減ってきました。

*13 https://jestjs.io/

*14 https://mochajs.org/

*15 mochaは古くからJavaScriptのテストランナーとして利用されていて、ブラウザで動作することや高速に動作するなどのメリットがあります。Jestに比べてシンプルな機能にとどまっていて、モック化などより詳細なテストケースではその他モジュールを組み合わせることが一般的です。ここでは説明を簡略化するためそれらの機能が組み込まれているJestを使って説明しています。

リスト 5.22 sample.test.js

```
test('sample test', () => {
  expect(1 + 2).toStrictEqual(3);
});
```

上記のコードは1 + 2 = 3が正しいかどうかをテストします。test関数やexpect関数はjestコマンドを実行する際に自動的にグローバルに追加される関数です。expectはassertモジュールのような役割を果たします*16。

lint同様、呼び出し用のテストコマンドをpackage.jsonに追加します。

```
{
  ...
  "scripts": {
    "lint": "eslint *.js lib/**/*.js",
    "test": "jest"
  },
  ...
}
```

lintの時はnpm run lintとrunキーワードを使う必要がありましたが、testは予約されている特殊なキーワードでrunを省略可能です。

```
$ npm test

> cli_test@1.0.0 test
> jest

 PASS  ./sample.test.js
  ✓ sample test (4 ms)

Test Suites: 1 passed, 1 total
Tests:       1 passed, 1 total
Snapshots:   0 total
Time:        0.415 s, estimated 1 s
Ran all test suites.
```

jestはデフォルトで*.test.jsというネーミングルールのファイルを自動的にテストファイルとして実行してくれます。上記の結果ではsample.test.jsを実行しsample testのテストがPASSしているとわかります。

わざとテストが落ちるようにテストファイルを書き換えてみましょう。

*16 https://jestjs.io/docs/expect

リスト5.23 sample.test.js

```
test('sample test', () => {
  // expect(1 + 2).toStrictEqual(3);
  expect(1 + 2).toStrictEqual(2);
});
```

再度テストコマンドを実行してみると、結果がFAILとなりエラー箇所がどこなのかを教えてくれます。

```
$ npm test

> cli_test@1.0.0 test
> jest

 FAIL  ./sample.test.js
  ×  sample test (8 ms)

  ● sample test

    expect(received).toStrictEqual(expected) // deep equality

    Expected: 2
    Received: 3

      1 | test('sample test', () => {
      2 |   // expect(1 + 2).toStrictEqual(3);
    > 3 |   expect(1 + 2).toStrictEqual(2);
        |                 ^
      4 | });
      5 |

      at Object.<anonymous> (sample.test.js:3:17)

Test Suites: 1 failed, 1 total
Tests:       1 failed, 1 total
Snapshots:   0 total
Time:        0.567 s, estimated 1 s
Ran all test suites.
```

テストが落ちることを確認したら元に戻してまたテストが通るようにしましょう。

ここまでで基本的なテストランナーを使ったテストに触れました。

5.5.3 CLIのテスト

lib/file.jsにテストを追加して、モジュールのテスト方法を解説します。

テストファイルの置き場所はtestディレクトリを用意する方法、先ほどの例のように*.test.jsなどファイル名で区別する方法などがあります。それぞれに一長一短ありどれが正解ということはありませんが、ここではテストを行いたいファイルと同じ階層に*.test.jsを配置する方法を採ります。同じディレクトリに配置するとファイルと対応するテストファイルがわかりやすく、モジュールをモック化する際の相対パスなどが同じにできるというメリットがあり、筆者は気に入っています*17。

まずはtest.mdという存在しないファイルを参照するテストを書いてみましょう。テスト対象の関数をrequireで読み込みます。

リスト 5.24 lib/file.test.js

```
const { readMarkdownFileSync } = require('./file');

test('readMarkdownFileSync', () => {
  readMarkdownFileSync('test.md');
});
```

このテストを実行すると、当然ファイルが存在しないためreadMarkdownFileSyncはエラーとなりテストが失敗します。

```
$ npm test

> cli_test@1.0.0 test
> jest

 PASS  ./sample.test.js
 FAIL  lib/file.test.js
  ● readMarkdownFileSync

    ENOENT: no such file or directory, open 'test.md'

      4 | exports.readMarkdownFileSync = (path) => {
      5 |   // 指定されたmarkdownファイルを読みこむ
    > 6 |   const markdownStr = fs.readFileSync(path, { encoding: 'utf-8' });
        |                            ^
      7 |
      8 |   return markdownStr;
      9 | };
```

*17 testディレクトリにまとめると、テストファイルがそこにあるという意図を伝えやすいというメリットがあります。たとえばDockerイメージの作成時などはディレクトリごと除外すると、簡単にImageのサイズをダウンしやすいでしょう。

```
      at readMarkdownFileSync (lib/file.js:6:26)
      at Object.<anonymous> (lib/file.test.js:4:3)

Test Suites: 1 failed, 1 passed, 2 total
Tests:       1 failed, 1 passed, 2 total
Snapshots:   0 total
Time:        0.601 s, estimated 1 s
Ran all test suites.
```

次にテストを実行できるようにテスト用のシードファイルをtest.mdを用意します。ここではfixtures/test.mdに配置しました。

リスト 5.25 fixtures/test.md

```
**bold**
```

リスト 5.26 lib/file.test.js

```
const path = require('path')
const { readMarkdownFileSync } = require('./file');

test('readMarkdownFileSync', () => {
  // readMarkdownFileSync('test.md');
  const markdown = readMarkdownFileSync(path.resolve(__dirname, '../fixtures/↩
test.md'));
  // 読み込んだ文字列がfixtureと等しいか比較
  expect(markdown).toStrictEqual('**bold**');
});
```

実行結果をexpectで比較し、ファイルの中身と等価であるというテストを書きました。

テストを記述する場合「そのコードにテストが書きやすいか」という観点はとても大切です。

たとえばreadMarkdownFileSyncの引数が絶対パスではなく、ファイル名だけだったらどうでしょうか。その場合readMarkdownFileSyncが「暗黙的に関数がディレクトリ構成に依存する」ことになります。

これは将来リファクタリングが発生した際、バグを生む可能性がありますし、テストの観点ではfixtures/test.mdのように好きな場所に配置するのが難しくなります*18。

ここでは具体的なテストの書き方と、テストや保守性のために暗黙的な依存を

*18 fs.readFileSyncをmock化することでそれも可能になりますが、できる限りmockするものは少なくなる方がメンテナンス性は高くなると筆者は考えています。

なるべく少なくするということを覚えておきましょう。

Column

フォーマッター—Prettier

Prettier*[a]はJavaScriptのコードを自動的に整形してくれるフォーマッターです。

プロジェクト内のコード規約を整えるためにはESLintを利用します（5.4）。しかし、ESLintに指摘された箇所を手でひとつずつ直したり、どのルールを採用するか検討したりというのは悩みどころです。Prettierは一定のルールに沿ってコードを自動的にフォーマットできるため、コードをひとつずつ修正する手間をなくし、ルールで悩む時間を減らすことができます*[b]。

コードの書き方は、突き詰めると個人の好みの差となる箇所が出てきます。コードレビュー時に書き方の差に時間を使うより、手元では自由に書いてから機械的にフォーマットして出す方が、より建設的に時間を使えるでしょう。

また、JavaScriptだけでなく、TypeScriptやその他の形式もフォーマット可能です。

---

*a　https://prettier.io/
*b　ESLintもfixという自動整形オプションはあります。

Column

日時—Day.js

JavaScriptにDate型はありますが、標準のAPIはかなり質素です。柔軟にフォーマットして表示したり、パースしたりといった用途には使いにくく感じることが多いでしょう。そういったシーンで活躍するのがDay.js*[a]です。

たとえば、標準のAPIのみで日付を2021/01/23のフォーマットで表示する場合は次のようになります。

```
const date = new Date('2021-01-23');

// 月は0はじまりなので+1して、1桁の場合は0で埋める
const month = `${(date.getMonth() + 1)}`.padStart(2, '0');

const str = `${date.getFullYear()}/${month}/${date.getDate()}`;

// 2021/01/23
console.log(str);
```

また、標準のAPIとしてIntl.DateTimeFormat*[b]も登場していますが、このような単純なフォーマットの変更用途としての利用には向いていません。

Day.jsの場合は次のようにパターンを文字列で定義して、日付のフォーマットが可能です。

```
const dayjs = require('dayjs')

const str = dayjs('2021-01-23').format('YYYY/MM/DD')

// 2021/01/23
console.log(str)
```

日時の処理は古くからJavaScriptの課題としてあり、かつてはmoment.js*[c]というモジュールがデファクトに近く利用されていました。

しかし古くからあるモジュールの宿命で、多くの処理を含むファイルサイズの肥大化等、現代のJavaScript環境に合わせた改修が難しくなっていました。現在ではmoment.jsはメンテナンスのみを行うステータスになっています。Day.jsはmoment.jsにかなり似たAPIを持ちますが、ファイルサイズは非常にスリムになっています。多くのコードで十分に移行可能でしょう。

また、Day.js以外だと、date-fns*[d]もよく利用されています。

日付型を多く扱う場合はこれらのモジュールの利用がおすすめです。

***a** https://day.js.org/

***b** https://developer.mozilla.org/en-US/docs/Web/JavaScript/Reference/Global_Objects/Intl/DateTimeFormat

***c** https://momentjs.com/

***d** https://date-fns.org/

6

Expressによる REST APIサーバー／Webサーバー

前章ではCLIのつくり方を通して、Node.jsプロジェクトの始め方からテストの方法までを説明しました。本章ではいよいよNode.jsが得意とするネットワーク処理を説明するため、APIサーバーを開発します。

次の要件を満たすアプリケーションを作成していきます。

- **/へアクセスしたユーザーにビューテンプレートを使ってHTMLを返す**
- **Redisから取得したデータを元にHTMLを返す**
- **サーバーが落ちないよう包括的にエラーハンドリングする**
- **ブラウザで利用する静的ファイルの配信**
- **テストが実装されている**

4.5でも少し触れましたが、Node.jsの標準モジュールだけでもAPIサーバーの構築は可能です。

リスト 6.1 server.js

```
const http = require('http');

http
  .createServer((req, res) => {
    res.write('hello world\n');
    res.end();
  })
  .listen(3000);
```

しかし`http.createServer`はかなりローレベルなAPIです。このままではルーティングやGET/POSTなどのメソッド別の実装など、アプリケーション部分以前に実装するものが多くあります。今回のようなAPIサーバーを作成する用途では、Node.jsではデファクトスタンダードとなるExpress*1を利用するのがよいでしょう。

まずはCLIと同様依存関係を管理するためにpackage.jsonを作成します。

```
$ mkdir server_test
$ cd server_test
$ npm init -y # 適宜設定
```

*1 https://expressjs.com/

6.1 Expressの基礎と導入

ExpressはNode.js登場初期から広く利用されているWebフレームワークです。非常にミニマムなつくりですが、APIを作成するのに必要十分な機能を備えています。

また、そのミニマムさからNode.jsのパフォーマンスを損ねにくいというメリットがあります。これらの特徴から、現在広く使われているその他のNode.js用フレームワークもExpressを下敷きにしていることが多くあります。

さっそくExpressをインストールしてサーバーを立ち上げてみましょう。

```
$ npm install express
```

Expressでサーバーを立ち上げるにはまずモジュールが提供しているデフォルト関数を実行し、サーバー用のインスタンスを生成します。

```
const express = require('express');
// サーバー用のインスタンスを作成
const app = express();
```

後は、`app.get()`でルートを定義（ルーティング）し、`app.listen()`でサーバーを起動すれば、それだけで完成です。

```
// パス、パスにアクセスがあったときのコールバック（ミドルウェア）
app.get(path, callback)
```

```
// ポート、起動時（バインド時）のコールバック
app.listen(port, callback)
```

次の**リスト 6.2**は2つのルートを追加したサンプルコードです。

リスト 6.2　server.js

```
const express = require('express');
const app = express();

// GET '/' （トップ）アクセス時の挙動
app.get('/', (req, res) => {
```

```
  res.status(200).send('hello world\n');
});

// GET '/user/:id' に一致するGETの挙動
app.get('/user/:id', (req, res) => {
  res.status(200).send(req.params.id);
});

// ポート: 3000でサーバーを起動
app.listen(3000, () => {
  // サーバー起動後に呼び出されるCallback
  console.log('start listening');
});
```

サーバーを起動すると、listenの第二引数のCallback関数が実行されます。

```
$ node server.js
start listening
```

リスト6.2は/のパスにGETでアクセスすると、ステータスコードが200、bodyがhello worldというレスポンスを返します。

```
$ curl http://localhost:3000
hello world

$ curl http://localhost:3000 --head
HTTP/1.1 200 OK
X-Powered-By: Express
Content-Type: text/html; charset=utf-8
Content-Length: 12
...
```

6.1.1 ルーティングの初歩

Expressでは/user/:idのように:をつけてルートを定義すると、その値を変数として受け取り可能です。reqオブジェクトのparams.idでユーザーがアクセスした値を受け取れます。

```
$ curl http://localhost:3000/user/foo
foo
```

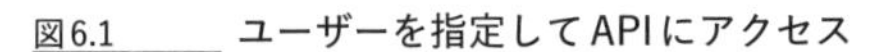
図6.1 ユーザーを指定してAPIにアクセス

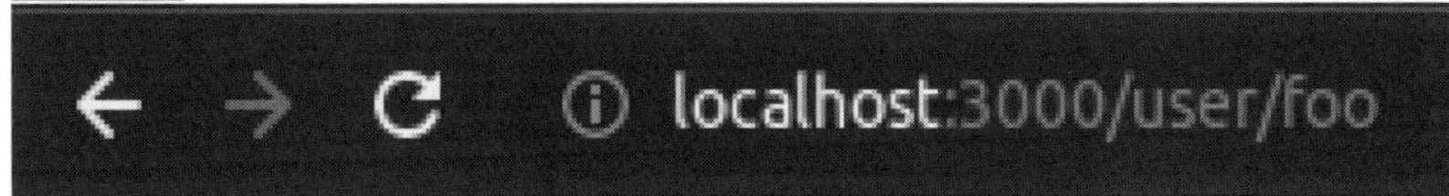

たとえば上記のようにhttp://localhost:3000/user/fooにアクセスするとreq.params.idはfooになります。

設定していないルート（次のサンプルでは/test）にアクセスするとExpressのデフォルトの404ページが表示されます。

```
$ curl http://localhost:3000/test
<!DOCTYPE html>
<html lang="en">
<head>
<meta charset="utf-8">
<title>Error</title>
</head>
<body>
<pre>Cannot GET /test</pre>
</body>
</html>
```

Expressでアプリケーションの基礎ができました。

6.2 Expressの必須機能

Expressは非常に小さなフレームワークです。極端な話をしてしまえば、**Expressが持つ基本機能はルーティングとミドルウェアの2つしかありません**。Expressのアプリケーションは基本的にその2つの組み合わせになります。これに加えて、包括的エラーハンドリングも押さえておけば、Expressは理解できたも同然でしょう。

ここでは、これら3つを解説します。

- **ルーティング**
- **ミドルウェア**
- **包括的エラーハンドリング**

これらを利用する最小のWebサーバーは次のコードです。

リスト6.3 server.js

```
const express = require('express');
const app = express();

// ルーティングとミドルウェア
app.get('/', (req, res) => {
  res.status(200).send('hello world\n');
});

// 包括的エラーハンドリング
app.use((err, req, res, next) => {
  res.status(500).send('Internal Server Error');
});

app.listen(3000, () => {
  console.log('start listening');
});
```

ルーティングは**リスト6.3**の`app.get('/'`にあたる部分です。パスに対応するミドルウェアを呼び出します。

```
app.get(パス, ミドルウェア)
```

Expressのミドルウェアとはリクエスト（req）とレスポンス（res）を表すオブジェクトを引数にとる関数です。受け取ったリクエストからレスポンスを返すか、次のミドルウェアを呼び出す機能を持ちます。

包括的エラーハンドリングはExpressを運用する上で設定が必須のミドルウェアです。

ここからはそれぞれの要素について詳しく説明していきます。

6.2.1 ミドルウェア

Expressにおいてミドルウェアとは、リクエスト・レスポンス時にリクエストオブジェクト（`req`）とレスポンスオブジェクト（`res`）にアクセス（取得・操作）できる関数のことです。

reqオブジェクトからアクセス時の情報を取得し、resオブジェクトでクライアントに値を返します。

```
(req, res) => {
  // リクエストヘッダー foo に渡された値をステータスコード200でクライアントに返す
  res.status(200).send(req.headers['foo'])
}
```

ミドルウェアは連鎖的に次のミドルウェアの呼び出しが可能です。

```
// /foo にアクセスがあると middlewareA -> middlewareB -> middlewareC と順番に呼び出されます
app.get('/foo', middlewareA, middlewareB, middlewareC);
```

このように複数のミドルウェアを連結することで、共通処理をまとめる機能を提供しています。

次のミドルウェアを呼び出す場合は第三引数に渡されるnextという関数を用います。

```
(req, res, next) => {
  // APIのトークンがヘッダーになかったらステータスコード403を返す
  if (!req.headers['api-token']) {
    return res.status(403).send('Forbidden');
  }
  // next（次のミドルウェア）を呼びだす
  next()
}
```

また、特殊なミドルウェアとして包括的エラーハンドリングがあります。この場合は第一引数にエラー内容、第二引数にリクエスト、第三引数にレスポンス、第四引数にnextをとりますが、このパターンの引数は包括的エラーハンドリング以外ではありません。使い方は6.3で解説します。

```
(err, req, res, next) =>{
  // req, res
}
```

6.2.2
ルート単位のミドルウェア

リスト6.3の次の部分をみてみましょう。

リスト6.4　app.getでルート単位のミドルウェアを設定

```
app.get('/', (req, res) => {
  res.status(200).send('hello world\n');
});
```

app.get('/', ...)の部分が、どのルートの時にどの処理を行うか紐づける、ルーティングを担う部分です。

第二引数に与えられている関数が、ミドルウェアです。ここでは実際にリクエストをハンドリングするハンドラーです*2。

reqにはルート（ここでは/）にアクセスされた際の情報が入っています。resからレスポンスをつくります。resにはレスポンスを返すための各種の関数などが含まれており、メソッドチェインでレスポンスを作成できます。

```
(req, res) => {
  // ステータスコード200で'hello world\n'を送る
  res.status(200).send('hello world\n');
}
```

nextによるミドルウェアの呼び出し

リスト6.4では第二引数に関数（ミドルウェア）が渡されています。さらに、ここ（app.get('/', ...）に第三、第四引数とミドルウェアを続けて記述可能です。

app.getの第二引数以降に複数のミドルウェアを渡す場合、次の引数のミドルウェアを呼び出すにはnext()を用います。

ミドルウェアの動きを確認するために簡単なログを出力するミドルウェアを追加してみましょう。先のハンドラーの前にconsole.logを行うミドルウェアを追加します。

```
app.get(
  '/',
  // 追加したミドルウェア
```

*2　ハンドラーはミドルウェアの一種です。nextを呼び出さず、ルートの最後に呼ばれるreqとresだけを利用しているミドルウェアを区別するためにハンドラーと呼んでいます。

```
  (req, res, next) => {
    console.log(req.method, req.url)
    next()
  },
  // 元のミドルウェア
  (req, res) => {
    res.status(200).send('hello world\n')
  }
)
```

追加したミドルウェアは先ほどまでのミドルウェアと違い3つの引数、(req, res, next)を持っています。追加したミドルウェアの中身ではリクエストされたメソッドとルートをconsole.logで出力し、next関数を呼び出します。next関数を呼ぶことで、このログ出力ミドルウェアの実行が終わったことをアプリケーションに伝え、次の処理（次の引数のミドルウェア、ここでは「元のミドルウェア」）に移ります。

この場合レスポンスを返す元のミドルウェア（ハンドラー）が呼び出されます。

ミドルウェアによる処理の共通化

ミドルウェアを利用することで、ひとつの関数の粒度を小さくし、ルートごとに共通するロジックを分離できます。

たとえばこのミドルウェアを別のルートでも利用したい場合は、関数として抜き出し個別に指定します。

```
const logMiddleware = (req, res, next) => {
  console.log(req.method, req.url);
  next();
};

app.get('/', logMiddleware, (req, res) => {
  res.status(200).send('hello world\n');
});

app.get('/user/:id', logMiddleware, (req, res) => {
  res.status(200).send(req.params.id);
});
```

ミドルウェアでエラーを渡す

ミドルウェア中で起きるエラーはnext関数の引数として渡すことで、包括的エラーハンドリング（6.3）に飛ばせます。/errにアクセスすると、確認できます。

リスト6.5　nextで包括的エラーハンドリング

```
const errorMiddleware = (req, res, next) => {
  next(new Error('ミドルウェアからのエラー'));
};

app.get('/err', errorMiddleware, (req, res) => {
  console.log('errルート');
  res.status(200).send('errルート');
});

// 引数4つのエラーハンドリング
app.use((err, req, res, next) => {
  console.log(err);
  res.status(500).send('Internal Server Error');
});
```

この他にもミドルウェアはHTTPヘッダーの付与、Cookie処理などアプリケーションの汎用的な共有処理で広く利用されています。

6.2.3 ミドルウェアによる共通化

もう少し具体的なミドルウェアによる共通化についてみていきましょう。

アプリケーションレベルのミドルウェア

ミドルウェアはapp.useで定義すると、アプリケーションレベル（すべてのルート）単位で設定できます。

```
// すべてのルートに適用されるミドルウェア
app.use(ミドルウェア)
```

app.getとapp.useは書いた順に呼び出されます。

```
app.use((req, res, next) => {
  console.log('最初に呼び出される');
  next();
});

app.get('/', (req, res) => {
  console.log('2番目に呼び出される');
});
```

アプリケーション全体にログ出力ミドルウェアを設定する例です。

リスト 6.6 ミドルウェアを定義し、app.useで先頭に定義

```
// ログ出力ミドルウェア
const logMiddleware = (req, res, next) => {
  console.log(Date.now(), req.method, req.url);
  next();
};

// アプリケーション全体に設定
app.use(logMiddleware);

// app.getなどを書いていく
```

本書ではファイルを分割していませんが、筆者はmiddlewareディレクトリを作成してまとめることが多いです。

リスト 6.7 middleware/logger.js

```
exports.logMiddleware = (req, res, next) => {
  console.log(Date.now(), req.method, req.url);
  next();
};
```

その他のミドルウェアによる共通化

その他にも6.2.2で触れたルート単位での指定や、Routerオブジェクト（6.7参照）にまとめて指定も可能です。

```
const logTimeMiddleware = (req, res, next) => {
  console.log(Date.now());
};

const logMethodMiddleware = (req, res, next) => {
  console.log(req.method);
};

// パスに設定
app.get('/', logTimeMiddleware, logMethodMiddleware, (req, res) => {
  res.status(200).send('hello world\n');
});

// Routerオブジェクトに設定
const router = express.Router();
router.use(logTimeMiddleware)
```

6.2.4 ミドルウェアによる共通化のポイント

このようにミドルウェアは一定の単位で共通の処理をまとめるのに便利です。

しかし考えなしに増やしてしまうと、ミドルウェアどうしが依存しあってしまったり、実行順序の意識が必要になったり、特定のミドルウェアが呼び出されることを前提としたハンドラーができてしまいます[*3]。

暗黙的にミドルウェアに依存してしまうと、せっかく関数として分離したのに実質的には依存関係にある、という状況ができてしまいます。これではメンテナンスの際にデメリットが大きくなってしまいます。具体的なデメリットやそれを避けるための設計については、ルーティング（6.7）でより詳細に説明します。

ミドルウェアの作成は氾濫が起きないよう、大きな共通化ができるか、必要最小限な数になっているかという意識を持つとよいでしょう。

たとえばリクエストBodyをパースする`body-parser`[*4]、Cookieをパースする`cookie-parser`、アプリケーションを保護するHTTPヘッダーを設定する`helmet`などのモジュールは、どのアプリケーションでも利用できる汎用的処理のよい例です。

- **helmet**[*5]
- **body-parser**[*6]
- **cookie-parser**[*7]

6.3 包括的エラーハンドリング

包括的エラーハンドリングは名前の通り、Expressのルート全体でおきるエラーハンドリングを担う機能です。

Expressは4つの引数をもつミドルウェアを定義すると、包括的なエラーハンドリング[*8]を行うことが可能です。

---

*3　完全にミドルウェアに依存させないハンドラーを作成するのは難しいですが。
*4　bodyParserはExpress本体に同梱されているため、npmから導入しなくても利用可能です。
*5　https://www.npmjs.com/package/helmet
*6　https://www.npmjs.com/package/body-parser
*7　https://www.npmjs.com/package/cookie-parser
*8　https://expressjs.com/en/guide/error-handling.html#error-handling

リスト 6.8　server.js

```
const express = require('express');
const app = express();

app.get('/', (req, res) => {
  res.status(200).send('hello world\n');
});

app.get('/user/:id', (req, res) => {
  res.status(200).send(req.params.id);
});

// 包括的エラーハンドリング
app.use((err, req, res, next) => {
  res.status(500).send('Internal Server Error');
});

app.listen(3000, () => {
  console.log('start listening');
});
```

このエラーハンドリングミドルウェアは、app.getなどのルーティングの後に記述します。また、app.useの中でも最後に呼ばれるように定義してください。

上記のサンプルではerr,req,nextは関数内で利用されていませんが引数からは省略できません。「4つの引数があること」を条件に、アプリケーションが包括的なエラーハンドリングを行うので、この引数は欠かせません。

6.3.1 エラーハンドラーのキャッチ対象

このエラーハンドラーでキャッチできるのは「同期的なエラー（次に示す**リスト 6.9**）」と「next関数の引数にエラーオブジェクトを付与して呼び出した（**リスト 6.5**）とき」です。

リスト 6.9　同期的なエラー

```
// requireなどの処理

app.get('/err', (req, res) => {
  throw new Error('同期的なエラー');
  console.log('errルート');
  res.status(200).send('errルート');
});

app.use((err, req, res, next) => {
  console.log(err);
```

```
  res.status(500).send('Internal Server Error');
});

// app.listen...
```

実際にアクセスしてみると、ステータスコードが500で返って来ることがわかります。またサーバー側の標準出力にはerrルートという文字列が表示されないため、エラーを投げた時点で、ミドルウェアから直接包括的エラーハンドリングに処理が飛んでいることがわかります。

```
$ curl http://localhost:3000/err -v
...
< HTTP/1.1 500 Internal Server Error
...
Internal Server Error
```

同様にミドルウェアでnext関数を呼び出す際に、引数つきで呼び出すと、包括的エラーハンドリングの処理まで飛ばすことができます（**リスト6.5**参照）。

6.3.2 包括的エラーハンドリングと非同期エラー

包括的エラーハンドリングでは非同期のエラーはキャッチできません[*9]。注意が必要です。この注意点の解消方法については6.12.1で詳しく説明します。

```
// async関数内のthrowなのでPromise.rejectと等価
app.get('/', async (req, res) => {
  throw new Error('非同期でエラー');
});

// ここではキャッチできない
app.use((err, req, res, next) => {
  console.log(err);
  res.status(500).send('Internal Server Error');
});
```

6.3.3 なぜ包括的エラーハンドリングが必要か

包括的エラーハンドリングの設定を自身で行わない場合、組み込まれたデフォ

*9　非同期エラーはExpress v5でキャッチ可能になりますが、本書執筆時点ではまだリリースされていません。

ルトのエラーハンドラーが呼び出されます。デフォルトのエラーハンドラーではスタックトレースなどアプリケーションの情報がクライアント（ブラウザ）に返却されてしまいます。ディレクトリ構成が公開されることで即座に問題が起きるわけではありませんが、その他の情報と組み合わせて攻撃に利用されてしまう可能性もあります。

したがって、Expressのアプリケーションを作成する場合は、基本的には自分で包括的エラーハンドリング用のミドルウェアを設定します。

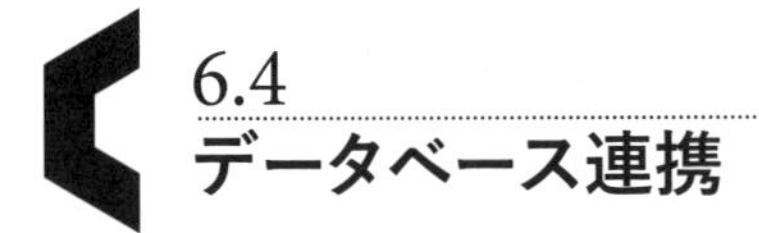

6.4 データベース連携

データベースと組み合わせてAPIサーバーを構築していきましょう。ここではRedisをデータベースとしてサーバーとの連携方法を説明していきます*10。

データベース内のユーザーの一覧を表示する/api/usersを作成してデータベースとの連携方法を説明していきます。

Redisのインストールについては、公式サイト*11を参考にしてください。筆者はデータベースなどの開発環境の構築ではDockerを利用することが多く、本書でもこれをひとまず用います*12。

```
$ docker run --rm -p 6379:6379 redis
1:C 06 Jun 2021 15:53:11.296 # oO0OoO0OoO0Oo Redis is starting oO0OoO0OoO0Oo
1:C 06 Jun 2021 15:53:11.296 # Redis version=6.2.4, bits=64, commit=00000000,
modified=0, pid=1, just started
1:C 06 Jun 2021 15:53:11.296 # Warning: no config file specified, using the
default config. In order to specify a config file use redis-server /path/to/redis
.conf
1:M 06 Jun 2021 15:53:11.296 * monotonic clock: POSIX clock_gettime
```

立ち上げたRedisサーバーとは別のシェルから接続できるかを確認しましょう。次のようにlocalhost:6379>に対してコマンドが入力可能になっていれば準

*10 MySQLやPostgreSQLなどのRDBでもよいですが、スキーマ定義の柔軟性や手元のコードでの再現性などの理由からここではNoSQLを使って構築をしています。アプリケーションを作成する上で気をつけるべき点は同じです。

*11 https://redis.io/download

*12 筆者は都度Dockerのコンテナを落としたいタイプなので-dオプションを利用せずに起動しています。Dockerの詳細は公式ドキュメントなどを参照してください。

備は完了です。

```
$ docker run -it --rm --net host redis redis-cli -h localhost -p 6379
localhost:6379> set test_key test_value
OK
localhost:6379> keys *
1) "test_key"
localhost:6379> get test_key
"test_value"
```

先ほどのサーバーコードを拡張してデータの書き込みやデータを取得する機能を追加していきます。今回はRedisの接続にioredis*13というモジュールを利用します。

```
$ npm install ioredis
```

6.4.1 Redisに接続する

ioredisを使ってローカルのRedisに接続するコードを追加していきます。

リスト 6.10 server.js

```
const Redis = require('ioredis');
const express = require('express');
const app = express();

const redis = new Redis({
  port: 6379,
  host: 'localhost',
  password: process.env.REDIS_PASSWORD,
  enableOfflineQueue: false
});

app.get('/', (req, res) => {
  res.status(200).send('hello world\n');
});

app.get('/user/:id', (req, res) => {
  res.status(200).send(req.params.id);
});

redis.once('ready', () => {
  try {
```

*13 https://www.npmjs.com/package/ioredis

```
    app.listen(3000, () => {
      console.log('start listening');
    });
  } catch (err) {
    console.error(err);
    process.exit(1);
  }
});

redis.on('error', (err) => {
  console.error(err);
  process.exit(1);
});
```

このコードには今までに扱っていない注意点がいくつか登場しているので、ひとつずつ説明していきます。

Redisへの接続

まずはRedis接続部分です。ioredisは接続用インスタンスを作成する際にオプションで接続先の情報を渡します。

```
const redis = new Redis({
  port: 6379,
  host: 'localhost',
  password: process.env.REDIS_PASSWORD,
  enableOfflineQueue: false
});
```

ここでパスワードを扱う箇所に今までは登場していなかったprocess.env.XXXという表記が登場しています。Node.jsのprocess.envは環境変数を渡すためのグローバルオブジェクトです。

たとえば、次のコードは環境変数FOOの内容を出力するスクリプトです。

```
console.log(process.env.FOO);
```

何も渡さずに実行するとFOOは定義されていないためundefinedとなります。

```
$ node index.js
undefined
```

FOOに値を渡して実行するとFOOの内容が出力されます。

```
$ FOO=FOO_VALUE node index.js
FOO_VALUE
```

このように環境によって変わる値や今回のパスワードといったクレデンシャルな情報をコードに渡すには環境変数を利用します。

Node.jsのモジュールでは慣例的にNODE_ENV=productionという環境変数が渡された場合に本番環境用のコードが動く、というような実装が多いです。今回利用しているExpressもNODE_ENV=productionの時に静的ファイルをキャッシュしたり、デバッグログが出力されなくなったりします。

enableOfflineQueueは、Redisではなく、ioredis独特のTipsです。ioredisはデフォルトではRedisへの接続がされるまで処理を内部にキューイング可能です。これは便利な面もありますが、逆に言えばRedisが利用できないにもかかわらずサーバーが起動してしまう可能性があるということです。特にPaaSやCaaSなどの環境では、サーバーが起動するまではユーザーのリクエスト等を到達させないといった機能をもつことがほとんどで、かえって使いづらくなります。そこで本書では、このオプションをfalseにしています*14。

サーバーの立ち上げ

サーバーの立ち上げ部分です。

リスト 6.11 server.jsのredis.once部分

```
redis.once('ready', () => {
  try {
    app.listen(3000, () => {
      console.log('start listening');
    });
  } catch (err) {
    console.error(err);
    process.exit(1);
  }
});
```

Redisの接続用インスタンス、redisはEventEmitterを継承しているため、各種イベントのハンドリングが可能です。

イベントのハンドリングには.onを用いました（4.5参照）が、上記のコードで

*14 筆者がよく利用する環境では、サーバー全体が正常に動作するまでは起動しないほうが何かと便利です。環境や用途によって適宜設定してください。

は.onceを利用してイベントのハンドリングを行っています。.onceは.onと違い、一度だけイベントをハンドリングしたい時に利用します*15。

たとえばredis.once('ready', () => {はioredisのインスタンスが接続を完了し、利用可能となったタイミングで発行されるreadyイベントに処理を紐づけるコードです。

Redisの接続前にサーバーを起動してしまうとユーザーがアクセス可能になるため、データの読み出しや書き込み処理が動いてしまう可能性があります。サーバーの起動はデータベースへの接続後に行う必要があります。しかし、EventEmitterは何回イベントが発生するかは定められていません*16。複数回readyイベントが発生してしまった際に同じポート番号へのサーバー起動が走ってしまう可能性があるため、ここでは.onceでハンドラーをセットしています。

6.4.2 データの書き込み

次にサーバー起動時に初期化処理でユーザーのデータを作成し、そのデータを/usersで表示する仕様を追加していきましょう。

まずは、初期化処理用のinit関数を作成しサーバーの起動前に実行します。

リスト 6.12 server.js

```
const Redis = require('ioredis');
const express = require('express');
const app = express();

const redis = new Redis({
  port: 6379,
  host: 'localhost',
  password: process.env.REDIS_PASSWORD
});

// Redisに初期データをセットする
const init = async () => {
  // Promise.allで同時にセットする
  await Promise.all([
    redis.set('users:1', JSON.stringify({ id: 1, name: 'alpha' })),
    redis.set('users:2', JSON.stringify({ id: 2, name: 'bravo' })),
    redis.set('users:3', JSON.stringify({ id: 3, name: 'charlie' })),
    redis.set('users:4', JSON.stringify({ id: 4, name: 'delta' }))
  ]);
```

*15 https://nodejs.org/api/events.html#nodeeventtargetoncetype-listener-options

*16 readyイベントのように実質的には一度しか動かないイベントもあります。

```
};

app.get('/', (req, res) => {
  res.status(200).send('hello world\n');
});

app.get('/user/:id', (req, res) => {
  res.status(200).send(req.params.id);
});

redis.once('ready', async () => {
  try {
    await init(); // initを実行

    app.listen(3000, () => {
      console.log('start listening');
    });
  } catch (err) {
    console.error(err);
    process.exit(1);
  }
});

redis.on('error', (err) => {
  console.error(err);
  process.exit(1);
});
```

データベースの初期化処理は、データベースへの接続処理の後、サーバー起動前に終えている必要があります。また、Redisへの書き込みを行うため、接続完了を表すreadyイベントより後に呼び出さないといけません。なので、ここでは.onceのハンドラーをasync関数に変え、app.listenをinitの完了まで待ち受けています。

サーバーを起動した後に、Redisに該当するデータが書き込まれていることを確認してみましょう。

```
$ node server.js

$ docker run -it --net host redis redis-cli -h localhost -p 6379
localhost:6379> keys *
1) "users:3"
2) "users:2"
3) "users:1"
4) "users:4"

localhost:6379> get users:1
"{\"id\":1,\"name\":\"alpha\"}"
```

データベースの書き込みはできました。次は、データベースからの読み込みを実装していきます。

Column

EventEmitter内のエラーハンドリング

ここでreadyイベントのハンドラー内部にあるtry-catchは重要な役割を果たしています。errorイベントはその他のイベントと同様、エラー発生時にemit関数で呼ばれるものです。つまり、ハンドラー内部でエラーが起きた場合に.on('error')ではキャッチできません。

```
redis.once('ready', async () => {
  throw new Error('EventEmitterのハンドラー内でエラーが発生した');

  await init();

  app.listen(3000, () => {
    console.log('start listening');
  });
});

redis.on('error', (err) => {
  console.error(err);
  process.exit(1);
});
```

```
$ node server.js
(node:18093) UnhandledPromiseRejectionWarning: Error: EventEmitterのハンド
ラー内でエラーが発生した
    at Redis.<anonymous> (/home/xxx/dev/server_test/server.js:26:9)
    at Object.onceWrapper (events.js:483:26)
    at Redis.emit (events.js:388:22)
    at processTicksAndRejections (internal/process/task_queues.js:77:11)
```

したがって、EventEmitterのハンドラー内部ではエラーハンドリングを明示的に行います。

6.4.3 データの読み込み

6.4.2でRedisに書き込んだデータを、読み込み表示する部分を作成していきます。

ここでは登録されているユーザーIDを指定して取得する/user/:idと、すべてのユーザーデータを取得する/usersを作成します。

個別のユーザーデータを返す

まずはユーザーデータをJSONで返すAPIを/user/:idに作成します。

リスト 6.13　server.js内に処理を追加

```
// server.js内、app.listenの前に追記
app.get('/user/:id', async (req, res) => {
  try {
    const key = `users:${req.params.id}`;
    const val = await redis.get(key);
    const user = JSON.parse(val);
    res.status(200).json(user);
  } catch (err) {
    console.error(err);
    res.status(500).send('internal error');
  }
});
```

上記のコードでは、動的ルーティングを利用してRedisのキーを生成しています*17。redis.getは引数に与えられたキー名の値を返す関数です。

すべてのユーザーデータを取得する

次にユーザーデータをすべて取得する/usersを作成します。

ioredisではredis.scanStreamという関数でStreamのインターフェースからキーの一覧を取得可能です。せっかくなので4.6で説明したAsyncIteratorを使ったコードを利用してみます。

サンプルコードではusers:*というprefixのキーをすべて抽出するStreamを作成しています。また、今回はcountオプションをわざと小さい値にセットして、dataイベントが複数回発生するようにしています。AsyncIteratorはデフォルトではdataイベントをfor await...ofで反復処理できます。一度のdataイベントでcountオプションに指定した数のキーが取得されるので、その結果をさらにfor...ofで反復処理を行い、値を取得していきます。

*17　ユーザーが変更できる値をエスケープせずに利用するのは、実運用では脆弱性となりうるため危険です。実際のアプリケーションではバリデーションによるチェックやエスケープ処理などを忘れずに行いましょう。

リスト 6.14 server.jsですべてのユーザーデータを取得

```
// server.js内、app.listenの前に追記
app.get('/users', async (req, res) => {
  try {
    const stream = redis.scanStream({
      match: 'users:*',
      count: 2 // 1回の呼び出しで2つ取り出す
    });

    const users = [];
    for await (const resultKeys of stream) {
      for (const key of resultKeys) {
        const value = await redis.get(key);
        const user = JSON.parse(value);
        users.push(user);
      }
    }
    res.status(200).json(users);
  } catch (err) {
    console.error(err);
    res.status(500).send('internal error');
  }
});
```

Stream処理のままだと、redis.get(key)のようなデータ取得処理を含むフロー制御がやや複雑になります*18。

res.jsonは引数に渡したオブジェクトをJSON.stringifyしてsendを呼ぶ処理です。今回のようなJSONを返すREST APIサーバーの作成などによく利用されます。curlを使って先ほど追加したパスにアクセスすると、JSONのデータが返ってきていることが確認できます。

```
$ curl http://localhost:3000/users
[{"id":4,"name":"delta"},{"id":1,"name":"alpha"},{"id":3,"name":"charlie"},{"id":
2,"name":"bravo"}]%
```

この時点ではユーザーデータが4つしかないため、上記の単純なループ実装でも大きな問題は起きません。実際にアプリケーションを作成する場合には、ユーザー数によってループが伸びてしまうような設計は注意が必要です。JSON.stringifyは同期関数です。そこでサーバー全体の処理が停止してしまいます。オブジェクトが大きくなるほど停止時間は長くなり、同時に受けられるリクエストの

*18 リスト 6.14に限ればPromise.allを利用して並行にしたほうがきれいで性能もよくなりますが、あえてフロー制御の例としてこのように記述しています。

数は少なくなってしまいます。

ここでは省略していますが、このような設計の場合はページングの処理を加えるなど、データ量が増えてもレスポンスが太らない設計にしましょう。

たとえばRedisのドキュメントではLRANGEコマンドを利用したページング処理の例[*19]が紹介されています。

LRANGEはRedisのリスト型で利用するコマンドです。

ドキュメントを参考に、ユーザーの表示部分をページング処理に変更すると次のようになります。

リスト 6.15 ページング処理

```
// ユーザー情報をリスト型に変更
const init = async () => {
  await redis.rpush('users:list', JSON.stringify({ id: 1, name: 'alpha' }))
  await redis.rpush('users:list', JSON.stringify({ id: 2, name: 'bravo' }))
  await redis.rpush('users:list', JSON.stringify({ id: 3, name: 'charlie' }))
  await redis.rpush('users:list', JSON.stringify({ id: 4, name: 'delta' }))
};

// ...

app.get('/users', async (req, res) => {
  // リクエストから得たoffsetを使って2つ分のユーザーを取得する（offsetを↩
validationしたほうがいいがここでは省略）
  const offset = req.query.offset ? Number(req.query.offset) : 0;
  const usersList = await redis.lrange('users:list', offset, offset + 1);

  const users = usersList.map((user) => {
    return JSON.parse(user);
  });

  return { users: users };
});
```

クエリパラメータにoffsetを指定すると、指定した箇所から2つ分のデータを取得できます。

```
# offsetを指定しなければ頭から
$ curl http://localhost:8000/api/users
{"users":[{"id":1,"name":"alpha"},{"id":2,"name":"bravo"}]}

# offsetの指定から2つ分
$ curl http://localhost:8000/api/users?offset=2
```

*19 https://redis.io/docs/reference/patterns/twitter-clone/#paginating-updates

```
{"users":[{"id":3,"name":"charlie"},{"id":4,"name":"delta"}]}
```

RDBの場合はOFFSETとLIMITを用いるページング処理の作成が一般的でしょう。

6.5 ビューテンプレート

ここまででデータを取得し、JSONとして返すREST APIサーバーを実装できました。

REST APIだけであればExpressの標準機能で十分です。しかし、HTMLを表示したい場合などはそのまま文字列で扱うのはメンテナンス性が悪いですし、セキュリティリスクが発生する可能性もあります。テンプレートエンジン機能を利用しましょう。

近年ではReactなどのフロントエンド用のモジュールがテンプレートエンジンの機能を果たすこともありますが、ここでは古くから使われているejs*20というモジュールを紹介します*21。

ejsを利用するためにnpmからインストールを行います。

```
$ npm install ejs
```

Expressにはテンプレートエンジンを設定する機能があります。app.set('view engine', エンジン名)を用いて設定することで、res.render関数からテンプレートエンジンとしてejsを呼び出し、ビューを返せます*22。

```
// ejsをビューエンジンに指定
app.set('view engine', 'ejs')

app.get('/', (req, res) => {
  res.render(...)  // ejsで描写される
})
```

*20 https://ejs.co/
*21 フロントエンドフレームワークを絡めた話は第7章で触れます。
*22 https://expressjs.com/en/5x/api.html#res.render

6.5.1
ビューテンプレートの実装

ejsを使ってトップに固定のHTMLを表示してみましょう。

Expressは慣例的にviewsディレクトリにテンプレートファイルを配置することが多いです。viewsにindex.ejsを作成します。

```
directory/
├── views/
│   └── index.ejs
├── server.js
├── package.json
└── package-lock.json
```

server.jsから、ejsが使えるように設定し、ejsの内容を返すルートを作成します。res.render関数の第一引数でテンプレートファイル名を指定します。相対パスやファイル名の省略が可能ですが、筆者は絶対パスで指定する方法をよく利用します。省略を前提とした記述はデフォルトの挙動を理解するという暗黙の了解がコードに入るため、なるべくそういった要素を廃し、可能な限りコードと挙動を一致させたいというのが主な動機です。

リスト 6.16 server.js

```
const path = require('path');
const express = require('express');
const app = express();

app.set('view engine', 'ejs');

app.get('/', (req, res) => {
  res.render(path.join(__dirname, 'views', 'index.ejs'));
});
```

トップのejsは、特にテンプレートの機能などを用いない静的なHTMLを表示します。

リスト 6.17 views/index.ejs

```
<!-- index.ejs -->
<!DOCTYPE html>
<html lang="ja">

<head>
  <meta charset="UTF-8">
  <meta name="viewport" content="width=device-width, initial-scale=1.0">
```

```
  <title>top</title>
</head>

<body>
  index.ejs
</body>

</html>
```

サーバーを起動し、アクセスしてみるとejsで指定したHTMLが表示されていることが確認できます。

```
$ curl http://localhost:3000/
<!-- index.ejs -->
<!DOCTYPE html>
<html lang="ja">

<head>
  <meta charset="UTF-8">
  <meta name="viewport" content="width=device-width, initial-scale=1.0">
  <title>top</title>
</head>

<body>
  index.ejs
</body>

</html>
```

6.5.2
ユーザー情報をもとにページを生成する

ユーザー情報を渡して、ejsのテンプレートを利用したHTMLを生成してみましょう。

ejs[*23]のテンプレートにはいくつか特殊なタグが利用可能です。`<%`でタグを開始すると、その間にJavaScriptの記述が可能です。たとえば`<% for (const user of users) { %>`のようにfor文の記述が可能です。また、`<%=`で開始した場合はHTMLエスケープをした値を表示できます。これらのタグを利用してテンプレートを記述していきましょう。

*23　テンプレートの詳細はejsのドキュメントを参照してください。 https://ejs.co/#docs

リスト 6.18　views/user.ejs

```
<!-- users.ejs -->
<!DOCTYPE html>
<html lang="ja">

<head>
  <meta charset="UTF-8">
  <meta name="viewport" content="width=device-width, initial-scale=1.0">
  <title>users</title>
</head>

<body>
  <ul>
    <% for (const user of users) { %>
      <li><%= user.name %></li>
    <% } %>
  </ul>
</body>

</html>
```

リスト 6.14ではres.jsonで返していた箇所をres.renderに置き換えます。res.renderの第二引数にオブジェクトを渡すことで、テンプレートに変数を渡せます。

リスト 6.19　server.jsの/usersのルート

```
app.get('/users', async (req, res) => {
  try {
    const stream = redis.scanStream({
      match: 'users:*',
      count: 2
    });

    const users = [];
    for await (const resultKeys of stream) {
      for (const key of resultKeys) {
        const value = await redis.get(key);
        const user = JSON.parse(value);
        users.push(user);
      }
    }

    res.render(path.join(__dirname, 'views', 'users.ejs'), { users: users });
  } catch (err) {
    console.error(err);
  }
});
```

次のように渡した変数が処理され、HTMLへ変換されていることが確認できます。

図6.2　/usersにアクセスするとHTMLが表示される

```
$ curl http://localhost:3000/users
<!-- users.ejs -->
<!DOCTYPE html>
<html lang="ja">

<head>
  <meta charset="UTF-8">
  <meta name="viewport" content="width=device-width, initial-scale=1.0">
  <title>users</title>
</head>

<body>
  <ul>

      <li>bravo</li>

      <li>alpha</li>

      <li>delta</li>

      <li>charlie</li>

  </ul>
</body>
```

```
</html>
```

6.6 静的ファイル配信

Expressにおける静的ファイルの配信について触れていきます。ブラウザ側で処理するJavaScriptファイルの配信などがこれにあたります。

今回は/userの情報をクリックすると、コンソールにユーザー情報を表示されるスクリプトを作成します。

図6.3 /usersアクセス時に実行するスクリプトの表示例

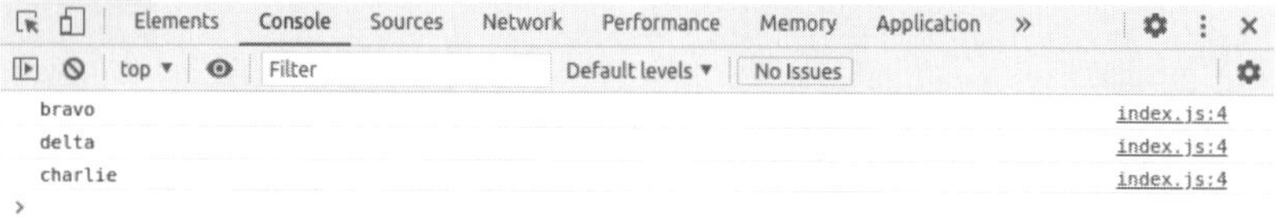

```
Elements  Console  Sources  Network  Performance  Memory  Application  »
top ▼  Filter  Default levels ▼  No Issues
bravo                                                         index.js:4
delta                                                         index.js:4
charlie                                                       index.js:4
>
```

まずは静的ファイルを配信するために、Expressで公開するディレクトリを設定します。Expressでは慣例的に静的ファイルはpublicディレクトリに配置されることが多いです。app.useの第一引数でURLのprefixを指定し、第二引数にexpress.static関数を渡し、公開したいディレクトリのパスを指定します。

リスト6.20 server.jsに追加する

```
app.use('/static', express.static(path.join(__dirname, 'public')));
```

users.ejsを更新します。どのuserをクリックしたかを判断するために、liタグにクラス名を付与します。また、先ほど追加した静的ファイルを読み込むためのscriptタグを追加します。

リスト6.21 views/index.ejs diff

```
  <ul>
    <% for (const user of users) { %>
-     <li><%= user.name %></li>
+     <li class="user"><%= user.name %></li>
    <% } %>
```

```
  </ul>
+ <script src="/static/index.js" defer></script>
```

次にブラウザ側で動くJavaScriptを実装していきましょう。次のコードはuserクラスがついた要素にクリックイベントを追加するものです。

リスト6.22 public/index.js

```
window.addEventListener('DOMContentLoaded', (event) => {
  document.querySelectorAll('.user').forEach((elem) => {
    elem.addEventListener('click', (event) => {
      console.log(event.target.innerHTML);
    });
  });
});
```

DOMContentLoadedイベントはブラウザがDOMを構築したタイミングで発行されるイベントです。クリックイベントを追加するためには当然追加先のDOMが存在しないといけません。そこでDOMContentLoadedイベントが発行された後にDOMに対して操作をします。

document.querySelectorAllが実際に構築されたDOMを探す処理です*24。第一引数で指定したセレクタの要素を配列に似たNodeList型のオブジェクトで取得できます。また、要素単体を取得したい場合はdocument.querySelectorを利用できます。該当する要素が複数ある場合は1つ目の要素のみが取得されます。

図6.4 querySelectorAllの例

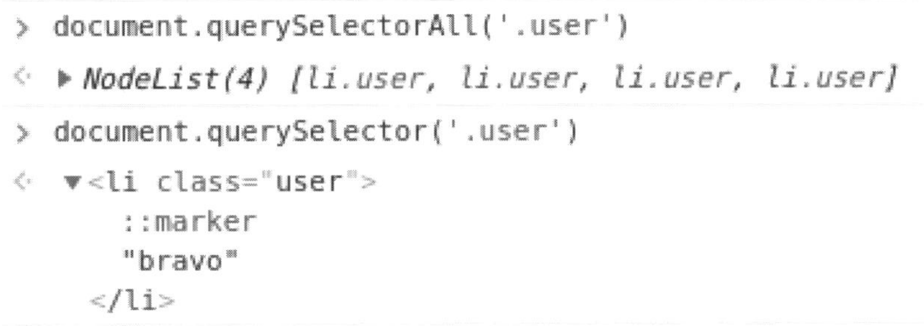

```
> document.querySelectorAll('.user')
<· ▶NodeList(4) [li.user, li.user, li.user, li.user]
> document.querySelector('.user')
<· ▼<li class="user">
      ::marker
      "bravo"
    </li>
```

*24 jQueryに慣れた人には馴染みやすい記法ではないでしょうか。このセレクタの記法はもともとjQueryで実装されていたものが、標準のJavaScriptに取り込まれたものです。

document.qeurySelectorAllは配列に似たNodeList型のオブジェクトを返します。NodeList型のオブジェクトはforEach関数を利用してループ処理が可能です。上記のコードではuserクラスを付与したDOMを取得し、それぞれにクリックイベントを付与しています。

ここまで進むと、ファイルの全体の構成は次のようになっています。

```
directory/
├──── public/
│      └──── index.js
├──── views/
│      ├──── user.ejs
│      └──── index.ejs
├──── server.js
├──── package.json
└──── package-lock.json
```

コードの準備が終わったらサーバーを起動して、http://localhost:3000/usersにブラウザからアクセスしてみましょう。

```
$ node server.js
```

図6.5　/usersにアクセスしたときの画面とコンソール

scriptタグを追加したのでpublic/index.jsがブラウザで読み込まれます。リストに表示されたユーザー名をクリックしてコンソールにユーザー名が表示され

ることを確認しましょう。

Column

script async/defer

ブラウザはHTMLをパースしてDOMを構築する際にscriptタグを見つけると、そこでDOMの解釈を停止しスクリプトのダウンロードと実行をします。つまり、途中にダウンロードや実行に時間のかかるスクリプトが存在すると、そのぶん表示までの時間が延びてしまうことになります。

静的なHTMLと多少のスクリプトを含む程度のページの場合「Webページの表示パフォーマンス」は「HTML表示までの速度」とほぼイコールです。しかし、近年のWebでは動的な挙動を求められることも増え多くのページでJavaScriptを必要とするようになりました。それに伴いコードの量は飛躍的に増え、既存の仕様のままでは求められるパフォーマンスを出しにくくなってきました。

古くはこの対策にscriptタグをbodyの直前に書くことで、表示を極力先に終わらせるといったテクニックがありました。そのようなテクニックではなく、読み込みなどのタイミングを仕様のレベルで制御しようと生まれたのが、scriptタグの属性、async/deferです。

asyncはそのスクリプトが実行可能になるタイミングまで実行を遅延させるキーワードです。

deferはDOMの構築が完了した後、DOMContentLoadedイベントが発行される直前に実行することを指定するキーワードです。つまり、ブラウザはdefer属性がついているscriptタグが途中に現れてもそこでDOMの解釈を停止せず次に進むことが可能です。

パフォーマンスのためにもscriptタグを利用する場合、まずasyncを基本に、それではだめな時はdeferを利用すると覚えておくとよいでしょう。

初めて知る人にとってこれらの仕様は複雑に見えるかもしれません。パフォーマンスのためにブラウザの挙動を変えるという手段もあったでしょう。しかし、何十年も積み重ねられた挙動を変えるということは今まで動いたはずのWebを壊してしまう可能性をはらみます。JavaScriptに関わる仕様はほとんどの場合、過去の互換性を壊さず新たな挙動を追加していきます。それだけJavaScriptの進化はWebを壊さないことに腐心し、その互換性は非常に重要視されているということにほかなりません。

そして古い書き方であってもシステムを構築することが「できてしまいます」。しかし、それは新しい仕様で解決できているはずの問題を内包したものを生み出してしまうことにもつながります。

どのようなプログラムでも言えることですが、新しい仕様をキャッチアップすることは非常に重要です。特に、古い仕様でも動いてしまうJavaScriptは新しい仕様を学ぶことに対する億劫さが勝ってしまうこともあるでしょう。しかし新しい仕様を知るということは、システムをよりよくするチャンスでもあります。すべてを知る必要はありませんが、そのように考えるとより楽しみながら技術を深めていけるのではないでしょうか。

6.7 ルーティングとファイル分割の考え方

ここまで一通りWebアプリケーションの基礎的な挙動が完成しました。ここからは実際にアプリケーションの保守に目を向けていきましょう。

本章ではファイルの分割や注意点について説明をしていきます（6.8と併せて読んでください）。

これから記載する内容はあくまで筆者が現時点でよく利用している手法であり、その他の手法を否定するものではありません。また、今後もずっと使えるものではないでしょう。今までに経験した事故や失敗にもとづいて、それらを回避しやすいと感じた理由なども記載するつもりです。ファイルの分割の正解としてではなく、それらのエッセンスとして読み取っていただければ幸いです。

6.7.1 Expressのgeneratorから考える

Expressには初期コードやディレクトリを生成するgeneratorがあります。このgeneratorで生成されるコードやディレクトリはExpressで長年利用されてきた慣例やプラクティスが詰まっているため参考になります*25。ただし、内部のコードにはvarがあるなど古い部分が含まれます。過去から積まれてきたプラクティスを学ぶという視点でみるとよいでしょう。

```
$ npx express-generator --view=ejs myapp
```

*25 npmでインストールする際に-gオプションを付与するとグローバルインストールとなり、コマンドに対して自動的にパスを追加してくれます。たとえばnpm install -g express-generatorとすると$ expressだけでコマンドが利用できます。グローバルインストールは便利ですがバージョンの管理などがpackage.jsonから外れたり、グローバルな領域を汚してしまうという欠点もあります。npxを利用すると、グローバルインストールせずにコマンドを直接試すことができます。npxはnpmをインストールすると同時にインストールされます。

```
npx: installed 10 in 2.121s

   create : myapp/
   create : myapp/public/
   create : myapp/public/javascripts/
   create : myapp/public/images/
   create : myapp/public/stylesheets/
   create : myapp/public/stylesheets/style.css
   create : myapp/routes/
   create : myapp/routes/index.js
   create : myapp/routes/users.js
   create : myapp/views/
   create : myapp/views/error.ejs
   create : myapp/views/index.ejs
   create : myapp/app.js
   create : myapp/package.json
   create : myapp/bin/
   create : myapp/bin/www
```

筆者が説明するコード分割の手法で、generatorで生成されるコードと違うのは次の3つです。

1. **bin/wwwをつくらない**
2. **app.jsをserver.jsとしている**
3. **routes/ディレクトリをつくらない**

最初の2点については単にここまでの説明のしやすさの問題と思ってもらって問題ありません。generatorではbin/wwwをサーバーの起動コマンドとしてapp.jsを呼び出す構成になっています。この構成にもメリットはありますが、筆者は説明の都合や分割しない方が一箇所でまとまるので処理が追いやすいといった理由で、server.jsに処理をまとめてしまうことが多いです。

3点目の「routes/ディレクトリをつくらない」は意図的にプロダクションのコードでも行います。これについては賛否両論あるでしょう。ExpressはRouterというオブジェクトでルーターを抽象化できます。わかりやすいユースケースとしてはAPIのルーティングを分離するといった部分でしょう。

たとえば次のように2つのルートを持つルーターオブジェクトを生成します。

リスト 6.23 routes/api.js

```
const express = require('express');
const router = express.Router();

router.get('/foo', (req, res) => {
```

```
  res.status(200).json({ foo: 'foo' });
});


router.get('/bar', (req, res) => {
  res.status(200).json({ bar: 'bar' });
});

exports.router = router;
```

このように作成したルーターオブジェクトをサーバーインスタンス側でapp.useするとルーターをサーバーコードに反映できます。この例では/api/fooと/api/barのルーティングが利用可能になります。

リスト6.24 server.js

```
const express = require('express');
const app = express();
const api = require('./routes/api');

// ...

app.use('/api', api.router);
```

抽象化することでまとめて管理しやすくなるというメリットがあります。たとえばExpressにあるミドルウェア機能を利用してAPIのルーティングすべてにログ出力を追加する、Cookieの検証ロジックを追加するなど共通処理の記述が簡単になります。

なぜ筆者がルーターオブジェクトを利用しないのかが疑問になるでしょう。これは次にあげる2つの理由があります。

1. **ルートを抽出する時に検索しにくい**
2. **ミドルウェアが必ずしもすべてのルートに共通で使いたいとは限らない**

1つめの「ルートを抽出する時に検索しにくい」というのは、改修フェーズで直面します。たとえば上記のコードで/api/fooの処理を追うシーンで考えると、/api/fooという文字列では抽出できません。この場合は、まず/apiに対応するルーターオブジェクトを探し出し、さらにその中から/fooに対応するハンドラーを探すという手順が必要になります。探したいパスが決まっているケースであれば探すことはそこまでコストは高くありません。しかし、ルーターオブジェクトが入れ子になっていたり、POSTやGETでメソッドがあいまいであったりする状態から絞り込んでいくような場合はやや手間がかかります。

このため、筆者は次のようにserver.js内などに一覧で眺められるスタイルをとることが多いです。

リスト 6.25 server.js

```
const app = express();

app.get('/api/foo', getFoo);
app.post('/api/foo', postFoo);
app.get('/api/bar', getBar);
app.post('/api/bar', postBar);
```

ただ、これは第7章で少し触れるNext.jsのように、ディレクトリ構成をルーティングのルールと同一にする等の設計で緩和が可能です。

また、2点目の「ミドルウェアが必ずしもすべてのルートに共通で使いたいとは限らない」も改修のフェーズで直面します。ログを出力するミドルウェアはほぼすべてのルーティングで共通するため、ルーターオブジェクトにセットしてもよいでしょう。たとえば要件が追加され、Cookieによって APIを認証する仕様が加えられたとしましょう。最初はすべてのAPIにCookieの認証をする仕様だったため、ルーターオブジェクトにCookie検証用のミドルウェアを追加しました。

リスト 6.26 routes/api.js

```
const express = require('express');
const router = express.Router();

const cookieMiddleware = (req, res, next) => {
  // Cookieの検証処理
  // ...

  next();
};

router.use(cookieMiddleware);

router.get('/foo', (req, res) => {
  res.status(200).json({ foo: 'foo' });
});


router.get('/bar', (req, res) => {
  res.status(200).json({ bar: 'bar' });
});
```

```
exports.router = router;
```

この段階では特に問題になりません。

ここに「/api/barはcookieの検証をしない」という仕様が加わったらどうでしょうか。ミドルウェアの内部でパスに応じた条件分岐を入れる方法もありますが、利用しないのであればミドルウェアを外したくなります。しかし、先ほどのコードからミドルウェアを外そうとすると、本来変更のなかったはずの/api/fooのパスにも変更が加わってしまいます。

リスト 6.27　routes/api.js diff

```
  const express = require('express');
  const router = express.Router();

  const cookieMiddleware = (req, res, next) => {
    // Cookieの検証処理
    // ...

    next();
  };

- router.use(cookieMiddleware);

- router.get('/foo', (req, res) => {
+ router.get('/foo', cookieMiddleware, (req, res) => {
    res.status(200).json({ foo: 'foo' });
  });


  router.get('/bar', (req, res) => {
    res.status(200).json({ bar: 'bar' });
  });

  exports.router = router;
```

つまり、この変更によって全体にかかっていたミドルウェアが削除され、このルーターオブジェクト配下のルーティングすべてに影響を与えます。このケースでは/api/fooでCookieの検証がされていることだけ確認できればよいですが、ルーターオブジェクト内にパスが増えるほどその確認コストは高くなります。もちろんテストを書いて担保するという考え方もありますが、安心するためにも配下のパスすべてで挙動が変わらないことを手動でも確認したくなります。最初に手間はかかりますがミドルウェアをすべてのパスに個別に指定するスタイルであれば、仕様の変更があった際にも影響をルーターオブジェクト全体からパス単位に抑えることが可能となり、いくぶんか安心できます。

「将来的にすべてのルートにこのミドルウェアが必要なのか」という見極めが難しいことや、「変更時の影響を狭められる」という点から、筆者はミドルウェアをひとつずつ設定していくスタイルを採用することが多いです*26。

リスト 6.28 index.js

```
const app = express();

app.get('/api/foo', loggerMiddleware, cookieMiddleware, getFoo);
app.post('/api/foo', loggerMiddleware, cookieMiddleware, postMiddleware, ↩
postFoo);
app.get('/api/bar', loggerMiddleware, getBar);
app.post('/api/bar', loggerMiddleware, postBar);
```

このように1ファイルにすることで、ルートごとのミドルウェア依存が見通しやすいというメリットもあります。

また、`getFoo`や`postFoo`などを`handlers/api/foo.js`のようにAPIのルーティングの階層と合わせることで、ディレクトリの階層でルーティングを管理しています。

アプリケーションが大きくなるにつれルーティングを設定しているファイルの行数は増加してしまいますが、それでも上記のメリットが勝ると感じてこのようなスタイルに落ち着きました。

6.8 ファイル分割の実践

ここまで、ファイル分割の考え方を示しました。さっそく先ほどまでのサンプルコードを使ってファイルを分割していきましょう。

6.8.1 コンフィグファイルの分割

まずはアプリケーションの設定に関わるコンフィグファイルを分離しま

*26 アクセスログの出力や共通のヘッダーなど明らかにすべてのパスで共通するものには`app.use`で設定することもあります。

しょう。

コンフィグ管理にはconfig*27というモジュールも広く使われています。Node.jsのモジュールは慣例的にNODE_ENV=productionという環境変数が与えられた時に本番環境とみなしているものが多いです。たとえばExpressはNODE_ENV=productionの時にstatic filesやview contentsをキャッシュするしくみが入っていたり、デバッグログが出力されなくなったりと、プロダクション用の挙動に切り替わります*28。

configモジュールはNODE_ENVの値に応じて読み込むコンフィグファイルを切り替えてくれるモジュールです。たとえばconfig/development.jsというファイルを用意すればNODE_ENV=developmentの時にそのファイルから設定値を取得します。

環境変数など、環境によって変化が生じる値をアプリケーションのコード中に埋め込んでしまうと、設定を少し変えたい場合にも修正が大きな箇所に及んでしまうことがあります。たとえばNode.jsでパフォーマンスチューニングを行う場合、プロダクションと同じモジュールの動作を確認するためにNODE_ENV=productionで動作する環境を用意することが重要です。この際に、NODE_ENVによって動作を変える箇所をアプリケーションコードのあちこちに用意してしまうと、本番のサービスに対して思わぬアクセスが飛んでしまう可能性があります。もちろん、そういった可能性のある値は環境変数でのみ渡すなどの設計をするのが正当な方法ではありますが、その上でconfigファイルだけにまとまっているとより安心です。

また、TypeScriptによってエディタの補完が強力になったことや、フロントエンドと設定を共有したいケースが増えたことなど、configモジュールを利用する必要性は少なくなってきました*29。

このため、筆者もconfigモジュールを長年利用していましたが、最近では1つのファイルにコンフィグをまとめるスタイルを採用することが増えています。

本書でも1つのファイルにまとめます。値をconfig.jsに抜き出します。

---

*27 https://www.npmjs.com/package/config

*28 余談ですが、Expressの本番環境のベストプラクティスドキュメントはとてもよくできていて参考になります。 https://expressjs.com/en/advanced/best-practice-performance.html#set-node_env-to-production

*29 ファイルの読み込み操作があるためconfigモジュールはフロントエンドのコードでは動きません。

リスト 6.29 config.js

```
const redisConfig = {
  port: 6379,
  host: 'localhost',
  password: process.env.REDIS_PASSWORD,
  enableOfflineQueue: false
};

exports.redisConfig = redisConfig;
```

6.8.2 ハンドラーの分割

筆者はハンドラー（コントローラー）の単位で分割し、分離したハンドラーを別のファイルへ移動します。ディレクトリは次のような構成でhandlersやcontrollersという名前をつけることが多いです。

```
directory/
├── public/
│   └── index.js
├── handlers/
│   └── user.js
├── views/
│   ├── user.ejs
│   └── index.ejs
├── server.js
├── package.json
└── package-lock.json
```

この分離をする際にhandlers/users.jsとserver.jsの両方でRedisのクライアントにアクセスする必要が生じるため、Redisのクライアントも別ファイルに分離します。

筆者はこういったミドルウェアをlibディレクトリに分離することが多いです。これはプロジェクトごとに文脈が理解しやすいディレクトリでよいでしょう。

リスト 6.30 lib/redis.js

```
const { redisConfig } = require('../config');
const Redis = require('ioredis');

let redis = null;

const getClient = () => {
  return redis;
};
```

```
exports.getClient = getClient;

const connect = () => {
  if (!redis) {
    redis = new Redis(redisConfig)
  }
  return redis;
};

exports.connect = connect;

const init = async () => {
  await Promise.all([
    redis.set('users:1', JSON.stringify({ id: 1, name: 'alpha' })),
    redis.set('users:2', JSON.stringify({ id: 2, name: 'bravo' })),
    redis.set('users:3', JSON.stringify({ id: 3, name: 'charlie' })),
    redis.set('users:4', JSON.stringify({ id: 4, name: 'delta' }))
  ]);
};

exports.init = init;
```

ioredisはnew Redisをした際に接続処理を開始するため、接続開始のタイミングをほかのファイルから決められるようにnew Redisをconnect関数に分離しています。

リスト6.31 server.js

```
const redis = require('./lib/redis');

// ...

redis.connect()
  .once('ready', async () => {
    try {
      await redis.init();

      app.listen(3000, () => {
        console.log('start listening');
      });
    } catch (err) {
      console.error(err);
      process.exit(1);
    }
  })
  .on('error', (err) => {
    console.error(err);
    process.exit(1);
  });
```

ハンドラー部分は、まず次のようにgetUser、getUsers関数にハンドラーの大部分を分離します。元のハンドラーの処理はgetUser、getUsersなどの関数呼び出しとその返り値をresオブジェクトに渡す処理だけが残ります。

リスト 6.32 server.js

```
const getUser = async (req) => {
  const key = `users:${req.params.id}`;
  const val = await redis.get(key);
  const user = JSON.parse(user)
  return user;
};

app.get('/user/:id', async (req, res) => {
  try {
    const user = await getUser(req);
    res.status(200).json(user);
  } catch (err) {
    console.error(err);
    res.status(500).send('internal error');
  }
});

const getUsers = async (req) => {
  const stream = redis.scanStream({
    match: 'users:*',
    count: 2
  });

  const users = [];
  for await (const resultKeys of stream) {
    for (const key of resultKeys) {
      const value = await redis.get(key);
      const user = JSON.parse(value);
      users.push(user);
    }
  }

  return { users: users };
};

app.get('/users', async (req, res) => {
  try {
    const locals = await getUsers(req);
    res.render(path.join(__dirname, 'views', 'users.ejs'), locals);
  } catch (err) {
    console.error(err);
  }
});
```

そして分離したgetUser、getUsersといったハンドラーを別ファイルへ移動します。ユーザーの情報を取得するという関心は一緒なので、handler/users.js にまとめて切り出しています。

リスト 6.33　handlers/users.js

```
const redis = require('../lib/redis');

const getUser = async (req) => {
  const key = `users:${req.params.id}`;
  const val = await redis.getClient().get(key);
  const user = JSON.parse(val);
  return user;
};

exports.getUser = getUser;

const getUsers = async (req) => {
  const stream = redis.getClient().scanStream({
    match: 'users:*',
    count: 2
  });

  const users = [];
  for await (const resultKeys of stream) {
    for (const key of resultKeys) {
      const value = await redis.client.get(key);
      const user = JSON.parse(value);
      users.push(user);
    }
  }

  return { users: users };
};

exports.getUsers = getUsers;
```

分離したハンドラーを元の server.js で呼び出して分離完了です。

リスト 6.34　server.js

```
// ...

const usersHandler = require('./handlers/users');

// ...

app.get('/user/:id', async (req, res) => {
  try {
    const user = await usersHandler.getUser(req);
    res.status(200).json(user);
  } catch (err) {
```

```
    console.error(err);
    res.status(500).send('internal error');
  }
});

app.get('/users', async (req, res) => {
  try {
    const locals = await usersHandler.getUsers(req);
    res.render(path.join(__dirname, 'views', 'users.ejs'), locals);
  } catch (err) {
    console.error(err);
  }
});
```

server.js全体のコードは次のようになります。

リスト 6.35 server.js

```
const express = require('express');
const redis = require('./lib/redis');
const usersHandler = require('./handlers/users');

const app = express();

app.get('/user/:id', async (req, res) => {
  try {
    const user = await usersHandler.getUser(req);
    res.status(200).json(user);
  } catch (err) {
    console.error(err);
    res.status(500).send('internal error');
  }
});

app.get('/users', async (req, res) => {
  try {
    const locals = await usersHandler.getUsers(req);
    res.render(path.join(__dirname, 'views', 'users.ejs'), locals);
  } catch (err) {
    console.error(err);
  }
});

redis.connect()
  .once('ready', async () => {
    try {
      await redis.init();

      app.listen(3000, () => {
        console.log('start listening');
      });
```

```
    } catch (err) {
      console.error(err);
      process.exit(1);
    }
  })
  .on('error', (err) => {
    console.error(err);
    process.exit(1);
  });
```

よりテストしやすい形を意識する

ここでresオブジェクトをgetUsers関数に渡さず、オブジェクトを返す形にリファクタリングしている理由はテストのしやすさのためです。

どの言語でも言えることですが、フレームワークの実装はフレームワーク自体で十分にテストされている場合がほとんどです。つまり、「HTMLが表示される」といったフレームワークの機能を含むテストを書いてもその部分は余分なテストとも言えます。もちろん、余分であってもテストを書くという選択はありえますし、テストをしてしすぎるということはありません。ですが実際に開発していると「テスト全体の実行時間が長すぎてCIが終わらない」ことや「テストケースが重なり過ぎていて、少し変更しただけで大量のテスト修正が発生する」といったケースによく遭遇します。このため、実際のアプリケーション開発では、必要な部分に必要なだけのテストを書くことを求められるケースがままあります[*30]。

上記のコード分割は「重複したテストをできる限り排除する」という考えから、「HTMLのレンダリング（res.render）機能はテストされているので分離する」という意図が含まれています。このコードで言うと「ユーザーの一覧をデータベースから取得して返す」機能が「自分たちに必要な独自ロジック」=「テストを書いたときの効果が高いロジック」です。

また、resオブジェクトに対する依存をなくしたことで、ほかにもテストしやすくなる効果があります。具体例を次の節で見ていきましょう。

*30　適切な部分や量の見極めは一筋縄にはいかず、非常に難しい部分ですが……。

6.9 ハンドラーのテスト

分割したコードにテストを書いていきましょう。ここでは実装を中心に解説します。ハンドラーごとの分割のメリットについては6.12であらためて考察します。

Jestには`jest.mock`という関数があり、`require`などで読み込んでいるモジュールをmock化できます。テストの際に実際のRedisに接続されてしまうと、Redisの接続後にシードとなるデータを挿入する処理が必要になったり、並列にテストを実行する際の難易度が高くなったりしてしまいます。

また、Redisへの書き込み/読み込みが失敗した、というようなテストを書きたい場合はmockを利用せざるを得ません。

このため、今回のようなケースではRedisの処理をmock化してテストすると楽でしょう*31。

`jest.mock`は第二引数でmock化したモジュールが返すオブジェクトを定義可能です。`lib/redis.js`内には`exports`によって公開されているインターフェースがいくつかあります。ここでは`handlers/users.js`の中で利用されている`getClient`関数（= ioredisのインスタンスのmock）だけを定義しています。

今回は`getUser`と`getUsers`で、`ioredis`インスタンスの`get`と`scanStream`を利用しているため、その2つの関数mockを作成します。`jest.fn`で定義します。

リスト 6.36 handlers/users.test.js

```
const mockRedisGet = jest.fn(); // getのmock
const mockRedisScanStream = jest.fn(); // scanStreamのmock
jest.mock('../lib/redis', () => {
  return {
    getClient: jest.fn().mockImplementation(() => {
      return {
        get: mockRedisGet,
        scanStream: mockRedisScanStream
      };
    })
```

*31 もちろん実際にRedisへ書き込み/読み込みが可能かというテストを書く価値もあるので、すべてmock化ではなくテスト用のRedisに接続するテストケースを用意する事もあります。特にRDBなどのSQLはmockにすると正しく動いているか分からなくなってしまうケースもあり、テスト用のデータベースを用意したテストは必要になってきます。

```
  };
});

const { getUser, getUsers } = require('./users');

beforeEach(() => {
  mockRedisGet.mockClear();
  mockRedisScanStream.mockClear();
});

test('getUser', async () => {
  mockRedisGet.mockResolvedValue(JSON.stringify({ id: 1, name: 'alpha' }));

  const reqMock = { params: { id: 1 } };

  const res = await getUser(reqMock);

  // 返り値のテスト
  expect(res.id).toStrictEqual(1);
  expect(res.name).toStrictEqual('alpha');

  // mockの呼び出し回数のテスト
  expect(mockRedisGet).toHaveBeenCalledTimes(1);

  // mockの引数のテスト
  const [arg1] = mockRedisGet.mock.calls[0];
  expect(arg1).toStrictEqual('users:1');
});

test('getUsers', async () => {
  const streamMock = {
    async* [Symbol.asyncIterator]() {
      yield ['users:1', 'users:2'];
      yield ['users:3', 'users:4'];
    }
  };
  mockRedisScanStream.mockReturnValueOnce(streamMock);
  mockRedisGet.mockImplementation((key) => {
    switch (key) {
      case 'users:1':
        return Promise.resolve(JSON.stringify({ id: 1, name: 'alpha' }));
      case 'users:2':
        return Promise.resolve(JSON.stringify({ id: 2, name: 'bravo' }));
      case 'users:3':
        return Promise.resolve(JSON.stringify({ id: 3, name: 'charlie' }));
      case 'users:4':
        return Promise.resolve(JSON.stringify({ id: 4, name: 'delta' }));
    }
    return Promise.resolve(null);
  });

  const reqMock = { };
```

```
  const res = await getUsers(reqMock);

  expect(mockRedisGet).toHaveBeenCalledTimes(4);
  expect(res.users.length).toStrictEqual(4);
  expect(res.users).toStrictEqual([
    { id: 1, name: 'alpha' },
    { id: 2, name: 'bravo' },
    { id: 3, name: 'charlie' },
    { id: 4, name: 'delta' }
  ])
});
```

上記のテストコードを実行すると2件のテストが実行されPASSします。

```
$ ./node_modules/.bin/jest handlers/users.test.js
 PASS  handlers/users.test.js
  ✓ getUser (2 ms)
  ✓ getUsers

Test Suites: 1 passed, 1 total
Tests:       2 passed, 2 total
Snapshots:   0 total
Time:        0.305 s, estimated 1 s
```

それぞれのコードを詳しく解説していきます。

6.9.1 mock化

まずはテストの下準備となるmock化部分です。

リスト 6.37 handlers/users.test.jsのmock化部分

```
const mockRedisGet = jest.fn();
const mockRedisScanStream = jest.fn();
jest.mock('../lib/redis', () => {
  return {
    getClient: jest.fn().mockImplementation(() => {
      return {
        get: mockRedisGet,
        scanStream: mockRedisScanStream
      };
    })
  };
});
```

リスト 6.37は`require('../lib/redis')`で読み込まれる変数の中身を、`jest.m` ockによって定義したオブジェクトに差し替えるコードです。jest.mockはtest関数などより優先的に実行され、テストコード内で実行される関数にmockを注入します。今回はRedisクライアントのgetとscanStreamをmock化したいのでjest.fn()でmock化したオブジェクトを2つ用意します。そしてjest.mockの内部でgetClient関数がgetとscanStreamのmockを返すようにmockを注入します。

beforeEachはすべてのテストの前に実行する処理を定義可能な関数です。今回はmockRedisGetがgetUserとgetUsersのテストの2箇所で呼び出されているので、そのままではmockを呼び出した回数などがテストのたびに加算されてしまいます。なので、すべてのテスト実行前にいったんmockをリセットしています。

```
beforeEach(() => {
  mockRedisGet.mockClear();
  mockRedisScanStream.mockClear();
});
```

6.9.2
mockを利用したテスト

リスト6.38 はgetUserのテストコード部分です。mock化されたオブジェクトはmockFn.mockReturnValue(value)やmockFn.mockResolvedValue(value)といった返り値を変える関数が利用可能になります。次の実際のテストコード上ではmockRedisGetに生えているmockResolvedValue関数を利用して、JSON.stringify({ id: 1, name: 'alpha' })を成功するPromiseオブジェクトでラップしたものを返すように設定しています。

リスト6.38 handlers/users.test.jsのgetUser部分

```
test('getUser', async () => {
  mockRedisGet.mockResolvedValue(JSON.stringify({ id: 1, name: 'alpha' }));

  const reqMock = { params: { id: 1 } };

  const res = await getUser(reqMock);

  // 返り値のテスト
  expect(res.id).toStrictEqual(1);
  expect(res.name).toStrictEqual('alpha');

  // mockの呼び出し回数のテスト
  expect(mockRedisGet).toHaveBeenCalledTimes(1);
```

```
  // mockの引数のテスト
  const [arg1] = mockRedisGet.mock.calls[0];
  expect(arg1).toStrictEqual('users:1');
});
```

これによってgetUser関数の内部で呼び出されるawait redis.getClient().get(key)はJSON.stringify({ id: 1, name: 'alpha' })を返すことになります。このようにミドルウェアをmock化することで、テスト時にRedisサーバーがなくてもテストが可能になります。

mockの定義が完了したら、次はgetUserを実行した結果をexpectを使って検証していきます。

返り値のテスト部分は単純にユーザーに返るオブジェクトを比較しています。

```
// 返り値のテスト
expect(res.id).toStrictEqual(1);
expect(res.name).toStrictEqual('alpha');
```

ここはオブジェクト（res）の比較でもよいのですが、筆者はパラメータを個別にみることが多いです。

オブジェクトの比較の場合、オブジェクトのプロパティが追加された際に関連するテストがすべて落ちてしまうことがよくあります。もちろん正しく比較したい値のテストが落ちることは重要です。しかし、関連する他の関数でそのプロパティが利用されていない場合、プロパティの変更はその関数のテストには関係のないものです。プロパティのみの比較であれば、プロパティが追加された場合でもテスト自体は落ちません。なので、筆者はプロパティが追加された場合に落としたいケース（オブジェクトの形がテストの文脈として重要な時）を除いて、必要なプロパティを絞ってテストすることが多いです。

残りはmock化したモジュールの確認テストです。

```
// mockの呼び出し回数のテスト
expect(mockRedisGet).toHaveBeenCalledTimes(1);

// mockの引数のテスト
const [arg1] = mockRedisGet.mock.calls[0];
expect(arg1).toStrictEqual('users:1');
```

ここでテストしている関数は言葉で表すと「Redisからデータを取得してその

値を返す」関数です。先ほどの返り値の比較だけでは「Redisからデータを取得した」かどうかはテストできません。極端な話をしてしまえば、Redisを呼び出さず固定値でオブジェクトを返してテストを通すことも可能です。引数のパターンを増やすなど極端なケースを少なくはできますが、これもif文で引数のパターン分返り値の用意が可能です*32。そこで、Redisクライアントのgetが呼ばれたかどうかをチェックするというテストをしたくなります。

mock化はこういったケースでも効力を発揮します。expect(mockFn).toHaveBeenCalledTimes(number)でmock関数が何回呼び出されたかをテスト可能になります。つまり、In（引数）とOut（返り値）のパターンに加えて「Redisからデータを取得した」という文脈をテスト可能になるのです。

また、mock化した関数はmockというプロパティを持ち、そこに追加されたcallsというプロパティからどのような引数で何回呼び出されたかを読み取り可能になります。先ほどのexpect(mockFn).toHaveBeenCalledTimes(number)はmockFn.mock.lengthの数を比較しているのと同等です。

```
// この2つは等価
expect(mockRedisGet).toHaveBeenCalledTimes(1);
expect(mockRedisGet.mock.calls.length).toStrictEqual(1);
```

callsは呼び出された回数と引数が2次元配列として格納されています。上記のテストでarg1は「mockRedisGetが初回に呼び出された、第1引数」になります。ここではgetUser関数の内部でreq.params.idが1の時に、Redisからusers:1のkeyを取得しようとしているかというテストを行っていることになります。つまりこの部分で引数からRedisのkeyをテストしていることになります。逆に言うと、このテストをしない場合「リクエストで指定したIDを使ってRedisから取得するkeyを取得している」かどうかはテストコードでは判断できません。

実際にRedisに接続してデータを取得するテストコードの場合は、返り値をテストするだけでも上記の比較は不要です。Redisからデータが取得できなければ返り値の比較だけで十分にテスト可能です。さらに、Redisのkeyがきちんと生成されていなければデータ自体が取得できなくなり、これもまたテストが落ちることで検出できます。

しかし、このテストコードではmock化しているため、Redisから取得する値

*32　さすがに極端すぎる例ですが。

はテストコードで与えた一定の値となります。極端な話を持ち出しますが、都合のよいmockを用意してしまえばアプリケーションコードがいくら間違っていてもテストとしては通ってしまうコードが作成可能です。

したがって、mockを利用する場合にテストとして十分な意味をもたせるためには、mockが呼び出されている回数や引数のチェックをするとよいでしょう。

もちろん他のテストでそれらがカバーされているなど、個別のテストではそれらの比較が省略可能な場合もあります。本書ではテストの書き方そのものは主目的から外れるため、これ以上の深堀はしませんが気になる方はテストについての書籍なども参照するとよいでしょう。

6.10 AsyncIteratorのテスト

getUsersのテストについて解説します。基本的な考え方はgetUser関数のテストと同様です。違う部分について説明します。ここで押さえたいのはAsyncIteratorのmock化の方法と、JestのmockImplementationでロジックを組み込む方法についてです。

リスト 6.39 handlers/users.test.js の getUsers 部分

```
test('getUsers', async () => {
  const streamMock = {
    async* [Symbol.asyncIterator]() {
      yield ['users:1', 'users:2'];
      yield ['users:3', 'users:4'];
    }
  };
  mockRedisScanStream.mockReturnValueOnce(streamMock);
  mockRedisGet.mockImplementation((key) => {
    switch (key) {
      case 'users:1':
        return Promise.resolve(JSON.stringify({ id: 1, name: 'alpha' }));
      case 'users:2':
        return Promise.resolve(JSON.stringify({ id: 2, name: 'bravo' }));
      case 'users:3':
        return Promise.resolve(JSON.stringify({ id: 3, name: 'charlie' }));
      case 'users:4':
        return Promise.resolve(JSON.stringify({ id: 4, name: 'delta' }));
    }
    return Promise.resolve(null);
  });
```

```
  const reqMock = { };

  const res = await getUsers(reqMock);

  expect(mockRedisScanStream).toHaveBeenCalledTimes(1);
  expect(mockRedisGet).toHaveBeenCalledTimes(4);
  expect(res.users.length).toStrictEqual(4);
  expect(res.users).toStrictEqual([
    { id: 1, name: 'alpha' },
    { id: 2, name: 'bravo' },
    { id: 3, name: 'charlie' },
    { id: 4, name: 'delta' }
  ])
});
```

今回の`getUsers`で難しい部分はAsyncIteratorのmock化です。AsyncIteratorのmock化はGeneratorとSymbolの組み合わせで実現しています。

6.10.1 Generator

Generator*33について解説します。

```
function* generatorFunc() {
  yield 1;
  yield 2;
  yield 3;
}

const genertor = generatorFunc();

console.log(genertor.next().value); // 1
console.log(genertor.next().value); // 2
console.log(genertor.next().value); // 3
```

functionに*のついた関数はGenerator関数と呼ばれるものです。通常、関数は`return`で一度だけ値を返す処理を定義するものですが、Generator関数を利用すると複数回値を返す関数を定義可能になります。上記のコードで説明すると`generatorFunc`にある`yield`というキーワードのたびに`return`できるようなものだと考えてください。Generator関数の返り値は`next`という関数プロパティを持

*33 https://developer.mozilla.org/en-US/docs/Web/JavaScript/Reference/Global_Objects/Generator

ちます。そして、nextを呼び出すたびにyieldで返される値を順番に受け取ることができます。

つまり、Genertor関数を使うと何度も値を返す関数を定義可能ということです。「何度も値を返す」という部分に注目してみてください。今までに出てきたNode.jsに似ている概念がないでしょうか。この時点でイメージできた人はかなりNode.jsに精通できているでしょう。そう、これはEventEmitterとよく似た性質を持っています。yieldのたびに値を返せるということは、EventEmitterでイベントが発生するたびにemit関数を呼び出して.on()によって値を受け取ることと同じようにとらえるとイメージしやすいのではないでしょうか。また、似た性質を持つということは相互に呼び出しが可能になるということです。EventEmitter（ストリーム処理）がfor...of（AsyncIterator）で処理可能なのはこの似た性質を持つがゆえです。

6.10.2 Symbol

2.2.3でも少し触れましたが、SymbolはES2015で追加された新たなプリミティブ型です。Symbolを使うと重複することのない値を生成可能になります。

AsyncIteratorを実装するためには、オブジェクトのSymbol.asyncIteratorパラメータに実装を追加します。

```
const foo = Symbol('foo');
const foo2 = Symbol('foo');

console.log(foo === foo); // true
console.log(foo === foo2); // false

const obj = {};

obj[foo] = 'foo';
obj[foo2] = 'foo2';

console.log(obj.foo); // undefined
console.log(obj[foo]); // foo
console.log(obj[foo2]); // foo2
```

Symbolは比較的新しいJavaScriptで追加された概念です。JavaScriptは後方互換性の非常に強い言語だと何度か説明していますがSymbolも後方互換性を維持するために導入されたものです。ES2015以降のJavaScriptでは今回のように

AsyncIteratorや、for...ofで反復処理が可能なオブジェクト（Iterator）などを表現する必要がありました。

MDNのドキュメントにのっているサンプルコードをもとに`for...of`で反復処理可能なオブジェクトを作成してみます*34*35。

```
const iterableObj = {};

iterableObj[Symbol.iterator] = function* () {
  yield 1;
  yield 2;
  yield 3;
};

for (const elem of iterableObj) {
  console.log(elem); // 1, 2, 3
}
```

たとえばSymbolという概念がない状態で反復可能なオブジェクトの表現を仮に「iteratorという名前のプロパティを持つオブジェクトを反復可能である」という定義にしたと考えてみましょう。

```
const iterableObj = {
  iterator: function *() {
    yield 1;
    yield 2;
    yield 3;
  }
};
```

このiteratorプロパティの問題点は、後から簡単に上書きできてしまうことです。

```
iterableObj.iterator = function *() { ... } // 別の処理を代入
```

JavaScriptは良くも悪くも、長年使われてきた言語です。仮にJavaScript全体でiteratorというプロパティに特別な意味をもたせるという変更をしてしまった

*34　Symbol.iterator https://developer.mozilla.org/en-US/docs/Web/JavaScript/Reference/Global_Objects/Symbol/iterator

*35　MDN中のコードはパブリックドメインです。貢献者は次のURLから確認できます。https://developer.mozilla.org/en-US/docs/Web/JavaScript/Reference/Global_Objects/Symbol/iterator/contributors.txt

場合、過去にiteratorというプロパティ名を持ってしまったすべてのプログラムに破壊的変更を加えてしまうことになります。

上記のように再代入されるコードが既存コードに含まれていた場合など、期待する動作をしないことが予想されます。ここで、Symbolの重複することのない値を生成できるという仕様が効果を発揮することになります。

```
const iterator = Symbol('iterator');
const iterator2 = Symbol('iterator');

const iterableObj = {
  iterator: () => {
    return 'foo';
  },
  [iterator]: () => {
    return 'bar';
  },
  [iterator2]: () => {
    return 'foobar';
  }
};
```

Symbolを利用することで、上記のコードのように重複することのないプロパティを定義可能になります。Symbolというプリミティブ型のおかげで、既存のオブジェクトに影響を与えない特別な挙動をするプロパティを与えることができるようになりました。`Symbol.iterator`や`Symbol.asyncIterator`など、Symbolの中に新しくJavaScriptの文法で必要になる特別なプロパティを定義することで後方互換性を保ったまま、新たな挙動を与えられるというわけです。

6.10.3 AsyncIteratorのmockを使ったテスト

Generator関数とSymbolについて説明を終えた所で、いよいよそれらを組み合わせたAsyncIteratorのmock化の説明です。

リスト6.40　handlers/users.test.jsのAsyncIteratorのmock

```
const streamMock = {
  async* [Symbol.asyncIterator]() {
    yield ['users:1', 'users:2'];
    yield ['users:3', 'users:4'];
  }
};
mockRedisScanStream.mockReturnValueOnce(streamMock);
```

```
mockRedisGet.mockImplementation((key) => {
  switch (key) {
    case 'users:1':
      return Promise.resolve(JSON.stringify({ id: 1, name: 'alpha' }));
    case 'users:2':
      return Promise.resolve(JSON.stringify({ id: 2, name: 'bravo' }));
    case 'users:3':
      return Promise.resolve(JSON.stringify({ id: 3, name: 'charlie' }));
    case 'users:4':
      return Promise.resolve(JSON.stringify({ id: 4, name: 'delta' }));
  }
  return Promise.resolve(null);
});
```

scanStreamは Stream オブジェクトを返す関数です。 streamMockでAsyncIteratorのインターフェースを持つオブジェクトを作成し、mockReturnValueOnceでそのオブジェクトが返されるように設定します*36。このstreamMockオブジェクトは一度目の呼び出しで['users:1', 'users:2']を返し、二度目に['users:3', 'users:4']を返します。

次はget関数のmock化です。今回はAsyncIteratorで取得されたキーに対応したデータを返す実装そのものをmockとして入れ込みます。今回のテストではmockで返すkeyが4パターンのため、get関数で返すロジックも4パターンです*37。

このようにmockFn.mockImplementationを利用することでmockの挙動を細かく実装可能です。しかし、やりすぎは禁物です。あまりにつくり込みすぎると今度はそのmock実装にもテストが必要になりかねません。

たとえば今回のテストの文脈では、「Redisからkeyのリストを取得する」ことと「keyをもとにvalueを取得する」ことが重要です。なのでkeyに対応するvalueをロジックで返さず固定値のオブジェクトにし、get関数が期待する引数で呼び出されているかというテストでも十分に代替可能です。

このような使い方を覚えておいて損はないですが、本質的にはわかりやすいテストが書ければよいので、覚えることを意識しすぎない方がよいでしょう*38。

***36** このテストの場合はOnceがつかないmockReturnValueでも同じ結果になります。筆者の場合は、mock化したオブジェクトがほかのテストに影響してしまう可能性を極力少なくしたいため、一度だけmock化できるOnceのついた関数を意識的に利用しています。

***37** 念の為デフォルト値としてnullを返しています。

***38** ほどよい記憶量やわかりやすさを見極めることが、経験や知識を必要として一番難しいところではありますが……。

リスト 6.41 AsyncIteratorがgetUsersの内部で正しく動作しているかのテスト

```
const reqMock = { };

const res = await getUsers(reqMock);

expect(mockRedisScanStream).toHaveBeenCalledTimes(1);
expect(mockRedisGet).toHaveBeenCalledTimes(4);
```

getUsers関数の内部ではreqオブジェクトを利用指定していないので、空のオブジェクトを引数として渡しています。toHaveBeenCalledTimesはmockオブジェクトが呼び出された回数をテストする関数です。今回のケースではscanStreamが1回、getが4回呼び出されたことをテストしています。これにより取得されたkey分のループがまわっていることをテストしています。これは実質的にはmockFn.mock.callsの長さを比較しているので、次の2つは同じテストになります。

```
expect(mockRedisGet).toHaveBeenCalledTimes(4);
expect(mockRedisGet.mock.calls.length).toStrictEqual(4);
```

toHaveBeenCalledTimesはmockのためのutil関数のようなものです。getUser関数で引数を比較するためにmockFn.mock.callsの配列を直接参照しましたが、これもtoHaveBeenCalledWithやtoHaveBeenNthCalledWithといったutil関数が用意されています。

テストの文脈を伝えるという意味ではこれらの関数を利用した方がよいケースもありますが、先のテストではあえて直接的にプロパティを参照する使い方をしています。これらのutil関数はテストのフレームワークによってインターフェースが変わってきます。

ドキュメントを読み込んでJestの使い方に詳しくなることもよいのですが、本質的にはmock化した時に呼び出し回数をテストする意図が重要です。今後Jest以外のフレームワークが流行したとしても、そのようなテストのエッセンスは流用できるはずです。また、それはJavaScriptだけでなくほかの言語でテストする場合も同様でしょう。なので、ここではJestの使い方はもちろんですが「なぜそのようなテストを書かなければならないのか」という意図の部分に注力して吸収してもらえるとよいでしょう。

6.10.4 テストとループ処理

リスト 6.42 handlers/users.test.js のループ処理部分

```
expect(res.users.length).toStrictEqual(4);
expect(res.users).toStrictEqual([
  { id: 1, name: 'alpha' },
  { id: 2, name: 'bravo' },
  { id: 3, name: 'charlie' },
  { id: 4, name: 'delta' }
]);
```

残りのテストは呼び出した関数の返り値チェックです。この部分は特に難しいことをしていません。配列の長さや中身のチェックです。2つめのオブジェクトのチェックだけでも長さをチェックできているので、そちらだけ書くこともありますが、getUser関数のテストで触れたのと同様にこの部分は返り値の型の変更に弱い書き方です。

このため、筆者は返り値が頻繁に変わるような関数では、こういった比較部分をループ処理で書くこともあります。

リスト 6.43 ループで比較を書く

```
for (const user of res.users) {
  if (user.id === 1) {
    expect(user.name).toStrictEqual('alpha');
  } else if (user.id === 2) {
    expect(user.name).toStrictEqual('bravo');
  } else if (...) {
    ...
  }
}
```

しかし、この書き方にも弱点があります。たとえば元のロジックの改修をした際にバグが混入してres.usersが空の配列になった時を考えてみましょう。本来であればそれはバグなのでテストが落ちてほしいケースです。しかし、テストをループ処理で書いてしまうと、配列が空の時に比較関数が一度も呼び出されないため、テストが通過してしまいます。

この対策として期待する配列の長さのチェックをするテストを書くことで、ループ処理によるテスト漏れが起きないよう対応しています。もちろんこれだけで確実に対応しきれるものではないので組み合わせて対応する必要がありますが、テストミスを少しでも防ぐ一手段としての覚えておくと役立つでしょう。

また、アサーション処理の回数をカウントすることも有効です。これは失敗時のテスト（6.11参照）と共通する部分なので、そちらで詳しく説明します。

テストにループ処理が登場する場合、ループ内のテストが呼ばれなかった時にきちんとテストを落とせるか、という点に注意しましょう。

6.11 失敗時のテスト

ここまでのテストは成功パターンしかテストを書いていません。しかし実際のアプリケーション開発では、失敗時のテストこそ重要であると言っても過言ではないでしょう。

ここではgetUser関数に失敗時のテストを追加していきます。成功時のテストと同様にmock化されたRedisクライアントのget関数を使いますが、今度はResolveではなくReject（Promiseの失敗）を発生させるように定義します。getUser関数の内部はtry-catchもないため、失敗したエラーオブジェクトがそのまま上位にthrowされることをテストします。

リスト 6.44　handlers/users.test.jsの失敗時のテスト

```
test('getUser 失敗', async () => {
  expect.assertions(2);

  mockRedisGet.mockRejectedValue(new Error('something error'));

  const reqMock = { params: { id: 1 } };

  try {
    await getUser(reqMock);
  } catch (err) {
    expect(err.message).toStrictEqual('something error');
    expect(err instanceof Error).toStrictEqual(true);
  }
});
```

6.11.1 テストの実行回数をカウントする

失敗時のテストでは最初の行にあるexpect.assertions(2)を忘れないことが非常に重要です。

Jestではexpect.assertions(number)で、そのテストケースで何回expectが呼

ばれるかを期待するというテストが記述できます*39。これは「改修によってバグが混入されたが、テストがパスしてしまった」ということを防ぐための手法です。もしexpect.assertions(number)がなかったらどうなるでしょうか。少しサンプルとともに追ってみましょう。

まずはexpect.assertions(number)だけを消したバージョンです。

リスト 6.45 handlers/users.test.jsの失敗時のテスト

```
test('getUser 失敗', async () => {
  mockRedisGet.mockRejectedValue(new Error('something error'));

  const reqMock = { params: { id: 1 } };

  try {
    await getUser(reqMock);
  } catch (err) {
    expect(err.message).toStrictEqual('something error');
    expect(err instanceof Error).toStrictEqual(true);
  }
});
```

このテストを実行すると、テスト自体はPASSします。

```
$ ./node_modules/.bin/jest handlers/users.test.js
 PASS  handlers/users.test.js
  ✓ getUser (3 ms)
  ✓ getUser 失敗 (1 ms)
  ✓ getUsers (1 ms)

Test Suites: 1 passed, 1 total
Tests:       3 passed, 3 total
Snapshots:   0 total
Time:        0.179 s, estimated 1 s
```

一見問題なさそうですが、このテストには問題が潜んでいます。失敗の部分を見てください。

アプリケーションを運用していて、getUser関数の内部でエラーが発生した場合はエラーのthrowではなくundefinedを返すという変更が加わったとしましょう。アプリケーションコードの改修はtry-catchし、エラーが発生したときにundefinedをreturnするだけです。

*39 expect.assertions https://jestjs.io/docs/expect#expectassertionsnumber

リスト 6.46 getUser関数内部のエラー処理が変わった場合

```
const getUser = async (req) => {
  try {
    const key = `users:${req.params.id}`;
    const val = await redis.getClient().get(key);
    const user = JSON.parse(val);
    return user;
  } catch (err) {
    return undefined;
  }
};
```

この状態で先のテストを実行するとどうなるか想像してみましょう。await redis.getClient().get(key)の部分はmockによってエラーをthrowします。しかし、そのエラーはcatchされundefinedをreturnします。

ここで**リスト 6.45**のテストコードに戻ってみましょう。

```
test('getUser 失敗', async () => {
  mockRedisGet.mockRejectedValue(new Error('something error'));

  const reqMock = { params: { id: 1 } };

  try {
    await getUser(reqMock);
  } catch (err) {
    expect(err.message).toStrictEqual('something error');
    expect(err instanceof Error).toStrictEqual(true);
  }
});
```

このテストはgetUser関数全体をtry-catchして「エラーが起きた時にエラーオブジェクトをアサーションする」というテストになっています。つまり、getUser関数がエラーをthrowしなかった場合、このテストコード内のアサーション処理は0になります。

このテストが実行されると、アサーション処理は0なのでこのテストは成功してしまいます。

```
$ ./node_modules/.bin/jest handlers/users.test.js
 PASS  handlers/users.test.js
  ✓ getUser (3 ms)
  ✓ getUser 失敗 (1 ms)
  ✓ getUsers (1 ms)

Test Suites: 1 passed, 1 total
```

```
Tests:       3 passed, 3 total
Snapshots:   0 total
Time:        0.179 s, estimated 1 s
```

このテストの文脈として考えると「失敗時にきちんと失敗すること」をテストしたいと言い換えることができます。しかし、getUserが正常終了してしまった時にexpectが1つも呼ばれないため、テストとしては正常にPASSしてしまったということになります。

このテストでは「エラーが起きること」を検知できていなかったということです。

テストの実行回数を見る

ここでexpect.assertions(number)を元に戻してみましょう。

リスト6.47 handlers/users.test.jsでテスト回数を見る

```
test('getUser 失敗', async () => {
  expect.assertions(2);

  mockRedisGet.mockRejectedValue(new Error('something error'));

  const reqMock = { params: { id: 1 } };

  try {
    await getUser(reqMock);
  } catch (err) {
    expect(err.message).toStrictEqual('something error');
    expect(err instanceof Error).toStrictEqual(true);
  }
});
```

このテストは失敗します。

```
$ ./node_modules/.bin/jest handlers/users.test.js
 FAIL  handlers/users.test.js
  ✓ getUser (2 ms)
  × getUser 失敗 (1 ms)
  ✓ getUsers (1 ms)

  ● getUser 失敗

    expect.assertions(2)

    Expected two assertions to be called but received zero assertion calls.
```

```
    41 |
    42 | test('getUser 失敗', async () => {
  > 43 |   expect.assertions(2);
       |          ^
    44 |   mockRedisGet.mockRejectedValue(new Error('something error'));
    45 |
    46 |   const reqMock = { params: { id: 1 } };

    at Object.<anonymous> (handlers/users.test.js:43:10)

Test Suites: 1 failed, 1 total
Tests:       1 failed, 2 passed, 3 total
Snapshots:   0 total
Time:        0.265 s, estimated 1 s
Ran all test suites matching /handlers\/users.test.js/i.
```

getUser関数がエラーをthrowしなくはなりましたが、テストコード中のcatchの内部のexpectも呼ばれなくなるため、アサーションの数を数える部分でテストを失敗させます。つまり、このexpect.assertions(number)は「エラーが起きること」をテストしているのです。

try-catchがテストに生じる（エラー時のテストなど）場合は、このようなエラーが起きる前提のテストを忘れてしまいがちです。冒頭でexpect.assertions(number)を忘れないようにすることが非常に重要であると述べた理由が伝わったでしょうか。

Jestのみの話であればexpect関数のexpect(xxx).rejects.toEqual(yyy)などでも同等の検知可能です。Jestの非同期テストドキュメント*40も参照してみてください。

しかし、ドキュメントにも記載されている通りexpect.assertions(number)を記述することが推奨されています。

正常に処理が完了してしまったら落とす

expect.assertions(number)を使わない場合は、正常に処理が完了してしまった時にテストが落とすようにすると同様の効果が得られます。

Node.jsの標準モジュールのみでテストを記述すると次のようになります。

```
const assert = require('assert');
```

*40 https://jestjs.io/docs/tutorial-async

```
try {
  await someFunc();
  assert.strictEqual(true, false, 'このassert処理が通ると正常終了しているのでお
かしい');
} catch (err) {
  assert.strictEqual(err.message, 'something error', 'エラー文言が正しい');
}
```

または、想定する処理を網羅できるようにカウンターやフラグなどを用いて、try-catchの外側でアサーション処理を行う手法も有効でしょう。

```
const assert = require('assert');

let counter = 0;
try {
  await someFunc();
} catch (err) {
  counter++;
  assert.strictEqual(err.message, 'something error', 'エラー文言が正しい');
}
assert.strictEqual(counter, 1, 'catchが呼ばれている');
```

このような失敗時の方法論を知っておくと、テストフレームワークが置き換わった際に書き換えが容易になるでしょう。

ここではエラー時のテスト話として紹介しましたが、ループのテストで話したようにエラー時だけでなく「このテストはどんな時でも必ずアサーション処理が呼ばれるか」という部分が重要です。特にエラー時のテストではこの失敗を踏みやすいため、アサーション処理に注意する意識をもってテストを書くとテストの落とし穴を踏む可能性が減るでしょう。

6.12 ハンドラー単位の分割とテストしやすさ

ここでは先ほどまでのコードで、なぜこのようなコード分割をしたのか、という話をあらためてしていきます。6.8.2で述べた通り、このコード分割には筆者の経験からたどり着いたテストをしやすくするための分割です。

resオブジェクトに対する依存をなくしたことで、ほかにもテストしやすく

なる効果があります。

言葉では伝わりにくいので、resオブジェクトに依存した形のテストと比較してみます。比較のために、reqに加えてresを引数に追加し、returnの代わりにresオブジェクトの関数を呼び出す形に変えます。

リスト 6.48 handlers/users.js

```
const getUser = async (req, res) => {
  try {
    const key = `users:${req.params.id}`;
    const val = await redis.getClient().get(key);
    const user = JSON.parse(val);
    res.status(200).json(user);
  } catch (err) {
    res.status(500).send('internal error');
  }
};
```

このコードにテストを書いていきましょう。大部分は**リスト 6.38**のテスト（全体は**リスト 6.36**）と同じです。

リスト 6.49 handlers/users.test.js

```
test('getUser', async () => {
  mockRedisGet.mockResolvedValue(JSON.stringify({ id: 1, name: 'alpha' }));

  const reqMock = { params: { id: 1 } };
  const resMock = {
    status: jest.fn().mockReturnTthis(),
    json: jest.fn().mockReturnTthis()
  };

  await getUser(reqMock, resMock);

  // res.statusのテスト
  expect(resMock.status).toHaveBeenCalledTimes(1);
  expect(resMock.status).toHaveBeenCalledWith(200);

  // res.jsonのテスト
  expect(resMock.json).toHaveBeenCalledTimes(1);
  expect(resMock.json).toHaveBeenCalledWith(expect.objectContaining({ id: 1, ↩
name: 'alpha' }));

  // redis.getの呼び出し回数のテスト（ここは前回までと同じ）
  expect(mockRedisGet).toHaveBeenCalledTimes(1);
  expect(mockRedisGet.mock.calls.length).toStrictEqual(1);
  // toHaveBeenCalledWithに書き換えてもOK
```

```
  const [arg1] = mockRedisGet.mock.calls[0];
  expect(arg1).toStrictEqual('users:1');
});
```

resオブジェクトを渡す形になったため、reqオブジェクトのmockが必要になりました。Expressのresオブジェクトはres.status(200).json(user)のようにメソッドチェインで呼び出しが可能です。

Jestではオブジェクトのメソッドチェインが可能な（自身の参照を返す）関数をmockReturnThisで定義できます。上記のテストコードの場合はresMockオブジェクトのstatus関数だけをmockReturnThisとすることでテスト可能ですが、json関数も念の為にmockReturnThisしています。

テスト部分を見てみると、返り値がなくなったことで、テストが返り値のチェックからmockの呼び出しテストに変化しています。

status関数のテストは関数が複数回呼ばれていないことと、ステータスコード200を返すために200という数字が引数に与えられていることをチェックしています。

```
expect(resMock.status).toHaveBeenCalledTimes(1);
expect(resMock.status).toHaveBeenCalledWith(200);
```

json関数はオブジェクトを送信するための関数なので、呼び出し回数と送信したいオブジェクトを引数として呼び出しているかをチェックしています。

```
expect(resMock.json).toHaveBeenCalledTimes(1);
expect(resMock.json).toHaveBeenCalledWith(expect.objectContaining({ id: 1, name:
'alpha' }));
```

expect.objectContainingはオブジェクトに引数の要素が含まれているかをチェックする関数です。上記のケースでは「idが1でnameがaplhaを含むオブジェクト」かどうかをチェックしています。オブジェクトに含むかをチェックしているので、それ以外のプロパティが存在してもテストを通過します。

今回は説明のためにあいまいなチェックをしましたが、この関数のユースケースを考えると直接ユーザーに見える値なためプロパティが変化した場合、ユーザーに直接影響する可能性があります。この場合どちらかというと厳密なチェックをしたほうがいいでしょう。厳密にチェックするためには直接引数にオブジェクトを入れます。

リスト 6.50　厳密にチェックする

```
// foo: 'bar' が追加された
mockRedisGet.mockResolvedValue(JSON.stringify({ id: 1, name: 'alpha', foo: '↩
bar' }));

expect(resMock.json).toHaveBeenCalledWith(expect.objectContaining({ id: 1, ↩
name: 'alpha' })); // OK
expect(resMock.json).toHaveBeenCalledWith({ id: 1, name: 'alpha' }); // NG
```

逆に内部のみで使われている関数などで、ちょっとしたインターフェースの変更で関連するすべてのテストの書き換えが発生してしまうことがあります。

テスト内部で使われていないプロパティにもかかわらずテストを変更が発生してしまうと、今後の修正頻度によってはコストがかさんでしまいます。そのようなオブジェクトの形式が重要ではない箇所のテストでは、あいまいなチェックを利用するとよいでしょう。

このようにresオブジェクトに依存した形の関数として分離すると、resオブジェクトをモック化し「どのような引数で何回呼び出されたか」というテストをしなければ、レスポンスのテストになりません。

元のコードは「レスポンス≒返り値」とみなせるので、In（引数）に対してOut（返り値）がどうなるか、というシンプルなテストにできます。

もちろんresオブジェクトのmockでもテストは可能です。今回はres.jsonだったのでJSONを検証するだけで良かったですが、getUsers関数のようにres.render（HTMLのレンダリング）など、引数が増えたりするとmockの作成や引数の呼び出しテストが大変になっていきます。

次に**リスト 6.49**の成功時のテストに対応する、エラー時のテストを見ていきましょう。

リスト 6.51　handlers/users.test.js

```
test('getUser 失敗', async () => {
  mockRedisGet.mockRejectedValue(new Error('something error'));

  const reqMock = { params: { id: 1 } };
  const resMock = {
    status: jest.fn().mockReturnThis(),
    send: jest.fn().mockReturnThis()
  };

  await getUser(reqMock, resMock);

  // resMockの呼び出しテスト
```

```
  expect(resMock.status).toHaveBeenCalledTimes(1);
  expect(resMock.status).toHaveBeenCalledWith(500);
  expect(resMock.send).toHaveBeenCalledTimes(1);
  expect(resMock.send).toHaveBeenCalledWith('internal error');
});
```

こちらはtry-catchがなくなった分、正常系に近いシンプルな形です。先ほど説明したエラー時に気をつけなければいけない注意点（アサーションの数を数えるなど）が減っているため、ある意味ではこちらの方が望ましい点もあります。もちろんこのようなテストでもいいのですが、筆者はあえてtry-catchを利用する形にしている理由があります。resオブジェクトを渡さない構造の場合、失敗のテストケースは引数のチェックではなく「関数から期待するエラーオブジェクトがthrowされているか」という形で記述されます。

リスト6.47のテストでは、throwされたエラーがエラークラスから生成されたオブジェクトかをテストしています。

```
expect(err instanceof Error).toStrictEqual(true);
```

アプリケーションが成長するにつれて独自のエラーオブジェクトを作成したくなることがあります。

たとえばコード量が増えた場合、ハンドラーからさらにロジックを外部へ分割することがあるでしょう。その際、resオブジェクトを、分割した関数にバケツリレーすべきかは悩ましい問題です。resオブジェクトを使った設計で難しいのは、関数の分割などでresオブジェクトが深い箇所まで渡された際にいつ、どの箇所でレスポンスを返したのがわかりにくくなるという点です。

当たり前と言ってしまえば当たり前ですが、resオブジェクトのsend関数やjson関数などの関数は一度呼び出すとレスポンスを送ってしまうため、二度目は呼び出せません。しかし、下位の関数にresオブジェクトを渡す設計だと、対象の関数をみただけではどういった条件の時にレスポンスを返しているかがマスクされてしまいわかりません。

```
const handler = (req, res) => {
  await func1(req, res);
  // func1の時点でレスポンスを返しているかもしれない
  await func2(req, res);
  await func3(req, res);
};
```

書いている時点ではレスポンスが返る条件やそれぞれの関数の関連性を覚えているので、ある程度問題なくアプリケーションを構築できてしまいます。

問題はアプリケーションに改修を加える段階です。この関数を見た時に、どの関数に加えたい条件を書けばいいのかわからないということがよく発生します。上記の例で言うとfunc2とfunc3がresオブジェクトを利用する条件はfunc1とかぶってはいけません。もしresオブジェクトを利用する条件がかぶってしまうと、後続の関数でsendの多重呼び出しが起きてしまうからです。

筆者はresを呼び出したかどうかのフラグを返すという設計を採用していたこともあります。フラグでレスポンス状態の管理ができれば構造の処理で多重呼び出しを防ぐことが可能です。

リスト 6.52 関数がレスポンスを返したかのフラグを返す設計

```
const handler = (req, res) => {
  let done = await func1(req, res);
  if (done) {
    return;
  }

  done = await func2(req, res);
  if (done) {
    return;
  }

  done = await func3(req, res);

  if (done) {
    return;
  }
};
```

しかし、sendを呼び出したことをフラグで管理する設計自体が、resオブジェクトの呼び出しとレスポンス状態のフラグの多重管理を招いてしまっていることが気になっていました。また、レスポンスの状態以外にも返り値を返したいケースがあります。その場合、純粋な返り値のオブジェクトとレスポンスの状態フラグが、同じオブジェクトの中に混在するというのがどうにも気持ち悪さを拭えませんでした。そういった改修フェーズで把握に必要な範囲が増えてしまうことが、多段的にresオブジェクトを渡す設計のデメリットだと考えています。

そうした設計を改修して利用しているうちに「レスポンス状態で後続の処理を打ち切るためにどうせreturnするならば、そこでsend関数を呼べばresオブジェクトに対する依存がなくせるのでは」と考えました。resオブジェクトに対する依存がなくなれば、必然resが下位の関数内部で呼ばれているかを気にしなくてもよくなります。

リスト 6.53 フラグではなく結果を返して上位の関数でレスポンスを返す設計

```
// フラグを返す設計のパターン
const done = await func1(req, res);
if (done) {
  return;
}

// ...

// 結果を返す設計のパターン
const json = await func1(req);
if (json) {
  return res.status(200).json(json);
}
```

そうした改修フェーズのメリットから今では、できる限りresオブジェクトを下位の関数に渡さないという設計を多く採用しています。これはhandlerから一段下の関数まで許容する、などの設計の濃淡がある部分です。絶対的な正解はないので、それぞれのプロジェクト内で統一されたルールがあればよいでしょう。

筆者はこの節で述べてきたテストのしやすさなどから、Expressにおいてはresオブジェクトはできる限り階層の浅い部分にまとめる設計を推奨しています。

6.12.1 ハンドラー単位の分割とwrap関数

できる限りresオブジェクトを下位の関数に渡さないと述べましたが、最後の最後にはエラーハンドリングとレスポンスの送信処理が必要になります。この処理を忘れてしまっては、先ほどまでの点に気をつけていても水の泡です。また、try-catchの処理はどのハンドラーでも必要な共通処理になるため、抜き出して共通化をしたくなります。

そこで筆者はエラーハンドリングを共通化する関数を採用しています。イメージとしては次のwrapAPIという関数です。

リスト 6.54 server.js

```
const wrapAPI = (fn) => {
  return (req, res, next) => {
    try {
      fn(req)
```

```
        .then((data) => res.status(200).json(data))
        .catch((e) => next(e));
    } catch (e) {
      next(e);
    }
  };
};

const handler = async (req) => {
  const error = new Error('なにかエラー');
  error.status = 400;

  throw error;
};

app.get('/user/:id', wrapAPI(handler));

app.use((err, req, res, next) => {
  if (err.status) {
    return res.status(err.status).send(err.message);
  }
  res.status(500).send('Internal Server Error');
  console.error('[Internal Server Error]', err)
});
```

wrapAPIはreq.jsonとエラーハンドリング処理を共通化するための関数です。少し複雑ですが、wrapAPI関数は引数に関数とり、返り値に関数を返します。「引数に与えた関数を使って、ハンドラー（ミドルウェア）となる関数を生成する」関数です。

wrapAPI関数を実行するとreq, res, nextを引数にもつ関数が返ります。この引数に与える関数はPromiseでJSONなどのオブジェクトを返す関数（async関数など）の想定です。

正常に処理が完了した場合、thenでその結果を受け取り、ステータスコード200でその返り値をそのままユーザーに返します。

```
fn(req)
  .then((data) => res.status(200).json(data))
```

また、catch句も忘れてはいけない重要部分です。

```
  .catch((e) => next(e));
```

包括的エラーハンドリングで非同期のエラーはキャッチできません（6.3.2参

照)。このため、catch句でnext関数の引数としてエラーオブジェクトを渡すことで、非同期エラー発生時に包括的エラーハンドリングまで飛ばしています。上記のサンプルコードでは発生させたエラーオブジェクトのstatusプロパティに、ユーザーに返したいステータスコードを保持させています。包括的エラーハンドリングの部分でエラーオブジェクトのstatusプロパティをみてステータスコードを切り替えることで500以外のステータスコードを返せるようにしています。

```
const handler = async (req) => {
  const error = new Error('なにかエラー');
  error.status = 400;

  throw error;
};

// ...

app.use((err, req, res, next) => {
  if (err.status) {
    return res.status(err.status).send(err.message);
  }
  res.status(500).send('Internal Server Error');
  console.error('[Internal Server Error]', err)
});
```

今回はAPI用のラッパー関数の説明をしましたが、HTMLを返すrender等の場合でもやることは同様です。

このようにハンドラーのラッパー関数を作成することで、エラーハンドリングをハンドラーの外部に抜き出し、エラーハンドリング漏れを防ぎやすくできます。

6.12.2 ハンドラー単位の分割とエラーハンドリング

先ほど少し出てきましたが、このハンドラー単位の分割手法は、下位の関数でエラーレスポンスを変えたい時にも使えます。たとえばバリデーションエラーが起きた時のステータスコードを共通化する、リクエストをログ出力するために保持するなどはよくあるケースです。

リスト 6.55 BadRequestをエラークラスで共通化する

```
class BadRequest extends Error {
  constructor(message, req) {
```

```
    super('Bad Request')
    this.status = 400;
    this.req = req;
    this.message = message;
  }
}

const validation = (req) => {
  // idがなかったらBadRequestを返す
  if (!req.params.id) {
    throw new BadRequest('idがありません', req);
  }
}

const hander = async (req) => {
  validation(req);
  ...
}

const wrapAPI = (fn) => {
  return (req, res, next) => {
    try {
      fn(req)
        .then((data) => res.status(200).json(data))
        .catch((e) => next(e));
    } catch (e) {
      next(e);
    }
  };
};

app.get('/user/:id', wrapAPI(handler));

app.use((err, req, res, next) => {
  if (err instanceof BadRequet) {
    console.log('[BadRequest]', req);
    res.status(err.status).send(err.message);
    return;
  }
  console.error('[Internal Server Error]', req);
  res.status(500).send('Internal Server Error');
});
```

リスト 6.54の包括的エラーハンドリングでは、エラーオブジェクトのstatusプロパティの有無でステータスコードを呼び分けていました。**リスト 6.55**では、独自のエラークラスのインスタンスかどうかを見て、呼び分けをしています。このように独自のエラークラスを定義すると、アプリケーション中にステータスコードを定義する必要がなくなり、処理が記述しやすくなります。

2.3.1でも触れましたが、筆者はNode.jsにおいてはあまりクラスを用いない設計を好んでいます。クラスは性質上状態を内包しやすいため、8.3.2で触れるような事故が起きる可能性が上がりやすいと考えているためです。

ただし、今回の例のようなinstaceofを利用したエラークラスによる分岐は、クラスが活きる場面だと考えています。

アプリケーションが成長してくると、validation関数のように階層が深くなってしまった関数の結果から、エラーレスポンスを返したくなることがあります。しかし、ここでvalidation関数にresオブジェクトを渡す設計にしてしまうと、先に説明したように多重呼び出しを防ぐ実装が必要になってしまいます。

そこで、深い階層から上位の関数に特定のエラーを返す目的で独自エラークラスとtry-catchを使った実装を採用することが多いです。

この設計を利用すると「エラーの発生」と「エラーレスポンスの返却」を分離できます。新しいエラー形式が追加された場合、新たにエラークラスを定義しエラーハンドリング部分を追加していくことで、レスポンス形式の違いをそちらに集約可能です。このように既存のハンドラーがユーザーへのエラーレスポンス形式を考えなくてすむようになる、という部分で責任を分割可能な所が便利でこの形式をよく採用しています。

リスト 6.56 server.js

```
class NotFoundHTML extends Error {
  constructor(message) {
    super('NotFound')
    this.status = 404;
  }
}

app.use((err, req, res, next) => {
  if (err instanceof BadRequet) {
    console.log('[BadRequest]', req);
    res.status(err.status).send(err.message);
    return;
  } else if (err instanceof NotFoundHTML) {
    console.log('[NotFoundHTML]', req);
    res.status(err.status).send('<html><body>Not Found!</body></html>');
    return;
  }
  console.error('[Internal Server Error]', req);
  res.status(500).send('Internal Server Error');
});
```

try-catchを前提としたハンドリングをする設計自体がよくないという考えも

あります。たとえばvalidation関数がthrowをすることを前提に設計した場合、validation関数がどのような動作をするかを知っていなければ、呼び出し元でのハンドリングを忘れてしまう可能性があります。次のようにvalidation関数内部で必ずエラーハンドリングしてエラーがthrowされない状況にし、返り値によって判断する設計を取ることもあります。

リスト 6.57 server.js

```
app.get('/user/:id', (req, res) => {
  const valid = validation(req);
  if (!valid.flag) {
    res.status(400).send(valid.data);
  }
  ...
});
```

これは該当プロジェクトの開発者の合意や意識の共有、レビュー体制がどこまでとれるかという部分にも依存します。

「validation関数内部では必ずエラーハンドリングをすること」というコンテキストが生きている間は上記の設計の方が優れている面もあります。

筆者の場合、システムの担当者は入れ替わりが多く、設計のコンテキストをずっとキープしづらい環境がありました。筆者はどれだけドキュメントやルールを詳細につくったとしても、人が入れ替わる限り初期のコンテキストは失われてしまうと考えています。

「validation関数内部では必ずエラーハンドリングをすること」というコンテキストが失われた際にも、先ほど例に上げたwrap関数によって必ずtry-catchが入るという設計を採用することが多くなりました。wrap関数で覆うというコンテキストが失われるという可能性もありますが、比較するとリスクが小さいと考えて採用しているスタイルです*41。

6.13 Node.jsアプリケーションのデプロイ

ここまで一通りアプリケーションの作成方法やテスト、設計について説明して

*41 すべてのプロジェクトの体制で採用するべき、というものではありません。プロジェクトの中で活かせそうな設計を取り込むヒントとして活用してください。

きました。ローカル環境で立ち上げるだけであれば、ここまでの知識で大丈夫です。しかし、実際にアプリケーションを運用する際にはサーバーなどにデプロイが必要になります。

本書では基礎として、シンプルにLinuxサーバー上にホスティングする方式を説明していきます*42。

Node.jsのプロセス管理ではPM2*43やforever*44といった、Node.jsで作成されたプロセス管理ツールが広く使われていました。

これらのプロセス管理ツールは、アプリケーションプロセスの管理（デーモン化）やクラスタリング、ログ管理などのアプリケーションをデプロイする上で必要な機能を提供してくれます。

たとえば、PM2の場合は次のように実行することでアプリケーションプロセスを起動できます。

```
$ npm install pm2 -g
$ pm2 start index.js
```

このようにプロセス管理ツールからアプリケーションを実行することで、アプリケーションプロセスが何かしらの異常によってクラッシュしてしまった場合でも、プロセス管理ツールが自動で再起動してくれます。ただし、アプリケーションのプロセスを管理するためには、当然ですが**プロセス管理ツール自体のプロセス自体**が起動していなければなりません。ややこしいですが、つまるところPM2やforeverといったNode.jsで起動するプロセス管理ツールのプロセス管理は別途必要になります。万が一プロセス管理ツールのプロセスが死んでしまったり、サーバーの再起動等が起きてしまったりした場合は、プロセス管理をしていなければ手動で起動し直しが必要です。

そういったケースでプロセス管理ツール自体のデーモン化が必要になります。Linux環境ではsystemdなどが広く使われています。どちらにせよsystemdなどのLinuxによるデーモン化が必要ならば、アプリケーションプロセスもそれらで管理したほうが構成はシンプルです。省けるレイヤーは省いてシンプルな構成に

***42** 近年はKubernetesやGoogle CloudのCloud Run、AWSのECSなどコンテナで実行・プロセス管理をするプラットフォームも増えてきました。これらについては6.14や、それぞれの公式ドキュメントを参照してください。

***43** https://pm2.keymetrics.io/

***44** https://github.com/foreversd/forever

したほうが、何かが起きたときに調査する箇所も少なくすみ、運用時のコストが下がると考えています。もちろん先ほどあげたツールはダウンタイムなしでのアプリケーションリロード（ホットリロード）が可能など機能も豊富で、必ずしもsystemdだけでよいということではありません。

筆者は、まずsystemdなどから小さく始めて、それらの機能が必要になったタイミングでプロセス管理ツールを導入するという形にしています。

そこで、ここからはsystemd + Node.jsでのアプリケーションのデプロイ/プロセス管理の方法を説明していきます。

6.13.1 systemd

近年のLinux環境ならsystemdが最初から入っていることも多いです。もしも、インストールされていない場合はインストールしましょう。次のサンプルはaptコマンドでインストールする例です。ここはそれぞれの環境のパッケージマネージャーに読み替えてください[*45]。

```
$ sudo apt update
$ sudo apt install systemd
$ # node.jsを公式サイトから/usr/local/bin以下に配置
```

次にアプリケーションをデプロイするディレクトリを決めます[*46]。

```
# cp,git clone,symbolic link,rsyncなどプロジェクトで利用しやすいファイル配置を利用しましょう
$ cp app/* /var/www/app #適宜ディレクトリを指定
$ cd /var/www/app
# 依存モジュールのインストール
$ npm install
```

systemd用の設定ファイルを`/etc/systemd/system`以下に配置します。ファイル名の拡張子は`.service`です。ここでは`my-app.service`というファイル名で配置することにします。

次のサンプルは筆者がよく利用している設定のひな形です。

---

*45 WSLやDocker上などsystemdの利用に支障のある環境だと動作しない可能性があります。Vitrual Box（Vagrant）などの仮想環境を利用することも検討してください。

*46 筆者は/var/www以下に配置することが多いですが、これは単に慣れの問題なので自身の慣れている場所に配置しましょう。

リスト 6.58　my-app.service

```
[Unit]
Description=my-app

[Service]
Type=simple
Environment=NODE_ENV=production
EnvironmentFile=/etc/sysconfig/env-file
WorkingDirectory=/var/www/app
ExecStart=/usr/local/bin/node /var/www/app/server.js
User=root
Group=root
Restart=always
LimitNOFILE=65535
TimeoutStopSec=60

[Install]
WantedBy=multi-user.target
```

EnvironmentとEnvironmentFileはともにプロセスに渡す環境変数を指定する設定です。Environmentは直接環境変数を宣言でき、EnvironmentFileはファイルで定義できます。

ここでは/etc/sysconfig/env-fileに配置していますが、ファイルの配置場所はアクセスできればどこでも問題ありません。

```
$ cat /etc/sysconfig/env-file
USER=user
PASS=pass
HOST=127.0.0.1
```

EnvironmentFileにすべてまとめることもできますが、筆者はNODE_ENVだけをEnvitonmentで別に宣言することが多いです。Node.jsやそのモジュールにとってNODE_ENVという環境変数は非常に重要な意味を持ちます（6.8など）。そのため、環境変数のファイルに書き漏らしてしまった、ということがないように直接指定するという形をとっています。

6.13.2 シグナルとNode.js

ExecStartでアプリケーションの起動コマンドを記述します。ここをnpm startとしていない理由は、Linuxのシグナルのためです。

シグナルとは簡単に言うと、プロセスに対してこういう振る舞いをしてね、というお願いを投げるものです。たとえば近年デプロイ先として多く利用されるようになってきたKubernetesでは、Pod（アプリケーションのプロセス）が終了する際にSIGTERMが送信され、一定時間後にもプロセスが終了してない場合はSIGKILLが送信されます。

Webサーバーをシャットダウンする時のことを考えてみましょう。ユーザーがアクセスしている最中にサーバーが落ちた時に、データベースの更新などを含む処理が走っている場合、最悪のケースではデータに不整合が起きてしまう可能性があります。そうならないためにもサーバーがシャットダウンする時は、新規のリクエストを停止し、終了処理を入れた方がよいでしょう。これはGraceful Shutdownと呼ばれています。

このシャットダウンを行うためのトリガーがKubernetesではSIGTERMです。

下記がNode.jsで実装する簡易的なGraceful Shutdownのサンプルです。Node.jsではprocessというグローバルオブジェクトにシグナルのイベントハンドラーを設定できます。

リスト 6.59　シグナルのイベントハンドラーの例

```
const timeout = 30 * 1000; // 30秒のタイムアウトとする

process.on('SIGTERM', () => {
  // Graceful Shutdownの開始
  // 新規リクエストの停止
  server.close(() => {
    // 接続中のコネクションがすべて終了したら実行される
  });

  const timer = setTimeout(() => {
    // タイムアウトによる強制終了
    process.exit(1);
  }, timeout);
  timer.unref();
});
```

npmの話に戻ると、npmを通してアプリケーションを起動するとシグナルが送られた際に、まずnpmがそれらのシグナルを受け取ります。アプリケーションプロセスがシグナルによって処理を行う場合、Node.jsのプロセスで直接シグナルを受け取りたい場合があります。

このため、筆者はsystemd環境等で動作させるアプリケーションの起動は、直接nodeコマンドから行うよう記述することが多いです。

6.13.3 ファイルディスクリプタとNode.js

Node.jsアプリケーションを実行する際の重要な設定に、systemdのLimitNOFILEがあります。LimitNOFILEはファイルディスクリプタ数*47を設定する項目です。

Node.jsは何度か言及した通り、シングルプロセス・シングルスレッドで多くのリクエストを処理する言語です。そのため、ひとつのプロセスが扱うファイル数は多くなりがちです。このため、ファイルディスクリプタの値が低いままでは、Node.jsの処理するトラフィック量が増えるにつれてToo many open filesというエラーによってプロセスダウンが起きがちです。

たとえばシェルなどでユーザーのデフォルト値を確認してみると、筆者の環境では1024でした。

```
$ ulimit -n
1024
```

この数値では本番の運用に耐えるのは難しいでしょう。筆者は本番環境で利用する際に、十分大きな値として65535（2^32-1）を主に利用してします。本質的にはアプリケーションが想定する最大のリクエストでエラーが出ない数値を設定できれば問題ありません。

6.14 Node.jsとDocker

近年ではいくつかのコンテナ環境が開発、デプロイに人気です。中でもDockerはほぼデファクトの環境と言っていいでしょう。

筆者はNode.jsでの開発環境をあまりDocker化はしません。

これはNode.jsの互換性が高いためローカル環境で最新のバージョンを使うことが多く、バージョンを環境ごとに変えなくてもすむことが多いからです。また、フロントエンドの開発時にはファイルの変更を読み込んでビルドを走らせるなど、ファイルの書き込みが多く発生します。この時、Docker上で動かした際

*47 ここではプロセスごとに開けるファイル数と考えてください。

にパフォーマンスの低下が発生し開発効率を下げてしまうことも理由です。

しかしながら、デプロイ先としてはコンテナの手軽さや構築のしやすさにおいてDockerの利便性は非常に強力です。このため、デプロイを見越してアプリケーションをDockerイメージとして作成することが増えています。

Node.jsをDockerで動作させるには、次のドキュメントが参考になります。

- **BestPractices** https://github.com/nodejs/docker-node/blob/main/docs/BestPractices.md

Node.jsをDocker上で動作させるためには、ひとつ注意すべき重要ポイントがあります。それは、そのままDockerから直接nodeコマンドを呼び出さないようにすることです。

次に示すDockerfileは、非常にシンプルなHTTPサーバーを起動するNode.jsのスクリプトを実行します。Node.jsの-eは--evalと同義で、与えたスクリプトを実行します。また、REPL同様コアモジュールを自動的に読み込んだ状態で利用可能です。

```
FROM node:16

CMD ["node", "-e", "http.createServer((req, res) => res.end('OK')).listen(3000)"]
```

このファイルをビルドして、ビルドしたイメージを実行してみましょう。

```
# Dockerイメージのビルド
$ docker build -t node-simple-server .
# Dockerイメージの実行
$ docker run --rm -p 3000:3000 node-simple-server
```

Dockerを実行している別のターミナルからcurlでリクエストを送信すると、レスポンスが返ってくることが確認できます。

```
$ curl http://localhost:3000
OK
```

確認が終わったらCtrl+CでDockerのプロセスを落としましょう。と、ここで問題が発生するはずです。Ctrl+Cではプロセスが終了してくれません。

そもそもCtrl+Cとは、プロセスに対してSIGINTシグナルを送信することと同義です。kill -SIGINT {{プロセスID}}をプロセスに実行しても、同様にプロセスは終了しません。強制的にプロセスを終了させるためにはSIGKILLシグナルを送信しなければなりません。

```
$ kill -SIGKILL {{プロセスID}}
```

これは、Dockerが内部で起動するプロセスをpid=1として起動することに起因します。pid=1のプロセスはLinux上で特別なプロセスとして扱われています。pid=1として動作するプロセスは送信されたシグナルを自身で適切にハンドリングしなければなりません。先に記載したBestPracticesのドキュメントにも記載されていますが、Node.jsは標準ではpid=1として動作するように設計されていません。そのため、先ほどのようにSIGINTが送信されたものの、そのシグナルを無視してしまいました。

この問題を回避するためには、コードでシグナルをハンドリングするか、pid=1にならないようにハンドリングするアプリケーションを導入するかの2パターンがあります。DockerにはシグナルをハンドリングするTini*48がバンドルされています。

Dockerを実行する際に--initオプションを付与することで、Tini経由でコードを実行可能です。

```
# Dockerイメージの実行
$ docker run --rm -p 3000:3000 --init node-simple-server
```

Tiniがシグナルをハンドリングしてくれるため、今度はCtrl+Cでもプロセスが終了します。もちろん次のように自身でプロセスをハンドリングするコードを書くことも可能です。

```
CMD ["node", "-e", "http.createServer((req, res) => res.end('OK')).listen(3000);
process.on('SIGINT', () => process.exit(0))"]
```

先に出てきたGraceful Shutdownの実装等、シグナルを自身でハンドリングするケースもあります。

開発での利用であれば、--initオプションの利用がおすすめです。

*48 https://github.com/krallin/tini

6.15 Clusterによるパフォーマンス向上

ここまでアプリケーションの作成からデプロイ（デーモン化）までを一通り触れました。Linuxにホスティングする場合、現在ではマルチコアな環境が多いでしょう。Node.jsは基本的にはシングルコア/シングルプロセスで動作するモデルなので、そのままではマルチコアのリソースを活かしきれません。

マルチコア環境を活かすためには、Node.jsの標準モジュールであるclusterを利用します。clusterモジュールを利用してプロセスをforkすることで、単純計算でforkした数ぶんの処理能力の向上が見込めます。

clusterモジュールを使ってマルチプロセス対応をするサンプルです。

リスト 6.60 index.js

```
const cluster = reuqire('cluster');

// ...

if (cluster.isPrimary) {
  // ワーカープロセスを3つまでforkする
  for (let i = 0; i < 3; i++) {
    cluster.fork();
  }

  // ワーカープロセスが終了したら再度forkする
  cluster.on('exit', (worker, code, signal) => {
    cluster.fork();
  });
} else {
  redis.client.once('ready', () => {
    server.listen(3000, () => {
      console.log('Listening on', server.address());
    });
  });
}
```

clusterモジュールを読み込むとcluster.isPrimaryというフラグにアクセスできます[*49]。cluster.isPrimaryフラグがtrueの場合、そのコードはマスター（親）

*49 cluster.isPrimaryはNode.js v16から追加されたフラグで、それ以前のコードではcluster.isMasterでした。masterという表現を避けようという昨今の流れからv16からはcluster.isMasterはDeprecatedとなり、cluster.isPrimaryが追加されました。 https://nodejs.org/api/cluster.html#clusterismaster

のコードなので、ワーカー（子）をforkする処理を行います。forkされたワーカーは同じコードを呼び出しますが、呼び出した先の`cluster.isPrimary`フラグは`false`となるので、上記コード中の`else`内の処理を行います。

つまり、上記のサンプルは3つのワーカープロセスでリクエストを受けるサーバーを立ち上げるというコードになります。単純にサーバーを立ち上げた場合に比べて、3つのワーカーでリクエストを受けられるためマルチコア環境であればパフォーマンス面で有利です。

しかし、clusterによるマルチプロセス対応は簡単にパフォーマンスを向上できる反面、サーバーが高負荷な状態になってしまった際にCPUリソースを使い切ってしまう危険性もあります。

アプリケーション運用時の設計方針に応じてforkする数を使い分けましょう。

■CPUの数だけforkする

- **メリット：リクエストを受けるためのCPUリソースが一番多い。**
- **デメリット：高負荷時にサーバーが応答できなくなり、何もできなくなる危険性がある。**

■CPUの数/2までforkする

- **メリット：高負荷時でも半分のCPUを利用できる。**
- **デメリット：サーバーリソースに余裕はでるが、パフォーマンスは発揮しにくくなる。**

他にも「CPUの数-1までforkする」などパターンは多くありますが、メリット/デメリットはそれぞれのグラデーションになります。サーバーのリソースと相談しながら適切な数をみつけましょう。

clusterはマルチコア環境のサーバーにデプロイすれば大きな効果を発揮します。

しかし、近年デプロイ先の選択肢として増えてきたPaaS環境などにおいては必須ではありません。

PaaS環境ではアプリケーションが要求するリソースに応じて、空いているサーバーにインスタンスを割り当てる機能があります。cluster対応をしていると当然リソースを多く要求するようになるため、割り当て先で空いているリソースを見つけるコストが上がり、サーバーが起動するまでの時間が延びてしまう可能性もあります。そのあたりはプラットフォームの特性を理解してアプリケーションを作成する必要があります。そういった環境ではclusterが果たす役割をプラットフォーム側が担っていると考えられます。アプリケーションとしてはシンプルにシングルスレッド/シングルプロセスで動作させ、リクエストを並列に受ける機能はプラットフォーム側にまかせるほうがよいでしょう。

Column

Node.jsとデータベース

本章では説明の簡略化もありデータベースをRedis（KVS）で説明しました。実際のアプリケーションではRedisはキャッシュに、データベースにはRDBという構成も多いでしょう。

データベースをRedisではなくRDBにする場合でも、アプリケーションを作成する上で気をつけるべきポイントはあまり変わりません。ユーザーのアクセスが来る前にデータベースへの接続が確立できるような設計にしましょう。

また、Promiseのインターフェースを採用したモジュールを利用するとよいでしょう。今ではほとんどのライブラリが対応していますが、一部未対応のライブラリもあります。

たとえばMySQLではmysql*[a]モジュールが古くから利用されていますが、インターフェースがCallbackです。そのためpromise-mysql*[b]のような、Promiseでラップしたモジュールも広く利用されています。また、mysql2*[c]のように、最初からPromiseのインターフェースを持つモジュールも人気です。

単純なSQL実行であればこれらのモジュールで必要十分なケースも多いですが、実際のアプリケーションの場合はユーザーの入力からクエリを組み立てることが多くあります。

そういったケースではSQLインジェクションなど問題の起きないようなSQLを作成できるか、常に気をつけなければなりません。このような事情もあり、筆者はWebアプリケーション構築ではクエリビルダーを使うことも多いです。ただし、バッチ処理などユーザー等から自由な入力がないケースでは直接SQLを書くだけなのでクエリビルダーを利用しないこともあります。

筆者はKnex.js*[d]というクエリビルダーをよく利用しています。クエリビルダーを利用することで、SQLの構築を抽象化できます。

MySQLやPostgreSQLの差分を吸収も可能ですが、筆者の経験ではそこまで大きなメリットではありません。データベースの種類を入れ替えるレベルの改修が発生する場合、たいていはコードやその他の部分にも影響が出るため、それなりの工数が発生します。

それよりは、ユーザー入力のエスケープなど、どのデータベースでも共通で気にかける箇所を省力化できるのがメリットでしょう。

また、クエリビルダーを発展させORMを利用したいニーズもあります。Node.jsで有名なORMには、Sequelize*eやMongoDB用のmongoose*fなどがあげられます。ただ、筆者はアプリケーションのパフォーマンスの観点からNode.jsではあまりORMを利用していません。

アプリケーションでORMを利用するシーンは次のように、データベースのモデリングをしたいケースが多いでしょう。たとえば次のサンプルはユーザーを表すデータのモデリングした例です。

リスト6.61 ORMを利用する例

```
const { Sequelize, DataTypes } = require('sequelize');
const sequelize = new Sequelize('sqlite::memory:');

const User = sequelize.define('user', {
  name: DataTypes.TEXT,
  age: DataTypes.INTEGER
});

const createAndSaveUser = async (name, age) => {
  const user = User.build({ name: name, age: age });
  await user.save();
  return user;
};
```

ORMはデータをモデリングしたオブジェクトにマッピングするものです。個々のデータは、実データだけでなく上記のサンプルにあるsaveのような抽象化された関数も持ちます。つまりORMを使う場合、データは単純なJavaScriptオブジェクトではなく、関数などを組み合わせた複雑なオブジェクトであるケースがほとんどです。

昨今の環境であればモデルクラスのインスタンスとして作成されることが多いです。たとえば、ORMでselectしてくるケースでは、取り出したJavaScriptオブジェクトをモデルクラスのインスタンスにマッピングする必要があります。

インスタンスの生成やマッピングは同期的な処理です。それを行っている間、Node.jsはほかの処理を行えません。大したことがない処理のように見えますが、筆者の経験上、アプリケーションへのアクセスが増えた時に課題となることが少なくありません。パフォーマンスを向上させるために、ORMのマッピングを飛ばして、そのままプレーンなJavaScriptオブジェクトとして扱いたくなることが多くなってきます。

たいていのORMでは、取得結果をプレーンなJavaScriptオブジェクトで扱う方法があるため、その変更自体の難易度は高くありません。

しかし、パフォーマンスを求めていった結果、最終的にほとんどがモデルからプレーンなJavaScriptオブジェクトへと変換されてしまったというケースが少なくありません。これだと、ORMを導入してもメリットがほとんどない、あるいは記述量ばかり増えるという状況が起こりえます。そのため、筆者の現況ではORMまでいかず、クエリビルダーでとどめていることが多いです。

クエリビルダーはSQLに近くなるため抽象化としては薄くなります。また、現代的な設計手法としてみるときれいとは言えない部分もあります。

クエリビルダーのほうがORMより望ましいというのは、筆者の経験則によるところが大きい点は留意してください。これは筆者が少人数での開発が多く、アプリケーションの設計より、パフォーマンスを気にするシーンが多いためです。ここはプロジェクトの性質や関わる人数などを考慮しながら設計しましょう。

また、近年のNode.jsではTypeScriptで開発することも増えました。TypeScriptネイティブなTypeORM*[g]やPrisma*[h]などが登場しています。

今後利用されるモジュールは確実に移り変わっていくでしょう。今までに述べたような観点を踏まえ、自分たちのプロジェクトに合う選択をしていきましょう。

---

a https://www.npmjs.com/package/mysql
b https://www.npmjs.com/package/promise-mysql
c https://www.npmjs.com/package/mysql2
d https://www.npmjs.com/package/knex
e https://www.npmjs.com/package/sequelize
f https://mongoosejs.com/
g https://typeorm.io/
h https://www.prisma.io/

7
フロントエンド／バックエンドの開発

前章ではNode.jsによるAPI/Webサーバーのつくり方を通して、設計や実際のNode.jsアプリケーション運用について説明しました。HTMLの出力については少し触れましたが、ここではさらに踏み込んでフロントエンドのフレームワークを導入したSingle Page Application（SPA）とnpmの機能を利用したモノレポ開発に触れていきます。

7.1 フロントエンドとバックエンドをまとめて開発する

Node.jsがほかのバックエンド言語と比べて優位なのは、フロントエンドと同じ言語で開発ができる点です。

ここからは、第6章で用意したバックエンドアプリケーションにフロントエンドを新しく加えていく形で説明をします。機能要件は第6章とほぼ変わりません。サーバーからHTMLを表示していた部分をAPIから取得した値を使って描画するSPAとして組み替えていきます。

フロントエンドは、言語の進化もあり、標準のJavaScriptだけで実装できるものや範囲も増えてきています。ただし、パフォーマンスや開発体験なども含め、フロントエンドのフレームワークを利用するのがおすすめです。

現在メジャーなフロントエンドフレームワークとしてはReact、Vue、Angularがあげられます。また、ReactやVueを包括しうまく扱ってくれるNext.js、Nuxt.jsなどのフレームワークも広く利用されています。

本章では、Next.jsのような包括的なフレームワークを利用せず、よりシンプルなReactを使った構成で説明します（コラム「フレームワークの利用」参照）。フレームワークそのものより、その手前のフロントエンド/バックエンドの特徴を知るという部分に重点をおき、Expressを中心にSPAを開発していきます（7.4も参照）。

本書ではReactを利用して説明しますが、Reactそのものの使い方ではなく、できる限り多くのフロントエンドに共通する項目を解説します。利用しているフレームワークが手に馴染んできたら、次はより詳細なフレームワークの使い方にフォーカスして理解を深めていくとよいでしょう。

本章ではフロントエンド用のパッケージと、APIを返すバックエンド用パッケージの2つをモノレポで開発していきます。

7.2 モノレポ（Monorepo）

モノレポ（Monorepo）とは、複数のアプリケーションやパッケージをひとつのリポジトリで管理する手法です。

すべてがひとつのアプリケーション上に構築される、従来のモノリシックなアプリケーションでは、アプリケーション1つにつき1つのリポジトリで管理する手法でも支障はそこまで大きくありませんでした。しかし、PaaSやFaaS、k8sなどの普及に伴い、アプリケーションの責務ごとに小さなアプリケーションを構築し、それぞれがAPIなどを通じて連携するマイクロサービスのような設計手法が有用になりました。

たとえば今回用意するフロントエンドとバックエンドのアプリケーションといった粒度でアプリケーションを分割することを考えます。これらのアプリケーションは、それぞれ別のリポジトリでの管理も可能です。

しかし、システムを細かく分割した場合、バックエンドのAPIの仕様変更にともなうフロントエンドの改修など、影響範囲がアプリケーション外に波及してしまうことが少なくありません。

これをモノレポとしてひとつのリポジトリで管理すると、こういった修正の範囲がひとつのアプリケーションを超えるような修正であっても、同じ修正単位として管理が可能になります。これはレビュー時に複数のリポジトリを参照せずにすんだり、リリースプロセスを統合できたりと、アプリケーションや共通ライブラリなどが切り出されやすい近年の開発によるデメリットを解消しやすくなります。

近年ではlernaやbazelといったモノレポ管理のためのライブラリやツールも多く登場しています。

また、npmやyarnなどのパッケージマネージャーにもモノレポで管理するためのワークスペース機能が追加されました。パッケージがNode.jsやJavaScriptを中心に構築されている場合は、これらのパッケージマネージャーに付属している機能を用いるのが手軽に始められるためおすすめです。

本書では、npmのnpm workspaces[*1]を利用します。

*1 https://docs.npmjs.com/cli/v7/using-npm/workspaces

7.3 アプリケーションの構成

本章で作成するアプリケーションの最終的な構成は次のとおりです。

第6章のコードをpackages/backendディレクトリ、フロントエンドのコードはpackages/frontendに配置します。

リスト7.1　ディレクトリの構成

```
directory/
├── packages/
│   ├── frontend/
│   │   ├── public/
│   │   │   ├── favicon.ico
│   │   │   ├── index.html
│   │   │   ├── logo192.png
│   │   │   ├── logo512.png
│   │   │   ├── manifest.json
│   │   │   └── robots.txt
│   │   ├── src/
│   │   │   ├── Users.js
│   │   │   ├── Users.test.js
│   │   │   ├── Users.hooks.js
│   │   │   ├── Users.hooks.test.js
│   │   │   ├── App.css
│   │   │   ├── App.js
│   │   │   ├── App.test.js
│   │   │   ├── index.css
│   │   │   ├── index.js
│   │   │   ├── logo.svg
│   │   │   ├── reportWebVitals.js
│   │   │   └── setupTests.js
│   │   ├── server.js
│   │   └── package.json
│   │
│   └── backend/
│       ├── public/
│       ├── handlers/
│       │   └── user.js
│       ├── lib/
│       │   └── redis.js
│       ├── views/
│       │   ├── user.ejs
│       │   └── index.ejs
│       ├── server.js
│       └── package.json
├── package.json
└── package-lock.json
```

npm workspacesではリポジトリ全体を管理するpackage.jsonとpackage-lock.jsonがルートディレクトリにひとつ配置されます。それぞれのパッケージごとにはpackage-lock.jsonを管理しなくなります。

ルート直下のpackage.jsonではnpm workspacesで管理したいパッケージを指定します。今回はpackages/*でpackagesディレクトリ以下に配置したものすべてをターゲットに指定しています。

リスト7.2 package.json

```
{
  "private": true,
  "workspaces": [
    "packages/*"
  ]
}
```

それぞれのアプリケーションに必要なモジュールを管理するため、packages/frontendとpackages/backend直下にもそれぞれのpackage.jsonが配置されます。これはフロントエンドとバックエンドのコードでそれぞれ必要なパッケージが違うためです。

たとえば、バックエンドで必要なExpressはフロントエンドのコードには必要ありませんし、逆にReactやwebpackなどはバックエンド側で必須ではありません[*2]。

ただし、本書では説明を簡略化するために、フロントエンド相当のfrontendにExpressを導入しています。実際のアプリケーション開発ではfrontendにはExpressを入れない構成も多くなるはずです。

frontend（packages/frontend）とbackend（packages/backend）の関係や構成イメージは7.8.5を参照してください。

*2 SSRを行う場合などではバックエンド側のコードにもReactが必要になるケースもあります。最初から混ぜて説明すると混乱しやすいため、ここではわざと分けて説明しています。

7.3.1 モノレポの準備

npm workspacesでフロントエンドとバックエンドのアプリケーションをそれぞれ管理するための下準備を行います。

まずはルートディレクトリ直下にpackagesディレクトリとpackage.jsonを準備します。

package.jsonの中身は**リスト7.2**です。

```
directory/
├── packages/
└── package.json
```

次に第6章のコードをpackages/backendディレクトリにコピーします。

この時、packages/backendディレクトリからはnode_modulesとpackage-lock.jsonを削除してください。

```
directory/
├── packages/
│   └── backend/
│       ├── public/
│       ├── handlers/
│       │   └── user.js
│       ├── lib/
│       │   └── redis.js
│       ├── views/
│       │   ├── user.ejs
│       │   └── index.ejs
│       ├── server.js
│       └── package.json
└── package.json
```

まずはこの時点でバックエンドのコードを実行してみましょう。

npm workspacesで管理している場合、ルートディレクトリでnpm installを行うと、配下のパッケージすべてのインストールが実行されます。

```
$ npm install # ルートディレクトリで実行

# 別のターミナルでRedisを立ち上げる
$ docker run --rm --name nodejsbook-redis -p 6379:6379 redis

# バックエンドのコードを実行
$ node packages/backend/server.js
```

```
start listening
```

サーバーの起動はこのように直接ファイルを指定してもよいですが、npm workspacesの場合はnpm scripts（3.5.2参照）にまとめるとより便利です。

packages/backend/package.jsonにstartスクリプトを追加します。

```
{
  "private": true,
  "dependencies": {
    ...
  },
  "devDependencies": {
    ...
  },
  "scripts": {
    "start": "node server.js"
  }
}
```

npm workspacesで管理されている配下のパッケージは-wオプションでルートディレクトリから呼び出し可能です。

```
# packages/backend配下のstartスクリプトを実行
$ npm start -w packages/backend
start listening
```

これでバックエンドのコードをnpm workspacesで管理できるようになりました。ここからはフロントエンドのコードを開発していきましょう。

7.4 フロントエンド開発の考え方

今回はフロントエンドのフレームワークにReactを利用して説明をします。

バックエンドが提供している役割はHTMLやAPIの提供やデータベースでの永続化等です（第6章参照）。

それに対してフロントエンドの役割は、ざっくりいうとユーザーのアクション等に応じてバックエンドのAPIを呼び出したり、HTMLなどの見た目を操作したりすることです。

フロントエンド開発の考え方として、今までの手法を踏まえつつ、Reactを導入したより現代的な開発手法を解説します。

7.4.1 jQuery時代のフロントエンド開発

Node.jsが普及をはじめたころのフロントエンドではjQueryなどの薄いフレームワーク（ライブラリ）が主流でした。jQueryでHTMLを操作するサンプルをみてみましょう。

```
<ul class="list-container">
  <li>one</li>
  <li>two</li>
</ul>

<button class="add-button">追加</button>

<script>
window.addEventListener('DOMContentLoaded', () => {
  $('.add-button').on('click', () => {
    $('.list-container').append('<li>three</li>');
  });
});
</script>
```

上記のスクリプトはボタンをクリックしたタイミングで、リストに要素を追加します。`$('.list-container')`部分で`list-container`クラスが付与された要素をHTMLの中から探し、`.append('<li>three</li>')`関数で引数に与えた要素を追加します。

このような操作を組み合わせていくことでアプリケーションが構築できます。しかし、この構成はアプリケーションが複雑になるほどコストが高くなっていきます。

上記のサンプルはクリックを繰り返すたびに`<li>three</li>`というDOMが追加されます。これを2回目以降は`<li>four</li>`, `<li>five</li>`のように内容を変えたいとしましょう。シンプルに考えると次のような実装ができます。

```
$('.add-button').on('click', () => {
  // .list-container内にあるliのうち、最後のhtmlを取得する
  const lastHtml = $('.list-container li').last().html();
  // 取得したhtmlに応じて追加する要素を変更する
  if (lastHtml === 'two') {
```

```
    $('.list-container').append('<li>three</li>');
  } else if (lastHtml === 'three') {
    $('.list-container').append('<li>four</li>');
  } else if (lastHtml === 'four') {
    $('.list-container').append('<li>five</li>');
  } else {
    $('.list-container').append('<li>xxx</li>');
  }
  // 実際のアプリケーションでここまで愚直な実装はあまり行いませんが、
  // ここでは初めて触れる人にもやっていることが理解できるように、このような記述
をしています。
});
```

この例はかなり極端な実装ですが、jQueryによるアプリケーションを噛み砕いていくと、こういった要素の取得、DOMの状態を解釈・追加・編集といったコードの組み合わせになります。このようなつくり方が悪いわけではありません。しかし、このスタイルにも弱点はあります。それは、HTMLの責務が表示だけではなく状態の保持を含んでしまっていることです。

上記のサンプルで考えると、リスト要素の最後の内容によって挙動が変わるコードと言えます。これではHTMLの構成に変更などが合った場合、DOMから状態を把握するコードにも変更が必要になります。このように、HTMLというひとつの構成要素に表示と状態の保持という責務が重なっているコードはメンテナンスの際にネックとなることが多いです。

できる限りそれぞれの責務は分離する方がよいでしょう。

責務を分離する実装

たとえば先ほどのコードから、状態を管理する変数をJavaScript側に委譲すると次のようになります。

```
let counter = 2;

$('.add-button').on('click', () => {
  if (counter === 2) {
    $('.list-container').append('<li>three</li>');
  } else if (counter === 3) {
    $('.list-container').append('<li>four</li>');
  } else if (counter === 4) {
    $('.list-container').append('<li>five</li>');
  } else {
    $('.list-container').append('<li>xxx</li>');
  }
  counter++;
```

```
});
```

責務の分離はjQueryでも達成はできます。ただ、この程度であれば簡単ですが、アプリケーションが複雑になるにつれDOMの状態を取得するコードが増えがちで実装は難しくなっていきます。たとえば、要素が追加されるだけでなく、状態の変化によってn番目の要素だけ書き換える、といったロジックは頻出です。その場合、counterではなく配列の要素などで管理する必要がでてくるでしょう。

こういった「状態」と「描画」の責務を分離しやすくつくられているのが、Reactなど近年のフレームワークの強みです。さらに、これらのフレームワークには、状態の差分を検出して反映するなどパフォーマンス的な観点でも目玉となる大きな機能もあります。これらを実現しているライフサイクルや仮想DOMなどの描画のしくみは、それ以前のフロントエンドに触れていたエンジニアとって大きな変化でした。

jQueryでもhtmlの`attribute`に状態を持たせるなど、同じようなしくみの構築もできなくはないですが、メンテナブルな状態を維持するコストは高いでしょう。ある程度フレームワークの流儀に従うことで、設計の手間を省略し誰でもそのようなメンテナンスが可能になることは、フレームワークを利用する際の小さくないメリットです。

これからのフロントエンドでは、これらのフレームワークの助けを借りることがベストプラクティスと言っていいでしょう。また、今後新たな概念が登場するとしても、これらの歴史に触れていれば理解の助けになることは間違いありません。

7.4.2 Reactによるフロントエンド開発

実際にReactの開発を通して、フロントエンドの開発がどのように変わったかをみてみましょう。

手軽にReactの開発に触れるには公式に提供されているcreate-react-app[*3]というCLIの利用がおすすめです。近年のフレームワークにはこのようなスケルトンを生成するCLIが付属していることが多く、まずはそこから触れて特徴をつかんでいくとよいでしょう。

---

*3　https://reactjs.org/docs/create-a-new-react-app.html

create-react-app経由でfrontendというアプリケーション名でひな形を作成します。

また、ここではnpm workspacesで管理するため、少し公式とは違う手順を踏みます。

```
# directory（プロジェクト全体のルート）で実行。packages/frontendディレクトリ以下に雛形を生成
$ npx create-react-app packages/frontend
# packages/frontend配下のstartコマンドを実行
$ npm start -w packages/frontend

Compiled successfully!

You can now view my-react-app in the browser.

  Local:            http://localhost:3000
  On Your Network:  http://192.168.xx.xxx:3000

Note that the development build is not optimized.
To create a production build, use yarn build.
```

作成が完了するとnpm startコマンド経由で開発用のサーバーの立ち上げが可能です。

サーバーが立ち上がったらブラウザでhttp://localhost:3000にアクセスすると画面が確認できます。

create-react-appによって作成されたpackages/frontendディレクトリは次のような構成になっています[*4]。

```
directory/
├── packages/
│   ├── frontend/
│   │   ├── public/
│   │   │   ├── favicon.ico
│   │   │   ├── index.html
│   │   │   ├── logo192.png
│   │   │   ├── logo512.png
│   │   │   ├── manifest.json
│   │   │   └── robots.txt
│   │   ├── src/
│   │   │   ├── App.css
│   │   │   ├── App.js
│   │   │   ├── App.test.js
```

*4　create-react-appのバージョンによって実際の構成には差分があります。

```
|    |    |     ├── index.css
|    |    |     ├── index.js
|    |    |     ├── logo.svg
|    |    |     ├── reportWebVitals.js
|    |    |     └── setupTests.js
|    |    └── package.json
|    |
|    └── backend/~~~
├── package.json
└── package-lock.json
```

これでReactを使って開発するベースができました。本章では6.4.3で作成したユーザーページをReactで置き換えながら、Reactの開発に触れていきます。

React について理解する

Reactの使い方を紹介します。まずは生成されたファイルの中で、トップページを構成しているApp.jsをみてみましょう。

リスト 7.3 packages/frontend/src/App.js

```
import logo from './logo.svg';
import './App.css';

function App() {
  return (
    <div className="App">
      <header className="App-header">
        <img src={logo} className="App-logo" alt="logo" />
        <p>
          Edit <code>src/App.js</code> and save to reload.
        </p>
        <a
          className="App-link"
          href="https://reactjs.org"
          target="_blank"
          rel="noopener noreferrer"
        >
          Learn React
        </a>
      </header>
    </div>
  );
}

export default App;
```

App.jsではECMAScript modulesの記法で記載され、`App`という名前の関数を

exportしています*5。App関数の中を確認してみるとreturnの中にHTMLが記述されています。これは標準のJavaScriptで解釈できるものではありません。これはReactが採用しているJSXと呼ばれる記法です。

JSXはJavaScriptを拡張し、JavaScriptからテンプレートエンジン（6.5参照）のようなHTMLに近い記述を可能にします。たとえば、次のような記法でHTMLのような記述をJavaScriptの変数として扱えます。

```
const element = <header>hello</header>;
```

JSXの具体的な記法については次のドキュメントに詳しく記載されています。

■ **JSX** https://reactjs.org/docs/introducing-jsx.html

先述のようにJSXはJavaScriptの標準の文法ではありません。このままでは直接ブラウザで実行できないので、標準のJavaScriptとして解釈できる形に変換が必要です。

そこで、Reactを利用するときは、実行前にJSXをブラウザが実行可能なJavaScriptにビルドするのが一般的です。

App.jsは.jsという拡張子にはなっていますが、実際にはReact専用のビルドステップを実行しなければならないファイルということです。ここでは.jsとなっていますが、明示的にReactの文法が入っているファイルとして.jsxという拡張子で記述されることもあります。

また、1,2行目にあるsvgファイルやcssファイルのimportも標準のJavaScriptではできません。これもReactと同様ブラウザが解釈可能な形になるようビルドが必要です。

近年のフロントエンドのJavaScript開発ではこのように、実行前にビルドを行うのが一般的です。

7.4.3 JavaScriptのビルド

純粋なJavaScriptだけでアプリケーションを作成する場合、ビルドは必ずしも必要なステップではありません。しかし、近年のフロントエンド開発と切っても

*5 フロントエンドについてはcreate-react-appデフォルトのECMAScript modulesで解説を進めます。

切れない関係にあります。

何度か触れているように、初期のフロントエンド開発はjQueryが主流でした。jQueryを利用するメリットは標準にない便利でシンプルな記法を使う、という部分も大いにあります。しかし当時広く受け入れられたのは、jQueryの記法によってブラウザ間の差異が吸収されるという点が大きかったと考えています。

JavaScriptの仕様は各ブラウザが実装するべき設計図ではありますが、ブラウザに実装されているかどうかはまた別です。近年ではブラウザ間の差異は少なくなってきましたが、当時の環境はその差異をjQueryで埋めることがデファクトに近い状況でした。

JavaScriptのビルドは、jQueryとはまた違うブラウザ間の差異を埋める手段です。

BabelとTypeScript

ES5からES6（ES2015）への進化で便利な記法や新たな機能が多く追加されましたが、すべてが同時にどのブラウザでも利用できるわけではありません（1.2.1参照）。ES6で追加された各記法を、ES5を実装しているブラウザで解釈できるように変換するコンパイラとして登場したのがBabel[*6]です[*7][*8]。Babelの普及により、開発者は手元のコードでは最新の記法を取り入れた開発をしながら、各ブラウザの実装状況に合わせたJavaScriptを吐き出せるようになりました。

Babelはその特性上、実行前に変換のためのビルド工程が必要です。

また現在では、さらに別のニーズも生まれています。TypeScriptの存在です。型を持たないJavaScriptに対して、型を付与した開発を行えるTypeScriptも近年では広く利用されています[*9]。

ブラウザ上で動く言語は基本的にはJavaScriptのみです[*10]。ただ、JavaScriptは（ES5のころは特に）書きやすい文法が使えなかったり、動的型付けだったりといくつか課題があります。

これらの課題を解決するために、JavaScriptに変換できる別の言語が求められました。JavaScriptと異なる特徴を持ち、JavaScriptに変換できるプログラミング

---

*6　https://babeljs.io/

*7　BabelはJavaScriptをJavaScriptへ変換するものなので、トランスパイラとも呼ばれます。ここでは公式ドキュメントに合わせてコンパイラという言葉を利用しています。

*8　現在ではもっと広範な機能を担っています。詳細はサイトを参照してください。

*9　厳密にはJavaScriptは動的型付けですが、型がないということが多いです。

*10　Web Assemblyも動きますが、ここでは考えません。

言語はAltJS*11と呼ばれていました。

TypeScriptもブラウザでは動作しない言語仕様であるため、動作させるためにはビルドしてブラウザが実行可能なJavaScriptへと変換する必要があります。

フロントエンドへのモジュール導入

フロントエンドにおいてビルドが必要になった理由は変換だけではありません。もうひとつの重大な要素はモジュールのバンドルです。

もともとJavaScriptにはモジュール分割のしくみがなく、Node.jsはその解決にCommonJS modulesというスタイルを採用しました（第3章参照）。これによりNode.jsというJavaScript環境ではモジュール分割が可能になりました。

また、フロントエンド環境においてもコードの複雑化やコード量の増大により、使いやすいモジュール分割が必要になりました（1.2.1参照）。

初期にはその解決策としてCommonJS modulesの形式で書かれたコードを、ブラウザで動作可能な形に変換/結合する方式が多く採用されました。このコード変換（ビルド）は、Babelやwebpackなどいくつかの方法があり、お互いの機能がかぶる部分もある、少し複雑な領域です。

フロントエンドにおけるビルドの一般化

こういった一連の環境がそろった2015年前後から、フロントエンドにおけるビルドが一般的になり、今ではほぼ必須と言ってもよい状況になっています。

CommonJS modulesとビルドによって、フロントエンドの開発はしやすくなったものの、CommonJS modulesはあくまでNode.jsが採用している言語仕様外のしくみです。

そこで、フロントエンドの環境も含めたJavaScriptの正式なモジュール分割のしくみとして、ECMAScript modulesが策定されました。しかしながら、先のBabelのそれと同様に、仕様の策定とブラウザへの実装はやはり別の問題です。

また、ファイルの分割ができるようになったことと、実際にブラウザ上で動作するJavaScriptを単純に分割してよいかというのも別の問題です。通常、ブラウザでは同時接続数が定められていて、ネットワーク経由で同時にダウンロードするファイル数には制限があります。大量のファイルを`script`タグで読み込むと、同時接続数を超えた分は前のファイルのダウンロード完了を待つことになりま

*11 以前にはCoffeeScriptなどいくつか選択肢がありましたが、現在ではTypeScriptがほぼデファクトスタンダードでしょう。

す。たとえば同時接続数が2の環境*12であれば、3つめのファイルは先の2ファイルのどちらかの読み込み完了まで読み込みを開始しません。しかし多くの場合、プログラミングで分割したい単位は同時接続数以下になりません。複雑な挙動を要求される現代のJavaScriptアプリケーションを10以下のファイル数で動かすのは、楽な設計にはならないでしょう。

ファイル単位でのモジュール分割のしくみを採用している以上、この問題は切り離せません。

フロントエンドのJavaScriptコードはその性質上、ネットワークを経由するコストを無視できません。これは他の環境に比べても悩ましい問題です。

そこで、開発的観点で分割したモジュールを一定の粒度で結合（バンドル）するツールが必要とされます。これがwebpackに代表されるバンドラー（モジュールバンドラー）の重要な役割です*13。

webpackはプラグインなどを通すことで、JavaScriptだけでなく画像やCSSファイルなど、JavaScriptの仕様以外のものを特定のルールでバンドル可能にします。TypeScriptのコンパイルなどもこれらのビルドステップで行われます。

JSXもこのようなしくみでブラウザが解釈可能な状態にビルドされます。通常のアプリケーション開発では、これらの特殊なルールを解釈するために個別の設定を追加していく必要がありますが、ここでは`create-react-app`でそれらの設定を隠蔽しています。

- ■ **JSXやBabel、TypeScriptの人気**
- ■ **モジュールシステムの登場とフロントエンドでのバンドルの必要性**

これらが近年のフロントエンド開発においてビルドが必要である理由です。

JavaScriptのビルドは、詳細を詰め込んでいくとそれだけで書籍が一冊できる程に奥が深い領域です。本書はファーストステップとして、ビルドの必要性について触れる程度までにとどめています。近年のフロントエンド開発とビルドは切っても切り離せません。開発に慣れてきたら、次のステップとしてビルドについても理解の範囲を伸ばしていくとよいでしょう。

*12 これはブラウザや個人の設定などにもよるため一定ではありません。

*13 正確には途中にGruntやgulpのようなビルドパイプラインの自動化や普及がwebpackより先にありました。しかし現在ではwebpackに置き換わったと言っていいでしょう。また、最近ではRollup（https://rollupjs.org/guide/en/）やSWC（https://swc.rs/）、Vite（https://vitejs.dev/）といったツールも登場し普及してきているので、今後の動きには注意していく必要があるでしょう。

7.5 Reactの基本機能

Reactの基本的な機能を紹介していきます。

7.5.1 トップページを変更する

まずはcreate-react-appで生成されたトップページに手を加えてReactに触れていきましょう。frontend/src/App.jsのコードを、第6章で作成した/users相当の機能を果たすように書き換えていきます。

まずはDBからの取得等は考えず、静的なページとして作成します。

リスト7.4 packages/frontend/src/App.js

```
import './App.css';

function App() {
  return (
    <div className="App">
      <ul>
        <li>alpha</li>
        <li>bravo</li>
        <li>charlie</li>
        <li>delta</li>
      </ul>
    </div>
  );
}

export default App;
```

このようなHTMLの要素の塊*14をコンポーネントと呼びます。

ここではcssでAppコンポーネントを中央寄せに変更してみます。classを扱いたい場合はclassNameプロパティに、利用したい文字列を与えます。JSXの制限でclassというプロパティは直接使えない点に注意しましょう*15。

*14 実際にはReact要素です。 https://reactjs.org/docs/rendering-elements.html

*15 JSX内ではclassやforなどは使えず、別表記に置き換えます。詳細はドキュメントを参照。 https://reactjs.org/docs/dom-elements.html

リスト7.5　frontend/src/App.css

```
.App {
  display: flex;
  flex-direction: column;
  align-items: center;
}
```

コードを書き換えてブラウザを確認してみると、次の画像のように中央寄せのリスト表示が確認できます。

図7.1　中央寄せの画面

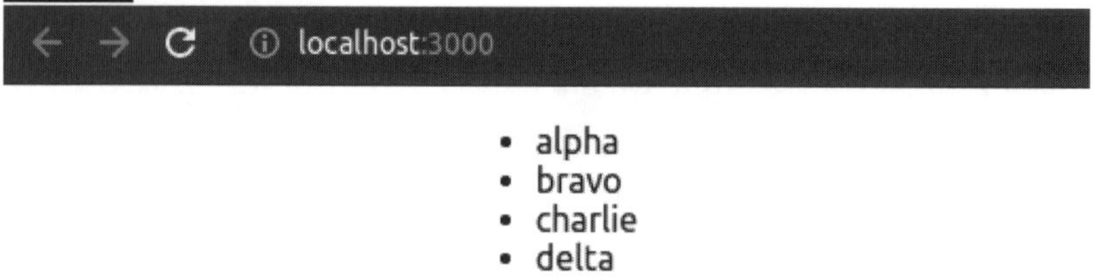

localhost:3000

- alpha
- bravo
- charlie
- delta

7.5.2
変数を扱う

Webアプリケーションを作成するとき、動的な変化を扱ってこそフレームワークを利用する価値がでます。

変数を扱う場合は`{variable}`という記法を利用します。リストの最初の要素を変数化してみましょう*16。

*16　以後、`import`や`export default App`を適宜省略し、編集する関数を中心に解説します。

リスト 7.6 packages/frontend/src/App.jsのApp関数

```
function App() {
  const a = 'alpha';

  return (
    <div className="App">
      <ul>
        <li>{a}</li>
        <li>bravo</li>
        <li>charlie</li>
        <li>delta</li>
      </ul>
    </div>
  );
}
```

JSXはJavaScriptを拡張した記法なので、通常のJavaScriptも記述可能です。AppはJavaScriptの関数なので、内部で変数を定義できます。ここでは変数aに文字列alphaを入れています。

```
function App() {
  const a = 'alpha';
```

次にHTMLを記述している部分に注目するとリストの先頭が{a}となっています。これは変数aを展開するという意味です。つまりここではaに入っているalphaが展開されます。

```
  return (
    <div className="App">
      <ul>
        <li>{a}</li>
```

リストの先頭にalphaが表示されることをブラウザで確認してみましょう。これで変数を扱うことができるようになりました。変数化されていることを確認するために、aを好きな文字列に書き換え、ブラウザの表示も変更されることを確認しましょう。

繰り返しを配列化する

次は繰り返しになっている要素を配列化してみましょう。ejsでは次のように記述されていた部分と同じような実装を目指します。

```
<ul>
  <% for (const user of users) { %>
    <li class="user"><%= user.name %></li>
  <% } %>
</ul>
```

ここでも基本は先ほどまでの変数の表示と同じです。動的に表示したいものは{}で囲います。

リスト 7.7　packages/frontend/src/App.jsのApp関数

```
function App() {
  const users = ['alpha', 'bravo', 'charlie', 'delta'];

  return (
    <div className="App">
      <ul>
        {users.map((user) => {
          return <li>{user}</li>;
        })}
      </ul>
    </div>
  );
}
```

少し複雑になってきたので、分解して解説します。

usersは表示の元になる文字列の配列です。ここではひとまずAPIからの取得ではなく、コード内に直接書いています。

```
const users = ['alpha', 'bravo', 'charlie', 'delta'];
```

ここからリストの要素を作成するためには、この文字列の配列をリスト要素に変換する処理が必要になります。リスト要素を変換しているコードは次の部分です。

```
<ul>
  {users.map((user) => {
    return <li>{user}</li>;
  })}
</ul>
```

配列に一定の処理を繰り返す場合はArray.mapを利用するとシンプルに記述できます。より細かくみると、下記のコードがusers配列をリスト要素に変換している箇所です。

```
users.map((user) => {
  return <li>{user}</li>;
});
```

先ほど定義したusers配列をひとつずつ<li>{user}</li>にというリスト要素の配列に変換しています。変換されたリスト要素を{}で囲うとHTMLタグとして描画されます。

```
<ul>
  <li>alpha</li>
  <li>bravo</li>
  <li>charlie</li>
  <li>delta</li>
</ul>
```

7.6 ブラウザイベントの処理

ここまでの内容でReactを使った静的な表示ができるようになりました。次はボタンなどのユーザーアクションに応じて表示を動的に変化させる方法をみていきましょう。

users配列に新しくユーザーを追加する機能を追加します（イベント追加自体は7.6.2参照）。

アクションを作成する最初の準備としてinputとbutton要素を追加します。

リスト7.8　packages/frontend/src/App.jsのApp関数

```
function App() {
  const users = ['alpha', 'bravo', 'charlie', 'delta'];

  return (
    <div className="App">
      <ul>
        {users.map((user) => {
          return <li>{user}</li>;
        })}
      </ul>
      <form>
        <input type="text" />
```

```
        <button type="submit">追加</button>
      </form>
    </div>
  );
}
```

ブラウザで追加した要素が表示されていることを確認しましょう。

図7.2 ブラウザで追加したinputとbutton要素を確認

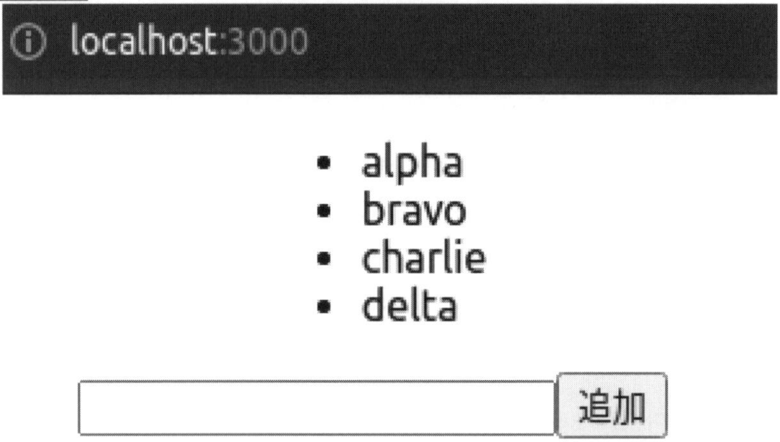

localhost:3000

- alpha
- bravo
- charlie
- delta

追加

ここで開発者ツールのConsoleを覗いてみましょう。すると次のようなエラーが表示されています。

図7.3 開発者ツールのエラー

```
▶Warning: Each child in a list should have a unique "key" prop.

Check the render method of `App`. See https://reactjs.org/link/warning-keys for more information.
    at li
    at App
```

7.6.1
Reactと描画

エラーについて理解するためにも、ここで少しReactの描画（レンダリング）についての話をします。

近年のフロントエンドフレームワークは、変化した要素のみを置き換える差分検出の機能を持っています。要素のひとつが変化した際に、要素全体をゼロから表示しなおしてしまうと無駄も多く、時間がかかります。そこで仮想DOM（バーチャルDOM）という概念が登場しました。

仮想DOMはリアルなDOMの元となるデータのようなものです。たとえば、ある変数が内部的に変わった時に、まずはそれが仮想DOMを変化させるかをチェックします。そこで、差分があった場合はその差分部分をリアルなDOMに反映します。このようにリアルなDOMへの反映にワンクッション入れることで、効率的な表示を実現しています。

内部は複雑で高度な実装ですが、単純に説明するとこのようなしくみです。差分を検知して、リアルなDOMに反映する部分を担っているのがReactなどのフレームワークの肝と言えます。

ここで、**リスト7.8**の話に戻ります。列の最後に新しい要素が加わる場合、`alpha`から`delta`までは以前と変わらない状態です。なので、既存の状態を壊さず最後に追加するだけで表示の変更が可能です。

```
<ul>
  <li>alpha</li>
  <li>bravo</li>
  <li>charlie</li>
  <li>delta</li>
  <li>echo</li>
</ul>
```

これが先頭に加わる場合はどうでしょうか。

```
<ul>
  <li>echo</li>
  <li>alpha</li>
  <li>bravo</li>
  <li>charlie</li>
  <li>delta</li>
</ul>
```

人間の目であれば、途中に挿入されただけだ、と認識もできますがそれを機械的に判断することは難しいです。この場合、ulの中の構成が一度破棄され、すべてのliを再描画することになってしまいます。

Reactがこの問題を検出し、エラーを表示しています。

keyで差分を検出する

そこで、Reactではこのような時にkeyというReactが差分を検出しやすくするためのプロパティを利用します*17。

keyにはユニークな値を設定します。ここでは文字列の配列なのでkeyにそのままuserの文字列を与えています*18。データベースから取得した値であるならば、ユニークなIDなどを利用するのがよいでしょう*19。

```
users.map((user) => {
  return <li key={user}>{user}</li>;
});
```

Array.map部分は変数で受け、別名をつけることもできます。これを用いて、次のようにJSXのHTML部分から処理をはがして書くこともできます*20。

リスト7.9　packages/frontend/src/App.jsのApp関数

```
function App() {
  const users = ['alpha', 'bravo', 'charlie', 'delta'];

  const userList = users.map((user) => {
    return <li key={user}>{user}</li>;
  });

  return (
    <div className="App">
      <ul>{userList}</ul>
      <form>
        <input type="text" />
        <button type="submit">追加</button>
```

*17　keys https://reactjs.org/docs/reconciliation.html#keys

*18　この時、配列のインデックス番号はなるべく使わないように気をつけてください。要素の順序が入れ替わるような場合、インデックス番号は非効率です。

*19　lists & key https://reactjs.org/docs/lists-and-keys.html

*20　このようにしたいケースではその時点でコンポーネントを分離したほうがよいかもしれません。また、それらの利用により描画などのコストが増えてしまう場合はuseMemoなどで再計算を抑制などの考慮も必要になってきますが、本書では割愛します。useMemoなどのHooksの詳細についてはドキュメントを参照してください。 https://reactjs.org/docs/hooks-reference.html#usememo

```
      </form>
    </div>
  );
}
```

7.6.2 イベントのハンドリング

追加したボタンを押した時のイベントをハンドリングしてみましょう。type="submit"の属性が付与されたボタンをクリックすると、そのformのsubmitイベントを発行します。

リスト 7.10 packages/frontend/src/App.jsのApp関数

```
function App() {
  const users = ['alpha', 'bravo', 'charlie', 'delta'];

  const userList = users.map((user) => {
    return <li key={user}>{user}</li>;
  });

  const handleSubmit = (event) => {
    event.preventDefault();
    console.log('handle submit');
  };

  return (
    <div className="App">
      <ul>{userList}</ul>
      <form onSubmit={handleSubmit}>
        <input type="text" />
        <button type="submit">追加</button>
      </form>
    </div>
  );
}
```

ブラウザから追加ボタンをクリックしてみましょう。

図7.4 クリック時の画面とコンソール

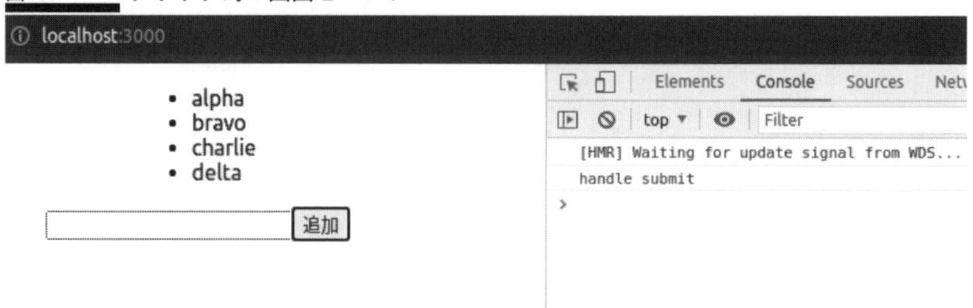

ConsoleにはhandleSubmit関数内で定義したhandle submitが出力されています。つまりformタグに発行されたsubmitイベントを受けてhandleSubmit関数が呼び出されたということです。

イベントまわりの処理を整理する

これでsubmitイベントにハンドラーを紐づけることができるようになりました。次はsubmitイベントが発行された時にinputの内容をusers配列に追加する処理を加えていきましょう。この処理を実装するには、まず機能を次の3つに分解します。

- **input要素の変化をハンドリングする**
- **変化した時のinputの値を保持する**
- **submitイベントの時に保持した値を配列に追加する**

まずは1つめのinputの変化をハンドリングしてみましょう。input要素に何かが入力され、内容が変化した時、input要素はchangeイベントを発行します。Reactでchangeイベントを受け取るために、onChangeプロパティにハンドラーを追加します。inputタグに入力された内容は、ハンドラーの引数に渡されるイベントオブジェクトのevent.target.valueに格納されています。

リスト7.11 frontend/src/App.jsのApp関数

```
function App() {
  const users = ['alpha', 'bravo', 'charlie', 'delta'];

  const userList = users.map((user) => {
    return <li key={user}>{user}</li>;
  });
```

```
  const handleSubmit = (event) => {
    event.preventDefault();
    console.log('handle submit');
  };

  const handleChange = (event) => {
    console.log('handle change:', event.target.value);
  };

  return (
    <div className="App">
      <ul>{userList}</ul>
      <form onSubmit={handleSubmit}>
        <input type="text" onChange={handleChange} />
        <button type="submit">追加</button>
      </form>
    </div>
  );
}
```

input要素に適当に文字を入力してみると、handleChange関数が呼び出され、input要素の内容が出力されていることがわかります。

図7.5 input要素の内容のコンソールへの出力

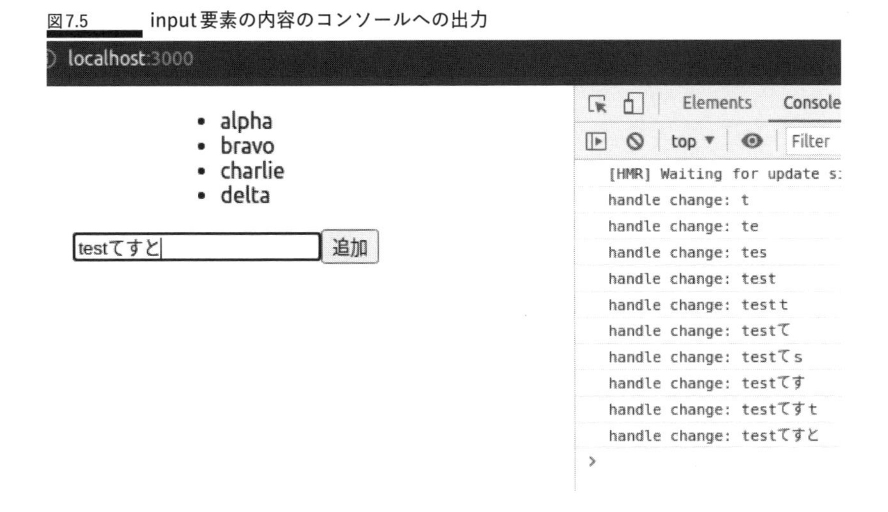

Column

Reactにおけるイベントとハンドラーの紐づけ

リスト7.10のイベントハンドリングまわりを標準のJavaScriptのみで記述すると次のようになります。

```
document.querySelector('form').addEventListener('submit', (event) => {
  event.preventDefault();
  console.log('[addEventListener] handle submit');
});
```

Reactから生成されたHTMLに上記のコードを使ってハンドラー追加も可能ではあります。Consoleに上記のコードを貼り付けてボタンをクリックすると、2つの出力が確認できます。

図7.6　2つのイベントハンドラー

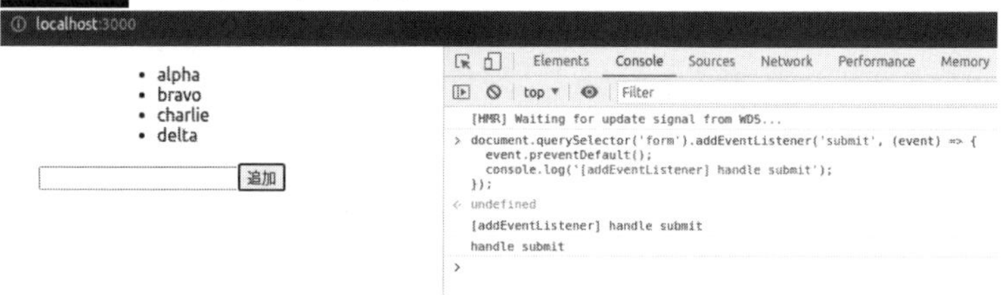

しかし、上記のコードは「今この瞬間にあるDOM」にしかイベントを紐づけられません。つまり、まだ表示される前の要素にイベントを設定はできません。また、一度ハンドラーを紐づけたDOMが削除された場合、そのハンドラーも削除されてしまいます。SPAの場合は、同じページの中でDOMが変化しやすい特徴があります。Reactなどのフレームワークもいつどこで再描画が起きるかわかりません。

そのため、先ほどのような記述方法ではハンドラーの紐づけの管理が必要になります。したがって、Reactでは`onXXX`というプロパティでイベントにハンドラーを紐づける方式が利用されています*a。

*a　Reactでも必要な場合は`querySelector`や`ref`などを使いReactにラップされていないイベントを扱うことは可能です。しかし、Reactの再描画などを気にしてハンドラー紐づけ管理をしなければいけなくなります。なので、できる限りReactのしくみにのるほうがよいでしょう。余談にはなりますが、jQueryでは`$(document).on('click', '.foo', () => { ... })`という記法で、後から追加される要素にイベントを紐づけることもできました。on以外に`bind`や`delegate`、`live`といった表記も見るかもしれませんが、今では古いイベント紐づけの記述なんだという理解で大丈夫です。

7.6.3 変数を保持する

入力した値をReactで保持する方法を解説します。シンプルに考えると次のようにApp関数の中に変数（inputText）を定義することになります。しかし、このコードは思ったように動きません。

リスト7.12 動作しないpackages/frontend/src/App.js（App関数）

```
function App() {
  const users = ['alpha', 'bravo', 'charlie', 'delta'];
  let inputText = '';

  const userList = users.map((user) => {
    return <li key={user}>{user}</li>;
  });

  const handleSubmit = (event) => {
    event.preventDefault();
    console.log('handle submit:', inputText);
  };

  const handleChange = (event) => {
    inputText = event.target.value;
    console.log('handleChange:', event.target.value)
  };

  return (
    <div className="App">
      <ul>{userList}</ul>
      <form onSubmit={handleSubmit}>
        <input type="text" onChange={handleChange} />
        <button type="submit">追加</button>
      </form>
      {/* inputTextの確認 */}
      <div>入力値: {inputText}</div>
    </div>
  );
}
```

図7.7　App関数（コンポーネント）内に変数を用意しても動作しない

Reactのコンポーネント内の変数や関数は呼び出されるたびに再定義されます。また、Reactは再描画のタイミングなどに、何度もコンポーネントを呼び出します。このコードの場合、inputTextは呼び出されるたびに空文字に再定義され、空文字のままになってしまいます。

しかし、今回のように値を保持したいケースは多くあります。そこで利用されるのがuseState関数*21です。

リスト7.13　packages/frontend/src/App.js

```
import { useState } from 'react';
import './App.css';

function App() {
  const users = ['alpha', 'bravo', 'charlie', 'delta'];
  const [inputText, setInputText] = useState('');
  // let inputText = '';

  const userList = users.map((user) => {
    return <li key={user}>{user}</li>;
```

*21　useStateはReact Hooksの1つです。

```
  });

  const handleSubmit = (event) => {
    event.preventDefault();
    console.log('handle submit:', inputText);
  };

  const handleChange = (event) => {
    // useStateの返り値で渡されたset用の関数を利用する
    setInputText(event.target.value);
    // inputText = event.target.value;
  };

  return (
    <div className="App">
      <ul>{userList}</ul>
      <form onSubmit={handleSubmit}>
        <input type="text" onChange={handleChange} />
        <button type="submit">追加</button>
      </form>
      {/* inputTextの確認 */}
      <div>入力値: {inputText}</div>
    </div>
  );
}

export default App;
```

図7.8 useStateで値を保持する例

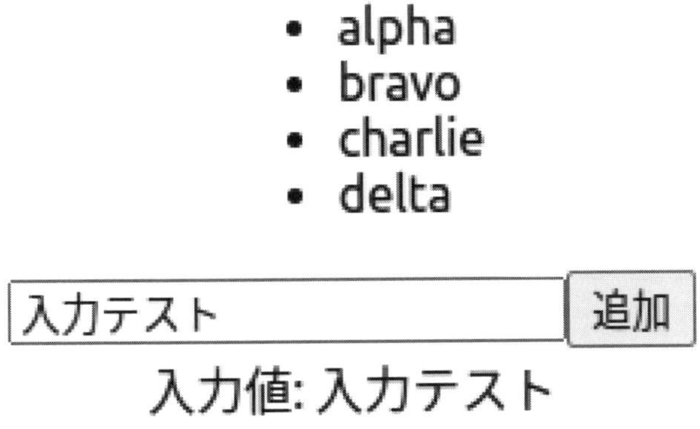

どういうコードになっているか、処理を追っていきましょう。まずはReactモジュールからuseState関数を読み込みます。

```
import { useState } from 'react';
import './App.css';

function App() {
  const [inputText, setInputText] = useState('');
```

useStateは呼び出すと配列を返します。配列の[0]に保持する変数、[1]が変数を保持するための関数に格納されています。

useStateの引数は初期値です。今回の場合inputTextの初期値は空文字です。

```
[保持する変数, 変数を保持するための関数] = useState(初期値);
```

次に、変数を保持する部分を見てみましょう。

```
const handleSubmit = (event) => {
  event.preventDefault();
  console.log('handle submit:', inputText);
};

const handleChange = (event) => {
  setInputText(event.target.value);
};
```

間違いのコード（**リスト7.12**）で示したinputText = event.target.value;がsetInputText(event.target.value);になりました。これでinputタグがchangeイベントを発行した時に、inputTextにinputタグの内容を保持できるようになりました。submitイベント（追加ボタンをクリックした時）にinputTextの内容がConsoleに出力されることを確認しましょう。

図7.9 submitイベントの内容が表示される

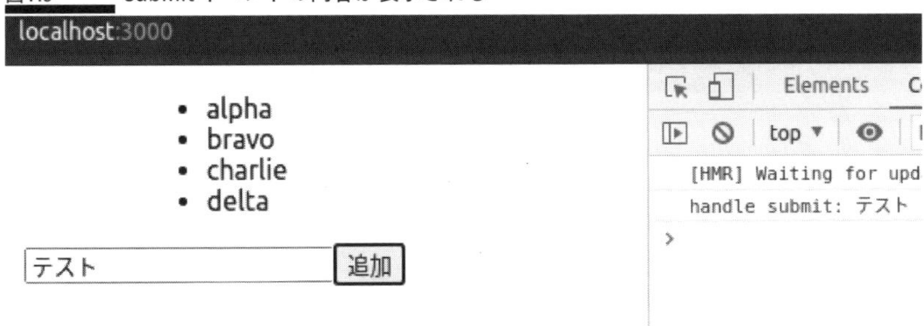

最後にinputTextをusers配列に追加する処理です。先ほどの注意点同様、users配列は呼び出されるたびに再定義されるためusers.push(inputText)では状態を保持できません。users配列もuseStateを使って保持可能な状態にします。

```
function App() {
  // 描画用のusers配列もuseStateで保持して変化させられるようにする
  const [users, setUsers] = useState(['alpha', 'bravo', 'charlie', 'delta']);
  const [inputText, setInputText] = useState('');

  const userList = users.map((user) => {
    return <li key={user}>{user}</li>;
  });

  const handleSubmit = (event) => {
    event.preventDefault();
    // setUsersを使って新しい配列を描画用配列にセットする
    const newUsers = [...users, inputText];
    setUsers(newUsers);
  };

  const handleChange = (event) => {
    setInputText(event.target.value);
  };

  return (
    <div className="App">
      <ul>{userList}</ul>
      <form onSubmit={handleSubmit}>
        <input type="text" onChange={handleChange} />
        <button type="submit">追加</button>
      </form>
    </div>
  );
}
```

図7.10　submitイベント似合わせて表示内容も更新する

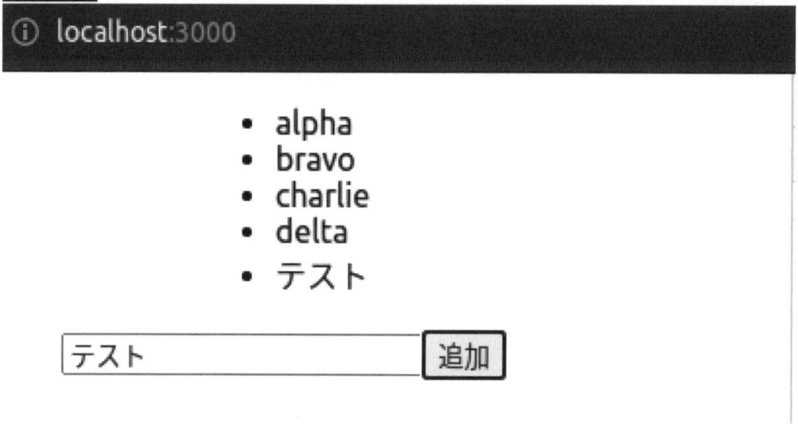

内容は先ほども説明した初期値や変数を保持する方法の組み合わせです。ここで押さえておくとよいのは、2.5.1でも触れたSpread構文と変数を組み合わせて新しい配列を生成する箇所です。

```
const newUsers = [...users, inputText];
setUsers(newUsers);
```

ここの処理はusers.pushで書いても見た目の挙動は同じですが、厳密には新しい配列（別のメモリアドレスを示す）変数になる部分で差異があります。JavaScriptではこのような「別のオブジェクトとして再生成したい」ケースがまま発生します。

例として2つの配列をマージした新しい配列を返す関数を考えてみましょう。

```
function mergeArray(arr1, arr2) {
  for (const elem of arr2) {
    arr1.push(elem);
  }
  return arr1;
}

const a = [1, 2, 3];
const b = [4, 5, 6];
const c = mergeArray(a, b);
console.log(c); // [ 1, 2, 3, 4, 5, 6 ]
console.log(a); // [ 1, 2, 3, 4, 5, 6 ]
```

変数cはマージされた結果が帰ります。しかしmergeArray関数はarr1に破壊的変更を加えてしまうため、参照が渡っている変数aの値も書き換えてしまいます。呼び出し元の変数aが意図に反して書き換えられてしまい、バグが発生してしまう可能性があります。

これをSpread構文に直すと、シンプルな記述で呼び出し元の配列の破壊的変更を防げます。

```
function mergeArray(arr1, arr2) {
  return [...arr1, ...arr2];
}

const a = [1, 2, 3];
const b = [4, 5, 6];
const c = mergeArray(a, b);
console.log(c); // [ 1, 2, 3, 4, 5, 6 ]
console.log(a); // [ 1, 2, 3 ]
```

また、Reactでは仮想DOMで変化したことを検知してその部分のみ再描画するロジックがあります。文字列が変化したことは単純に===などで比較できます。同様に、オブジェクトの場合は、オブジェクトの比較で変化したかを検知します。

新しいオブジェクトを生成し、変更を検知させたいケースでもSpread構文を利用することがあります。

そのため、この記法は近年特にフロントエンドで目にする機会が多くなっているため頭に入れておくとよいでしょう。

7.7 コンポーネントの分割

ここまでのコードでuserList関数はまだシンプルなHTMLを返すだけだったため、コード上特に不都合は感じませんでした。

リスト 7.14 userList関数

```
const userList = users.map((user) => {
  return <li key={user}>{user}</li>;
});
```

しかし、デザインの変化や機能が増えてくると、1行では収まらないケースが増えてきます。

```
// [{ name: 'alpha', icon: '/icon/alpha' }, { ... }, ...]
const userList = users.map((user) => {
  return (
    <li key={user.name}>
      <div>
        <img src={user.icon} />
        {user.name}
        <button>remove</button>
      </div>
    </li>
  );
});
```

このようにだんだんと責務が増えてくると、関数を分けるのと同様に一定の粒度で分割したくなります。ここではリストを別のコンポーネントに分割してみましょう。

リスト 7.15 packages/frontend/src/App.jsのApp関数とUser関数

```
// User表示のコンポーネントを分割する
function User({ name }) {
  return <li>{name}</li>;
}

function App() {
  const [users, setUsers] = useState(['alpha', 'bravo', 'charlie', 'delta']);
  const [inputText, setInputText] = useState('');

  const userList = users.map((user) => {
    // 分割したUserコンポーネントを使って描画する
    return <User key={user} name={user} />;
  });

  const handleSubmit = (event) => {
    event.preventDefault();
    const newUsers = [...users, inputText];
    setUsers(newUsers);
  };

  const handleChange = (event) => {
    setInputText(event.target.value);
  };

  return (
    <div className="App">
      <ul>{userList}</ul>
      <form onSubmit={handleSubmit}>
```

```
      <input type="text" onChange={handleChange} />
      <button type="submit">追加</button>
    </form>
  </div>
 );
}
```

また、少しずつ全体を解説していきます。

まずはコンポーネント化したい部分を別のコンポーネントとして抜き出します。今回はUserという名前でリストの要素を別コンポーネント化しました。

```
function User({ name }) {
  return <li>{name}</li>;
}
```

引数の書き方に2.5.2で説明した分割代入を用いています。オブジェクトの中からnameプロパティを取り出すという書き方です。これを利用せずに表現すると次のようになります。

リスト 7.16 分割代入を用いない場合

```
function User(props) {
  return <li>{props.name}</li>;
}
```

どちらで表記しても問題ありませんが、どちらの書き方もよくみる記法なので頭に入れておくとコードを読む際に役立つでしょう。また、今回は初期生成されたコードに習ってfunctionで定義しましたが、Arrow Functionを使用してもよいでしょう。

リスト 7.17 Arrow Functionで書く場合

```
const User = ({ name }) => {
  return <li>{user}</li>;
};
```

次に、定義したコンポーネントの利用方法です。先ほどまで直接HTMLを記述していた部分を、定義したUserコンポーネントの呼び出しに変更します。

```
const userList = users.map((user) => {
  return <User key={user} name={user} />;
});
```

Userコンポーネントは内部でnameプロパティを利用しています。利用側は表示するためにnameを渡してあげる必要があります。

これは上記のコードのように、呼び出し部分でプロパティに値を渡す記述をします。keyはUserコンポーネント内に定義していませんが、これはReactのコンポーネントがデフォルトで利用できるプロパティのため指定可能です。

このように責務ごとにコンポーネントを分割し、組み合わせていくことが近年のフロントエンドフレームワークの主なスタイルと言えるでしょう。

コンポーネントを分割したことで、Userコンポーネントはユーザーの表示に集中できます。たとえば、要素の内部に余白を入れるスタイルの修正要件があるとしましょう。Reactではstyleプロパティにオブジェクトを与えることで直接スタイルを指定可能です。そこで、Userコンポーネントに次のような修正を加えました。

リスト 7.18 スタイルを追加したUserコンポーネント

```
function User({ name }) {
  return <li style={{ padding: '8px' }}>{name}</li>;
}
```

これを実装してブラウザをみてみると、それぞれの要素にpadding: 8pxが指定され隙間を空けられたことが確認できます。

図7.11 スタイルを適用したUserコンポーネント

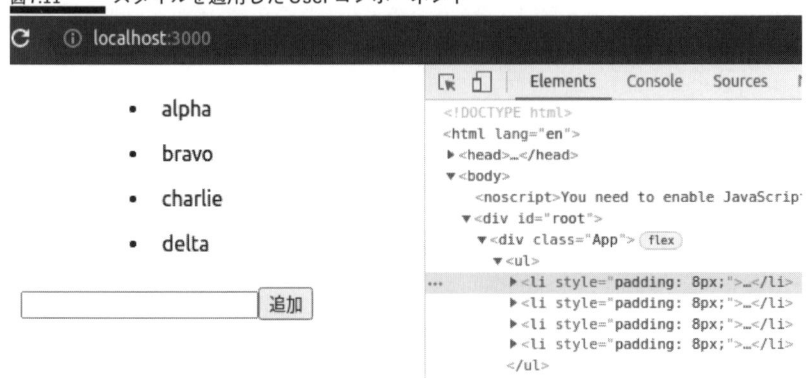

今回は同じファイル内で分割しましたが、別ファイルに分割も可能です。

Column

コンポーネントとフレームワーク

基本的にCSSはクラス（やID）に対してスタイルを付与します。アプリケーションが大きくなるほど、違う箇所だがスタイルとしては同じような名前を付けたいケースも増えてきます。プロジェクトに関わる人数が増えたり入れ替わったりし、引き継ぎなどで全容が把握しきれずクラス名のバッティングが起こり、思わぬところにスタイルがあたってしまう経験はフロントエンド開発に関わる人には少なからずあるでしょう。

現状のスタイルシートは局所的に影響する表現するにはまだ十分と言える状況ではありません*a。そんな中で、それらの問題に対処するためコンパイルすることでCSSを吐き出すSassや、クラス名の規則で影響を絞るBEMなどが利用されてきました。

これらの技術や設計のモチベーションは「(スタイルの修正が与える）影響を局所的にすること」と言えます。それぞれのパーツが与える影響範囲をできる限り狭めるという考え方は、どのようなプログラムであれメンテナンスのしやすさに関わる重要な視点です。

スタイリングを前提に説明しましたが、ロジックも同様に影響を局所的に閉じ込められることはメリットです。

その点でReactなどが採用しているコンポーネントによる分割は、スタイルに限らず影響の範囲を小さいブロック単位として表現しやすく、近年の大きくなってしまったWebの開発と親和性が高い方法です。そのためこれらのフレームワークは広く受け入れられ広まっていると筆者は考えています。

*a　CSS自体も少しずつ改善してきていますが、執筆時点ではまだ十分とは言いきれません。

7.8 APIから取得した値を表示する

ここまでReactを用いて表示する方法を説明しました。

SPAアプリケーションを実装する上で肝となる、APIコール部分を作成していきます。ここまでは静的な表示をしていた部分を、APIから値を取得し、表示するように修正してみましょう。

バックエンドのコードはRedisをDBとして利用しているため、DockerでRedisを立ち上げておきます。

```
$ docker run --rm -p 6379:6379 redis
```

Dockerを立ち上げたターミナルとは別のターミナルでバックエンドのサーバーを起動します。

```
$ npm start -w packages/backend
```

Column

ホットリロード

Node.jsは基本的にサーバーを起動するとコードをすべて読み込みメモリ上に展開します。なので、コードの変更を反映するためには再起動が必要です。

しかし、create-react-appのコードは変更した後、再起動しなくても変更が反映されていました。これはホットリロードと呼ばれる機能が組み込まれているためです。ホットリロードはファイルの変更などを検知しサーバーを再起動したり、変更された部分だけ再読込したりして、手作業による更新反映の労力を減らすものです。

6.13で紹介したPM2やforeverなどを利用してバックエンド側にもホットリロードを組み込み可能です。また、nodemon[*a]も多く利用されています。

ファイルの変更検知とモジュールのキャッシュ削除等を組み合わせてアプリケーションに自前で実装も可能ですが、コストは高いため既存のモジュールの利用がおすすめです。

*a https://www.npmjs.com/package/nodemon

7.8.1 ポートの修正

第6章で作成したバックエンドのコードをそのまま起動すると、次のようなエラーで起動できない人もいるでしょう。

```
$ npm start -w packages/backend
node:events:371
      throw er; // Unhandled 'error' event

Error: listen EADDRINUSE: address already in use :::3000
```

これはフロントエンドのサーバーとバックエンドのサーバーが同時に3000番

ポートをlistenしようとしているため、後に起動されたバックエンドのサーバーが起動できなかったというエラーです。同じマシンの中で同じポートを同時に利用はできません。別の使用していないポートに書き換えて起動しましょう。

```
// app.listen(3000, () => {
app.listen(8000, () => {
  console.log('start listening');
});
```

また、このような環境によって変化させたい値は、環境変数から与えた方がより汎用的で望ましいです*22。

リスト7.19 backend/server.jsでポートを環境変数から設定する例

```
app.listen(process.env.PORT, () => {
  console.log('start listening');
});
```

process.envを参照することで、起動時にポート番号がかぶらないように設定できます。

```
$ PORT=8000 node server.js
```

7.8.2 APIへ変更

第6章ではNode.js側でユーザー一覧はHTMLとして出力するコードになっていました。

*22 6.8.1のコンフィグファイルの分割で触れたように別ファイルに分けた方がよいですが、ここではコードを簡潔に示すために直接アプリケーションコードでprocess.envを記述しています。

図7.12　ユーザー一覧の表示（6章のものを再掲）

localhost:3000/users

- bravo
- alpha
- delta
- charlie

HTMLはフロントエンド側で構築するため、バックエンドでは出力をやめJSONとして返すAPIに戻しましょう。

バックエンドのserver.js内にある/api/usersルートを次のように修正します。

```
// app.get('/users', async (req, res) => {
 app.get('/api/users', async (req, res) => {
  try {
    const users = await usersHandler.getUsers(req);
//    res.render(path.join(__dirname, 'views', 'users.ejs'), { users: users });
    res.status(200).json(users);
  } catch (err) {
    console.error(err);
    res.status(500).send('internal error');
  }
});
```

サーバーを再起動して変更を反映した後、curlで変更したパスがAPIとしてJSONを返すかを確認しましょう。

```
$ curl http://localhost:8000/api/users
{"users":[{"id":4,"name":"delta"},{"id":3,"name":"charlie"},{"id":1,"name":"alpha
"},{"id":2,"name":"bravo"}]}
```

7.8.3 フロントエンドからAPIをコールする

いよいよ先ほどのAPIをフロントエンドから呼び出していきましょう。まずは準備段階としてブラウザのConsoleの使い方に触れていきます*23。

2.1でNode.jsの簡単なコマンドを試すREPLについて触れました。フロントエンドではブラウザに付属しているDevToolsで同じように簡単なスクリプトを実行できます。

ブラウザで`http://localhost:8000/api/users`にアクセスします。DevTools（その他ツール → デベロッパーツール）を開きConsoleタブをクリックします。

DevToolsでは次のようにREPLのようなコード実行が可能です。

図7.13 DevToolsのConsole

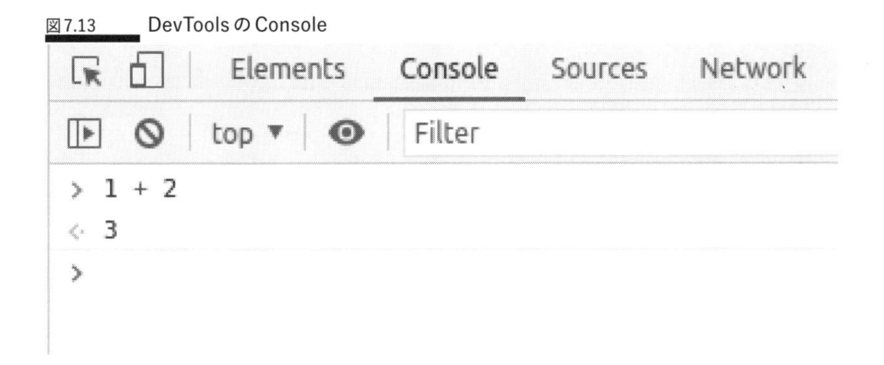

これを使って、APIをコールするコードの実行を試してみます。Consoleで次のコードをConsoleに入力してみましょう。

```
fetch('/api/users')
  .then((res) => res.json())
  .then((data) => console.log(data));
```

リクエストが成功すると、Consoleにレスポンスの内容が出力されることを確認できます。

*23 ここではChromeを使って説明していますが、ほかのブラウザでもやれることはほぼ同様です。

図7.14　Consoleにレスポンスの内容が表示される

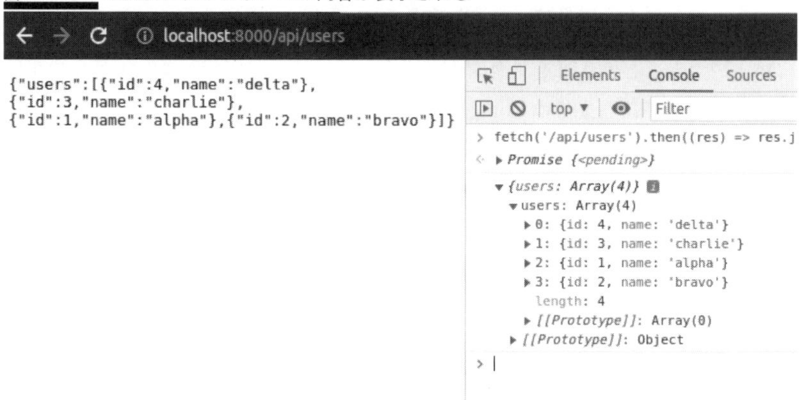

fetchはHTTPリクエストなどをPromiseで扱えるAPIです。

上記のコードを少し解説します。

fetch('/api/users')で引数に与えたパスに対しGETリクエストを送信した結果をPromiseで取得します。ドメインは自動的に補完されるため、localhost:8000を開いたタブのDevToolsで上記のコードを実行した場合はhttp://localhost:8000/api/usersへGETリクエストを送信することとイコールです。リクエストが成功すると、statusコードやheader、body等の情報を内包したオブジェクトが返ってきます。

フロントエンドのコードではAPIの結果を利用するので、bodyオブジェクトの中身を使いたいのですが、fetchが返すbodyはStreamオブジェクト*24です。このため、bodyをそのままオブジェクトとして受け取ることはできません。

そのようなユースケースをカバーするために、返却されたオブジェクトの中にjson関数が実装されています（res.json()）。この関数を利用することで、body

*24　Node.jsでもStreamオブジェクトが出てきましたが、このStreamオブジェクトはJavaScriptの標準として定められたStreamのため、厳密には違うものです。標準化の議論の際にNode.jsの挙動が参考にされた部分もあるため、非常によく似た性質を持っていますが、まったく同一のものではないことに注意が必要です。Node.jsの内部でも標準のStreamを取り込もうという動きがありますが、過去の経緯もあるため単純に進むものではありません。そういった理由もあり、JavaScriptの標準でありながらNode.js上ではfetchが長らく実装されていませんでした。フロントエンドとバックエンドでは必要とするセキュリティや担保するべき機能や互換性が違うため、同じJavaScriptでも実装できる/すべきものが違うという実例です。なお、現在はundiciがfetchの実装として取り込まれる動き（https://github.com/nodejs/node/pull/41749）があるため、そのうち利用できるようにはなるでしょう。

の内容をオブジェクトにして取得できます。

これでfetchを利用したAPIの呼び出し方を確認できました。

Column

XMLHttpRequestからfetchへ

ブラウザサイドのJavaScriptのHTTPリクエストは、以前は主にXMLHttpRequest*[a]によって実装されていました。

XMLHttpRequestは古くからあるAPIで枯れている技術ですが、そのぶんCallbackをベースとした設計など使いづらい面もありました。このため、近年のフロントエンドに適したAPIが必要とされていました。

そこでfetchの仕様が策定され、現在のモダンなブラウザでは単純なAPIリクエストには不便しない程度に実装が進んでいます。これからのフロントエンドのHTTPリクエストではfetchをベースに考えて問題ないでしょう。

*a　https://developer.mozilla.org/en-US/docs/Web/API/XMLHttpRequest

fetchをフロントエンドのコードに組み込む

次はこれをフロントエンドのコードに組み込んでいきます。

リスト7.20　frontend/src/App.jsのfetchを組み込んだ部分

```
// ユーザー情報をAPIから取得する関数
const getUsers = async () => {
  const response = await fetch('http://localhost:8000/api/users');
  const body = response.json();
  return body;
}

function App() {
  const [users, setUsers] = useState(['alpha', 'bravo', 'charlie', 'delta']);
  const [inputText, setInputText] = useState('');

  // ユーザー情報取得関数を呼び出す
  getUsers()
    .then((data) => console.log(data))
    .catch((error) => console.error(error));

  const userList = users.map((user) => {
    return <User key={user} name={user} />;
  });
```

先ほどConsoleに貼り付けて動作確認したコードをgetUsers関数で定義しまし

た。定義したgetUsers関数をAppコンポーネントから呼び出します。

APIが実装されているサーバーはバックエンド側のコードです。http://localhost:8000/api/usersがリクエスト先になります。フロントエンドのコードを配信しているサーバーはhttp://localhost:3000で立ち上がっているため、http://localhost:3000/api/usersには該当のAPIはありません。なので、フロントエンド側のコードではパスだけでなくオリジンまで指定しています。

コードを反映したらブラウザでhttp://localhost:3000/を開いてConsoleを確認します。すると、次のようなエラーが表示され呼び出しに失敗しています。

```
Access to fetch at 'http://localhost:8000/api/users' from origin 'http://
localhost:3000' has been blocked by CORS policy: No 'Access-Control-Allow-Origin'
 header is present on the requested resource. If an opaque response serves your
needs, set the request's mode to 'no-cors' to fetch the resource with CORS
disabled.
```

図7.15 CORSエラー

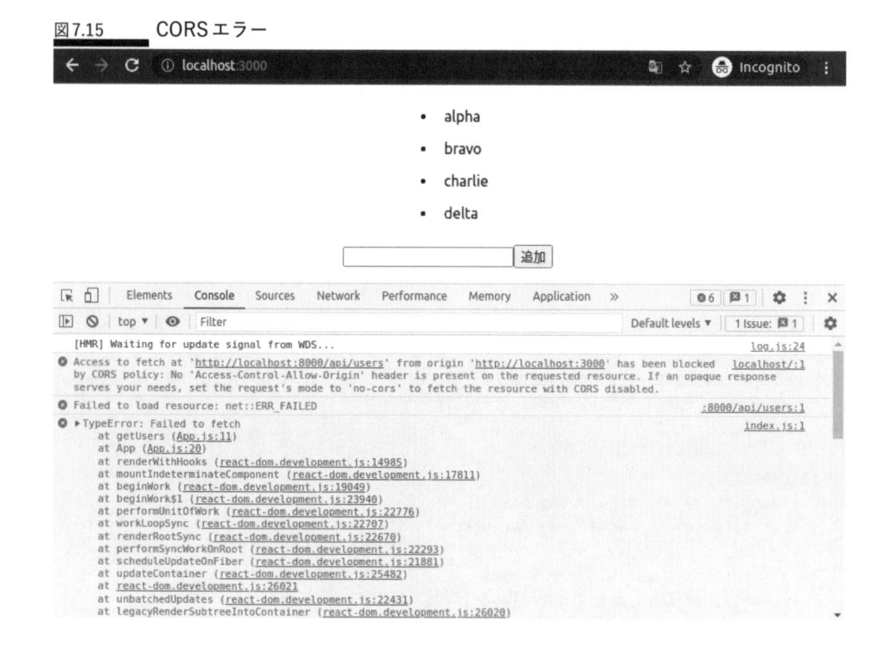

このエラーが出る理由を理解するためにはSame-origin policyやCross-Origi

n Resource Sharing(CORS)について知る必要があります。

7.8.4 Cross-Origin Resource Sharing(CORS)

先ほどのエラーが起きた理由をシンプルに説明すると、ブラウザには「基本的な操作は同じOriginのみに限定する」しくみがあるためです。これはSame-origin policy*25と呼ばれるセキュリティのしくみです。

エラーの内部に出ていたCORSとはCross-Origin Resource Sharingの略称で、異なるOriginのリソースにアクセスを許可させる際に利用します*26。

Originの構成要素はscheme + domain(host) + portです。具体的に示すと今回のOriginはhttp://localhost:8000の部分です。

先ほどの成功した例をみてみると、ブラウザのConsoleでのリクエストはhttp://localhost:8000のOriginからhttp://localhost:8000/api/usersに対して操作をするものでした。これはscheme + domain + portが同一のリクエストになるため成功します。

リクエストが失敗した**リスト7.20**をあらためて読んでみます。フロントエンドのコードはhttp://localhost:3000から配信されています。APIを配信しているhttp://localhost:8000/api/usersと比較するとポートの部分が異なっています。つまり、別のOriginとなるため操作に失敗していたというわけです。

この問題を解消する方法は2つあります。

- **Proxyを導入してドメインを同じにする**
- **Access-Control-Allow-Originヘッダーを付与する**

今回は前者のProxyを導入して同じOriginにする手法を見ていきましょう。

7.8.5 Proxyを導入してドメインを同じにする

ここまで何度か、「別のOriginに対するリクエスト」が課題となっていることに触れました。つまりアクセスしたいAPIが同じOriginであれば、この問題は起きません。そこで、フロントエンドのコードを配信しているサーバーで呼び出

*25 https://developer.mozilla.org/ja/docs/Web/Security/Same-origin_policy
*26 https://developer.mozilla.org/ja/docs/Web/HTTP/CORS

したいAPIをProxyするという方法がとれます*27。APIサーバーとは別にProxyを立て、そこを経由してアクセスするようにします。

実現手段はいくつか考えられますが、本書で取り上げるのは以下です。

■開発時

- フレームワークのAPI関連の機能を用いる（本書ではcreate-react-appに採用されるproxyオプションを紹介）。

■デプロイ時

- Expressで静的ファイルを配信しつつ、同じサーバーでhttp-proxy-middlewareなどを用いてProxyとしても機能させる（本書ではデプロイ時に利用）。
- nginxなどをProxyとして設置して、そこにAPIを集約する（本書では簡単に紹介）。

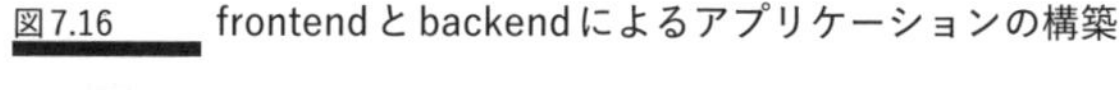

図7.16　frontendとbackendによるアプリケーションの構築

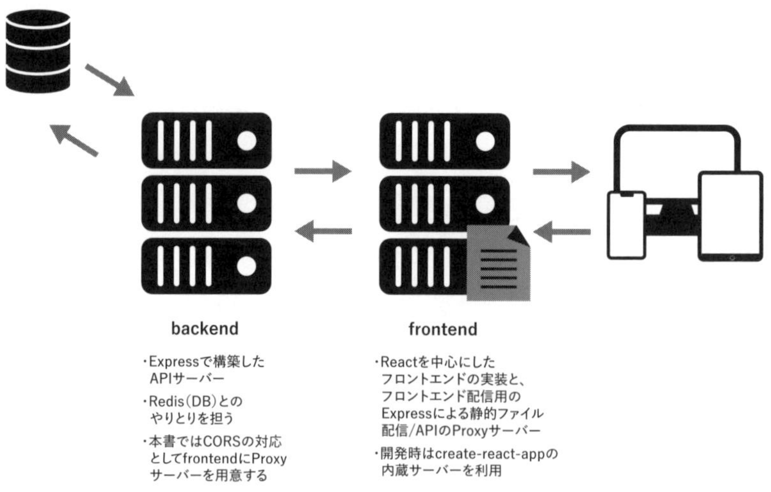
backend
・Expressで構築したAPIサーバー
・Redis（DB）とのやりとりを担う
・本書ではCORSの対応としてfrontendにProxyサーバーを用意する
frontend
・Reactを中心にしたフロントエンドの実装と、フロントエンド配信用のExpressによる静的ファイル配信/APIのProxyサーバー
・開発時はcreate-react-appの内蔵サーバーを利用

*27　JavaScriptの構文にもProxy（https://developer.mozilla.org/en-US/docs/Web/JavaScript/Reference/Global_Objects/Proxy）がありますが、ここで扱うProxyはリクエストを中継するものを指します。

フレームワークAPI関連の機能

create-react-appで作成したアプリケーションには、CORSエラー対策の機能がすでに搭載されています。Proxyについてのドキュメント*28を眺めてみると、package.jsonのproxyプロパティに設定をすることでProxyの実装を自動的に行ってくれます。開発時はこれを用いれば正しく動作することが期待できます。

```
"proxy": "http://localhost:8000"
```

アプリケーション側のコードもProxyに合わせて修正します。

リスト7.21　packages/frontend/src/App.js diff

```
 const getUsers = async () => {
-   const response = await fetch('http://localhost:8000/api/users');
+   const response = await fetch('/api/users');
    const body = response.json();
    return body;
 }

 function App() {
    const [users, setUsers] = useState(['alpha', 'bravo', 'charlie', 'delta⏎
']);
    const [inputText, setInputText] = useState('');

    getUsers()
      .then((data) => console.log(data))
      .catch((error) => console.error(error));
```

http://localhost:3000のConsoleを確認するとgetUsers関数によってリクエストされた結果が出力されていることが確認できます*29。

*28　https://create-react-app.dev/docs/proxying-api-requests-in-development/
*29　2回出力されていますが、これは7.9で説明します。ここでは省略します。

図7.17　Proxyを間に挟んで、正しく結果が出力されている

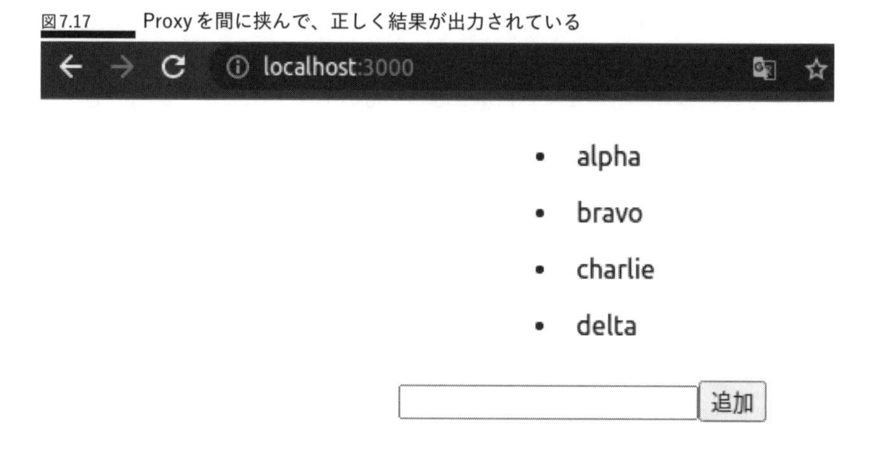

create-react-appのドキュメントにも記載されていますが、ここで設定したProxyは開発時にしか利用できないことに注意してください。npm startで立ち上がる開発用のWebサーバーを、運用するサーバーにホスティングすることも技術的には可能です。しかし、実運用としての用途は考慮されていないため、パフォーマンスなどさまざまな問題が発生しえます。

そのため、実際にアプリケーションをデプロイする際にはビルドする必要があります。create-react-appではデフォルトでビルド用のnpm scriptが用意されて

います。

ビルドの結果は静的なファイルになるため、配信するサーバーは別途準備が必要です。そのため、デプロイの際には配信サーバーでも同様の挙動をするProxy実装が必要になります*30。

デプロイ先の配信サーバーがNode.jsであれば、次に紹介するhttp-proxy-middlewareの利用が手軽でしょう。

Node.jsアプリケーションとしてProxyを立ち上げる

create-react-appにはもともとCORS対策用の機能が備わっています。ですが、今回はそれを用いずに、APIをNode.jsによるProxyを通してアクセスできるようにします。なお、ここではあくまで概要を伝えるだけです。実際に実装するコードは7.11を参照してください。

自前でHTTPクライアントを使って実装も可能ですが、ここではモジュールを利用する方法に触れます。ExpressではProxy実装にhttp-proxy-middlewareが広く利用されています。

```
# packages/frontendにhttp-proxy-middlewareを追加する
$ npm install http-proxy-middleware -w packages/frontend
```

読み込んだhttp-proxy-middlewareからcreateProxyMiddlewareを利用して作成したProxyを/apiに紐づけします。createProxyMiddlewareの引数にtargetプロパティでProxy先のOriginを指定します。フロントエンドを配信するサーバーをProxyサーバー兼静的ファイル配信サーバーとすることで、APIと静的ファイル（React）が同じオリジンを持つようになります。

リスト7.22　ExpressをAPI Proxyサーバー兼静的ファイル配信サーバーにする

```
const { createProxyMiddleware } = require('http-proxy-middleware');
const express = require('express');
const app = express();

app.use(
  '/api',
  createProxyMiddleware({
    // APIサーバーをlocalhost:8000で動かす
    target: 'http://localhost:8000'
```

*30　package.jsonのproxyプロパティを利用するのもpackage.jsonを設定ファイル代わりに利用する独自の仕様です。

```
  })
);

// 静的ファイルを配信する...
```

`http://localhost:3000`を開いたタブから`PUT /api/put`に対してfetchリクエストを送ってみます。プロトコルとドメインの指定を省略すると、アクセス元のプロトコルとドメインが自動的に補完されます。つまりこの場合`PUT http://localhost:3000/api/put`にリクエストを送ることと同義です。

図7.18 Proxyを間に挟んだ例

```
Elements  Console  Sources  Network  Performance
top ▼  Filter
> fetch('/api/put', {
    method: 'PUT'
  }).then((res) => res.json()).then((data) => console.log(data))
<· ▶ Promise {<pending>}
   ▶ {method: 'put'}
> |
```

ブラウザのコンソールから`PUT /api/put`へのリクエストが成功していることが確認できます。近年のフロントエンドではこのようなProxyを介したアクセスは多く見られます。

Column

Proxyサーバーで APIを集約する

アプリケーションサーバーと別に、Proxyサーバー（プロキシサーバー）を用意するのもよいでしょう。筆者はSPAをサーバーにデプロイする際は前段にnginxを配置し、アクセスを振り分けることが多いです。

リスト 7.23 nginxの設定例

```
upstream api {
  server localhost:3001;
}

location /api {
  proxy_pass http://api;
}

location / {
  try_files $uri /index.html;
  expires -1;
}
```

近年はSaaS等にこのような機能が集約されることも増えています。（7.11.1参照）

7.9 APIをコールして値を更新する

APIがコールできるようになりました。APIの結果から表示を構築するようにコードを修正していきましょう。

図 7.17のスクリーンショットをみると、Consoleに結果が2回出力されていました。ここまでも何度か触れましたが、App関数は何度か呼び出されるためです。

しかし、今回のようなケースで何度も同じAPIを呼ばれるのは無駄なコストもかかりうれしくありません。初めてApp関数が呼び出された時に一度だけ呼び出したくなります。このようなシーンで利用できるのがuseEffect[*31]関数です。

*31 https://reactjs.org/docs/hooks-effect.html

リスト 7.24 packages/frontend/src/App.js

```
// useEffectの読み込み
import { useState, useEffect } from 'react';

// ...

function App() {
  const [users, setUsers] = useState(['alpha', 'bravo', 'charlie', 'delta']);
  const [inputText, setInputText] = useState('');

  // コンポーネントが呼び出された時に一度だけ実行する
  useEffect(() => {
    getUsers()
      .then((data) => console.log(data))
      .catch((error) => console.error(error));
  }, []);
```

useEffectは特定の条件に当てはまったタイミングで、与えた関数を実行する関数（React Hooks*32）です。第一引数は実行する関数を与え、第二引数で実行する条件を指定します。第二引数には空の配列を渡していますが、これはコンポーネントがマウントされた時に一度だけ実行することを表します*33。

これでコンポーネントの初回呼び出し時にユーザーの一覧をAPIから取得可能になりました。後は先ほどまでの組み合わせで、呼び出した結果をsetUsers関数を使ってHTMLに反映するだけです。

```
const [users, setUsers] = useState([]);

useEffect(() => {
  getUsers()
    .then((data) => {
      // 名前だけの配列に変換する
      const users = data.users.map((user) => user.name);
      return users;
    })
    // 名前だけの配列を表示用配列にセットする
    .then((users) => setUsers(users))
    .catch((error) => console.error(error));
}, []);
```

***32** useEffectのようなHooksと呼ばれる機能はReactの中では比較的新しい機能です。Hooks登場以前のReactではclassを継承した形で実装されていました。現在でもclassの形で表記されているコードを見る機会は多いですが、基本的にはHooksで書き直すことが可能です。新しく作成するコードではHooksを利用すると考えてよいでしょう。

***33** React v18からは開発モード中は第二引数をから配列にしても2回実行されてしまいます。これを防ぐ場合はドキュメントを参照してください https://beta.reactjs.org/learn/synchronizing-with-effects#how-to-handle-the-effect-firing-twice-in-development

わかりやすくするために初期データは空にし、APIから取得した結果をnameだけの配列に変換しsetUsersで保持します。ブラウザの方で確認してみると、初期には何も描画されていない状態からAPIのコール完了後にユーザーのリストが表示されるようになりました。

今回のケースでは初回に一度だけ実行すればよいので空の配列を渡しています。複数回実行したい場合は配列に変更のキーとなる値を入れます。次のコードは更新ボタンを押すたびにAPIを再度コールするサンプルです。

```
const [counter, setCounter] = useState(0);

useEffect(() => {
  getUsers()
    .then((data) => {
      const users = data.users.map((user) => user.name);
      return users;
    })
    .then((users) => setUsers(users))
    .catch((error) => console.error(error));
  // counterが更新されるたびにAPIがコールされる
}, [counter]);

return (
  // ...
  <button onClick={() => setCounter(counter + 1)}>更新</button>
  // ...
);
```

useStateやuseEffectはHooks（React Hooks）と呼ばれる、Reactの比較的新しいAPIです。その中でもこの2つは登場頻度が多いです。これらの他にも、いくつかのHooksがあり、カスタムしたHooks*34（独自フック、Custom Hooks）の作成も可能です。

7.10 Client Side Routing（クライアントサイドのルーティング）

最後にフロントエンド側で行うルーティング（Client Side Routing）について説明します。

*34 https://ja.reactjs.org/docs/hooks-custom.html

もともとWebサイトは静的なページを配信するものがほとんどでした。そのためルーティングはそれらを配信するWebサーバーが担う機能でした。JavaScriptは特定のページに動きをつける程度のもので、パスを動的に変更する需要が強くありませんでした。

近年では、SPAの登場と流行など、スマートフォンアプリの利用体験に近づけたいというニーズが発生しています。それらの需要から、ブラウザのリロードを伴わず、これらの値をJavaScriptから動的に変更できるしくみが求められます。

図7.19 Client Side Routing

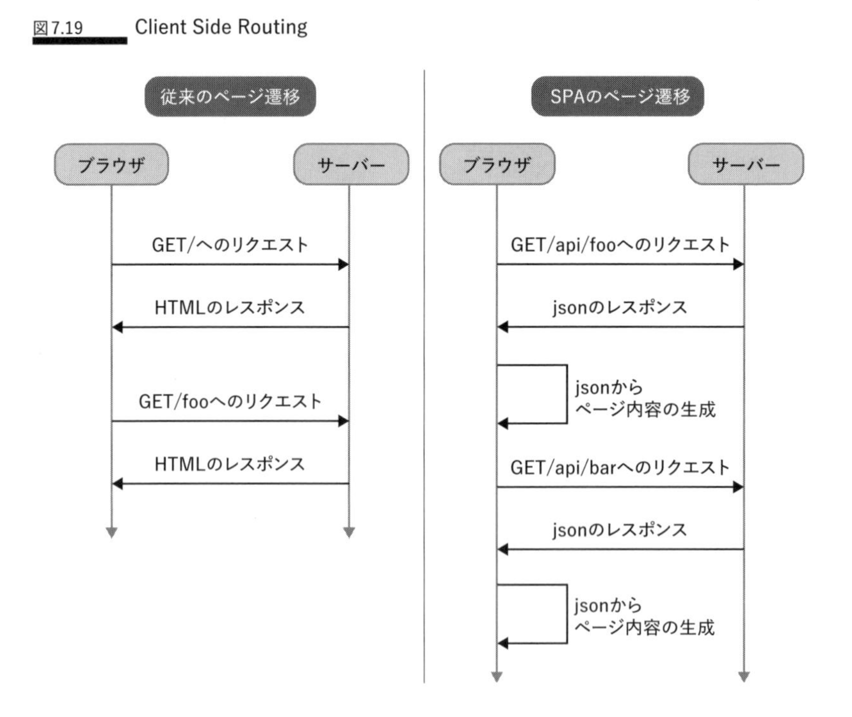

`window.location.href`を書き換えるなど、昔ながらの方法でもJavaScriptからパスの変更は可能です。ただ、SPAではJavaScriptでデータを取得し画面を構築するため、ページを遷移する前の情報を参照したくなるケースが多くあります。同じAPIをコールしなおしてデータ取得する方法もとれますが、そのリクエスト時間分ユーザーは待つ必要が出てきますし、同じデータであれば使いまわしたくなります。

そういった要件もありwindowオブジェクトにHistory API*35が策定され、利用されるようになりました。History APIはブラウザの戻る/進む機能を呼び出したり、ブラウザの履歴を追加したり書き換えができるAPIです。履歴にはURLの情報が保持されているため、JavaScriptからHistory APIを呼び出すことにより、URLの書き換え+描画の変更ができるようになりました。これによりリロードを伴わずに擬似的にページ遷移を実現可能になりました。

たとえば、ブラウザの履歴に追加をしたい時はhistory.pushState*36を呼び出します。

SPAでルーティングを行う場合はこのHistory APIがベースになります。ここではルーティングには今までに触れてきたサーバーサイドのものと、Hitory APIを利用する2つがあることを知っておきましょう。

7.10.1 クライアントサイドのルーティングを実装する

先ほどのアプリケーションにクライアントサイドのルーティングを設定してみましょう。create-react-appでは標準でルーティングの機能を提供していません。History APIをそのまま利用して自作も可能ですが、複雑な挙動も多いためモジュールの利用をおすすめします。

ReactのルーティングではReact Router（react-router-dom）モジュールを利用するケースが多いです*37。

```
$ npm install react-router-dom -w packages/frontend
```

ルーティングを実装する前に、先ほどまで触れていたコンポーネントを別のコンポーネントに分離します。今回はUsersという名前のコンポーネントに変更してsrc/Users.jsに分離しました。

リスト 7.25 packages/frontend/src/Users.js

```
import { useState, useEffect } from 'react';
import './App.css';

function User({ name }) {
```

*35 https://developer.mozilla.org/en-US/docs/Web/API/History_API

*36 https://developer.mozilla.org/en-US/docs/Web/API/History/pushState

*37 Adding a Router | Create React App https://create-react-app.dev/docs/adding-a-router/

```
  return <li style={{ padding: '8px' }}>{name}</li>;
}

const getUsers = async () => {
  const response = await fetch('/api/users');
  const body = response.json();
  return body;
};

function Users() {
  const [users, setUsers] = useState([]);
  const [inputText, setInputText] = useState('');
  const [counter, setCounter] = useState(0);

  useEffect(() => {
    getUsers()
      .then((data) => {
        const users = data.users.map((user) => user.name);
        return users;
      })
      .then((users) => setUsers(users))
      .catch((error) => console.error(error));
  }, [counter]);

  const userList = users.map((user) => {
    return <User key={user} name={user} />;
  });

  const handleSubmit = (event) => {
    event.preventDefault();
    const newUsers = [...users, inputText];
    setUsers(newUsers);
  };

  const handleChange = (event) => {
    setInputText(event.target.value);
  };

  return (
    <div className="App">
      <ul>{userList}</ul>
      <form onSubmit={handleSubmit}>
        <input type="text" onChange={handleChange} />
        <button type="submit">追加</button>
      </form>
      <button onClick={() => setCounter(counter + 1)}>更新</button>
    </div>
  );
}

export default Users;
```

Appコンポーネント側では分離したUsersコンポーネントを呼び出すように修正します。

リスト 7.26 packages/frontend/src/App.js

```
// 分割したコンポーネントを読み込む
import Users from './Users';

function App() {
  return <Users />;
}

export default App;
```

このApp.jsにReact Routerを組み込んでいきましょう*38。

リスト 7.27 packages/frontend/src/App.js

```
// Routerの読み込み
import { BrowserRouter as Router, Routes, Route, Link } from 'react-router-⏎
dom';
import Users from './Users';

// `/`のときの表示
function Top() {
  return <div>Top</div>;
}

function App() {
  return (
    <Router>
      <Routes>
        {/* /users の時に表示するコンポーネントを設定 */}
        <Route path="/users" element={<Users />} />
        {/* / の時に表示するコンポーネントを設定 */}
        <Route path="/" element={<Top />} />
      </Routes>
    </Router>
  );
}

export default App;
```

/の時にはTopコンポーネントを描画し、/usersの時にUsersコンポーネントを描画する設定です。

*38 React Routerのバージョンによっては書き方が異なります（本書は6.x.xで作成）。最新の情報は公式ドキュメントを参照してください。

ブラウザを確認してTopと表示されていることを確認しましょう。

図7.20 Topコンポーネントが表示される

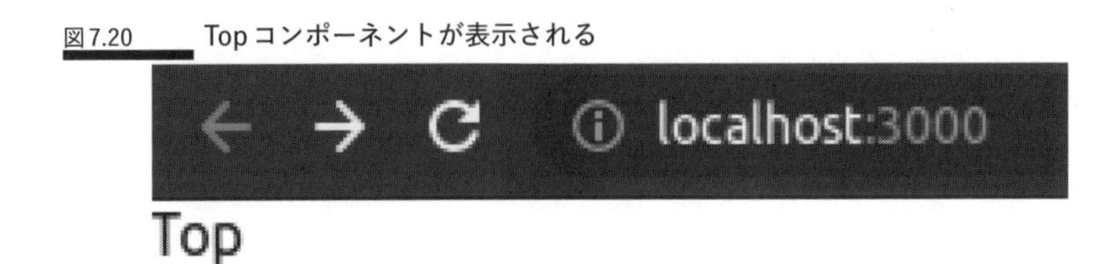

次にブラウザのURLを直接`http://localhost:3000/users`に書き換えて`Users`コンポーネントが描画されることを確認しましょう。

図7.21 Usersコンポーネントが表示される

React RouterがアクセスⅠ時のURLの情報を読み取って、表示するコンポーネン

トを切り替えています。

7.10.2 Linkコンポーネントによるリンク

初期アクセス時の挙動を確認したので、次はリンクを設置して画面遷移の挙動を確認していきましょう。画面上部にURLを切り替えるリンクを設置します。

リスト 7.28 packages/frontend/src/App.js

```
// ...

function App() {
  return (
    <Router>
      {/* ページ上部にナビゲーションリンクを設置 */}
      <nav>
        <ul>
          <li>
            <Link to="/">Top</Link>
          </li>
          <li>
            <Link to="/users">Users</Link>
          </li>
        </ul>
      </nav>
      <Routes>
        {/* /users の時に表示するコンポーネントを設定 */}
        <Route path="/users" element={<Users />} />
        {/* / の時に表示するコンポーネントを設定 */}
        <Route path="/" element={<Top />} />
      </Routes>
    </Router>
  );
}
```

リンクを設定するためにReact Routerから読み込んだLinkコンポーネントを利用しています。

一般的なリンクの設定方法である`<a href="/users">`とせず、Linkコンポーネントを導入するのには理由があります。aタグによる画面遷移ではブラウザの読み込みが発生します。機能としては動作しているのですが、「ブラウザの読み込みが発生している」=「JSやCSSなどのリソースを再度ネットワークから取得している」ことになります。

SPAの利点のひとつはHistory APIを利用することで、画面遷移時にすべてのリソースを再取得せずにすむことです*39。

先ほどのコードに戻ると、LinkコンポーネントはHistory APIを使ってURLを書き換えながら、対象となるコンポーネントを描画します。リソースを再取得していないことはDevToolsのNetworkタブから確認できます。

次のようにaタグによる画面遷移を追加してみるとわかりやすいでしょう。

リスト7.29 画面遷移の違いを確認する

```
<li>
  <Link to="/users">Users</Link>
</li>
<li>
  <a href="/users">Users 2</a>
</li>
```

aタグによる画面遷移ではxxx.jsやxxx.pngなどの静的リソースを再取得する挙動が確認できます。

もう一点、クライアントサイドのルーティングは配信時に注意する点があります。この注意点はアプリケーションの配信（デプロイ）と深く関わってくるので、まずはそちらからの説明をします。

7.11 フロントエンドアプリケーションのデプロイ

ここまで、フロントエンドの開発について一通り触れました。ここからはフロントエンドのコードを実際にデプロイする方法について説明していきます。

7.8.5の項でも説明しましたが、開発用のサーバーはそのまま本番に利用しません。開発時にしか利用しないデバッグ用のコードや、ホットリロードなど本番では利用しない機能が含まれているためです。

本番用のコードを生成するためには、フロントエンドのルート（packages/frontend）でビルドを行います。

*39 リソースの再取得はHeaderやServiceWorkerを使いブラウザにキャッシュさせることで緩和が可能です（https://developer.mozilla.org/en-US/docs/Web/HTTP/Headers/Cache-Control）。キャッシュを効かせた再読込の方がより速く感じるケースもあるでしょう。また、シンプルな実装になるのでメンテナンスコストも低くなります。状況に応じて計測し、ユーザーにとって何を届けたいシーンなのかを考慮して適切な手段を選択できることが重要です。

```
$ npm run build # プロジェクトルートならnpm run build -w packages/frontend
# ...
File sizes after gzip:

  52.09 KB (+8.08 KB)  build/static/js/2.4d97ac58.chunk.js
  1.62 KB              build/static/js/3.932a0dce.chunk.js
  1.16 KB (-1 B)       build/static/js/runtime-main.03e80922.js
  1 KB (+112 B)        build/static/js/main.ac191228.chunk.js
  316 B                build/static/css/main.dc05df17.chunk.css
```

ビルドコマンドを呼び出すとbuildディレクトリが作成されます。buildディレクトリの中身が配信用にビルドされた結果のファイルです。

7.11.1 配信用のNode.jsサーバーの作成

このディレクトリを配信するサーバーを用意します。ここでは配信サーバーにNode.jsを採用します。静的ファイルの配信とCORSの対策ができればよいので、実際の運用ではnginxやApache HTTP Serverなども採用候補にあがります。少し解説の趣旨とはずれますが静的ファイルを配信するSaaSも増えているので、これらを採用してもいいでしょう。

静的ファイルはユーザーのリクエストによって変更がされないため、世界に分散するユーザーに対し、物理的に近い場所へキャッシュを配置しやすい（=CDNやSaaSと相性がいい）という特性があります。これはSPAを採用する利点と言えるでしょう。

たとえば近年ではCloudflareなどのCDNは、フロントエンドと親和性の高い機能も多く、広く利用されています*40*41。

サーバーの役割を整理します。

■ backendのサーバー

- **Expressを中心にしたAPIサーバー**
- **Redisとやりとりする**

■ frontendのサーバー

- **Expressを中心にしたProxy・静的ファイル配信サーバー**

---

*40 CDN-Cache-Control https://developers.cloudflare.com/cache/about/cdn-cache-control/
*41 Cross-Origin Resource Sharing (CORS) https://developers.cloudflare.com/cache/about/cors/

- **別途backendの前段に配置するイメージ**
- **開発時は`create-react-app`に内蔵されているサーバーを利用**

Node.jsでの配信用サーバーはExpressと`http-proxy-middleware`を組み合わせます。

リスト7.30 packages/frontend/server.js

```
const { createProxyMiddleware } = require('http-proxy-middleware');
const path = require('path');
const express = require('express');
const app = express();

app.use(
  '/api',
  createProxyMiddleware({
    target: 'http://localhost:8000'
  })
);

app.use('/static', express.static(path.join(__dirname, 'build', 'static')));

app.get('/manifest.json', (req, res) => {
  res.sendFile(path.join(__dirname, 'build', 'manifest.json'));
});

app.get('/', (req, res) => {
  res.sendFile(path.join(__dirname, 'build', 'index.html'));
});

app.use((err, req, res, next) => {
  console.log(err);
  res.status(500).send('Internal Server Error');
});

app.listen(3000, () => {
  console.log('start listening');
});
```

また、これを起動するスクリプトを`packages/frontend/package.json`に追加しておきましょう。

```
{
  "private": true,
  "dependencies": {
    ...
  },
  "devDependencies": {
```

```
    ...
  },
  "scripts": {
    ...
    "server": "node server.js"
  }
}
```

7.11.2 本番と同等の環境を立ち上げ

実際に本番用のコードはどのようになるかをみてみましょう。

```
$ npm run build -w packages/frontend
$ npm run server -w packages/frontend
```

ブラウザでhttp://localhost:3000/にアクセスすると、開発時と同じように表示されることが確認できます。上部のReact Routerによる遷移も問題なさそうです。

ここでhttp://localhost:3000/usersに遷移してからリロードしてみましょう。すると次のようにエラーで表示がされませんでした。これは開発時とは違う挙動です。

図7.22 React Routerでリロードするとエラーがでる

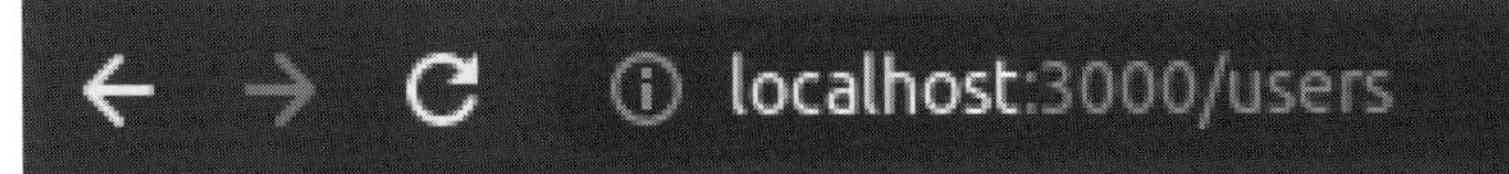

これが7.10.1で少し触れた注意点です。開発時には先ほどまでのコードでも動作しますが、実際にアプリケーションをデプロイする際に配信サーバーで適切な設定をしなければなりません。create-react-appのドキュメントを覗いてみると次のようなコードが記載されています[*42]。

リスト 7.31 Create React AppのDeploymentに掲載のコード

```
app.use(express.static(path.join(__dirname, 'build')));

-app.get('/', function (req, res) {
+app.get('/*', function (req, res) {
   res.sendFile(path.join(__dirname, 'build', 'index.html'));
 });
```

変更後のコードはapp.get('/'ではなく、app.get('/*'となっていることが重要です。今回のアプリケーションの場合は、実体としてのファイル（たとえば/users.html）などはありません。なので、SPAで定義されているルートの初回アクセス時にはindex.htmlを返す必要があります。

サーバーのコードも書き直しましょう。

リスト 7.32 packages/frontend/server.js diff

```
- app.get('/', (req, res) => {
+ app.get('/*', (req, res) => {
    res.sendFile(path.join(__dirname, 'build', 'index.html'));
  });
```

サーバーを再起動して挙動を確認します。

```
$ npm run server -w packages/frontend
```

今度はhttp://localhost:3000/usersでブラウザをリロードしてもきちんと表示されています。

/usersはクライアントサイドのルーティングで指定したURLです。初期アクセス（ブラウザのリロード）の場合、まずブラウザは/usersからHTMLなどをダウンロードしようとします。しかし、Express側ではそのURLに対してレスポンスを返す設定をしていませんでした。そのため前の状態では返すものが見つからずエラーとなっていました。

app.get('/*'とすることで、この関数より先に設定されている以外のすべてのGETリクエストに対してindex.htmlを返すように設定できます。そのためhttp://localhost:3000/usersに初めてアクセスしても/でアクセスしたのと同様にindex.htmlにアクセスでき、無事エラーを解消できました。

＊42 Deployment | Create React App https://create-react-app.dev/docs/deployment#serving-apps-with-client-side-routing（Facebook, Inc.、2021）より引用。

より素朴に表記すると次のようなコードと同等の意味になります。

リスト7.33 packages/frontend/server.jsと同等のコード

```
app.get('/users', (req, res) => {
  res.sendFile(path.join(__dirname, 'build', 'index.html'));
});

app.get('/', (req, res) => {
  res.sendFile(path.join(__dirname, 'build', 'index.html'));
});
```

Column

nginxでProxyサーバーを建てる場合

nginxを利用する場合はtry_filesを利用して同様の対応が可能です。

```
location / {
  try_files $uri /index.html;
}
```

バックエンドのデプロイに関しては前章を参照してください。

Column

ReactのSSR

冒頭でも触れましたが、現在メジャーなフロントエンドフレームワークであるReact、Vue、AngularはSSRをサポートしています。

ReactではSSRを実現するためにReactDOMServer*[a]というモジュールが提供されています。ReactDOMServerではrenderToString*[b]関数にReactコンポーネントを渡すと、HTMLの文字列として変換してくれます。HTMLの描画としてはこれで完了のようにも思えますが、ReactはHTMLの構築だけではなくイベントの紐づけ等も行っています。Reactのコンポーネント内部で設定されたイベントを描画されたHTMLと紐づけるために、hydrate*[c]関数も呼び出す必要があります。

SSRはパフォーマンスを突き詰めるために必要とされる技術ですが、HTMLを文字列として扱う性質上、同期的な処理を求められます。つまりCPUを専有する処理です。これはNode.jsの特性上あまり得意な処理ではありません。すべての要素をSSRしてしまうと、逆に大きく性能ダウンし、パフォーマンスが落ちてしまうこともあります。

このようにSSRを適切に扱うためには、フロントエンドだけではなくNode.js

やサーバーサイドの知識も要求されることが多々あります。もちろんそれらを理解して扱えた方がよいですが、すべての注意点を適切に扱いながらアプリケーションを作成するのは非常に大変です。

そこで、筆者はそれらをある程度ラップして扱えるNext.jsの利用をおすすめしています。

*a https://reactjs.org/docs/react-dom-server.html
*b https://reactjs.org/docs/react-dom-server.html#rendertostring
*c https://reactjs.org/docs/react-dom.html#hydrate

Column

Next.js

Next.js[*a]はVercelによって開発されているReactを包括したフレームワークです。先ほどSSRについて触れましたがNext.jsはフレームワークのルールに従うことで、それらを扱いやすくしてくれます。

フロントエンドのパフォーマンスを改善しようとすると、JavaScriptのファイルサイズの問題に多々遭遇します。JavaScriptはブラウザがネットワーク越しに取得するため、取得完了まで実行できません。ファイルサイズが大きくなればなるほど取得完了までの時間が延び、その他の処理も後ろにずれ込んでしまいます。そのため描画するページでのみ必要な関数だけ読み込むことや、必要なタイミングまでJavaScriptの読み込みを遅延させるといったテクニックが必要になってきます。

また、近年ではStatic Generation（SGまたはStatic Site Generation:SSG）と呼ばれる概念も登場しています。これは事前に静的なHTMLを作成しておくことで、都度SSR時にかかってしまう計算コストを省ける技術です。さらに静的なリソースとなることで、CDNにのせてより高速にユーザーへリソースを届けることが可能になります。

SGもNext.jsのルールに乗っかることでコストを下げた状態で導入が可能です[*b]。

SGのデメリットとして、データの動的な変更時にリソースの再生成を必要とする場合が発生します。都度リソースを再生成し新しいキャッシュとして配信する、と言葉で言えば簡単ですが実装するコストは高くなります。また、ページの数が増えた際に全ページをビルドし直すと膨大な時間がかかります。そのため差分が発生した箇所だけビルドしたい、といったようなニーズも発生します。

Next.jsではそれらのデメリットに対する回答として、SSRとSGの中間のようなIncremental Static Regeneration（ISR）[*c]と呼ばれる機能も実装されています。

もちろん万能な銀の弾丸ではなく、データ反映の即時性やパフォーマンスの重要性に応じてこれらの機能を使い分ける必要があります。

これらをゼロから自分で構築するのは非常に難易度が高いですし、できあがった後にチーム全体で設計やルールを維持していくこともコストがかかります。そのため、多くの人の知見やバグ修正が入るこれらのフレームワークを利用するのが一番合理的だと考えています。

Next.jsはコミュニティではなく企業によって主導されているフレームワークですが、Googleからのサポートもあるなど、比較的安心して採用できると筆者は感じています。

*a　https://nextjs.org/

*b　https://nextjs.org/docs/basic-features/pages#static-generation-recommended

*c　https://vercel.com/docs/concepts/next.js/incremental-static-regeneration

7.12 フロントエンドのテスト

ここまでフロントエンド/バックエンドを含むアプリケーションの作成とデプロイについて説明をしました。次にフロントエンドのテストについて解説していきます[*43]。

ここでは先ほどのコードを利用しながら、シンプルなフロントエンドのテストについて触れていきます。

ここまでの変更でpackages/frontend/src/App.test.jsは**リスト7.34**のようになっています。

リスト7.34 packages/frontend/src/App.test.js

```
// Routerの読み込み
import { BrowserRouter as Router, Routes, Route, Link } from 'react-router-⏎
dom';
import Users from './Users';

// `/`のときの表示
function Top() {
  return <div>Top</div>;
```

*43 本来の開発であればデプロイより先にテストを書くべきですが、ルーティングの説明を先にしたかったため説明の順番が前後しています。

```
}

function App() {
  return (
    <Router>
      {/* ページ上部にナビゲーションリンクを設置 */}
      <nav>
        <ul>
          <li>
            <Link to="/">Top</Link>
          </li>
          <li>
            <Link to="/users">Users</Link>
          </li>
        </ul>
      </nav>
      <Routes>
        {/* /users の時に表示するコンポーネントを設定 */}
        <Route path="/users" element={<Users />} />
        {/* / の時に表示するコンポーネントを設定 */}
        <Route path="/" element={<Top />} />
      </Routes>
    </Router>
  );
}

export default App;
```

フロントエンドのテストランナーにはバックエンドと同様にJestの利用がおすすめです[*44][*45]。create-react-appを利用している場合、Jestは最初から同梱されています[*46]。

バックエンドのテストとフロントエンドのテストの大きな違いはDOMの存在です。Node.jsはブラウザでは動作しないため、ブラウザとは違いDOMにアクセスするためのAPIが存在しません[*47]。

しかし、JestはNode.jsで動作するテストランナーです。このため、そのままではフロントエンドのコードがブラウザのAPIを使った時点でエラーとなってしまいます。そこで、DOMに関する実装をNode.jsで実行可能にするため、JavaScriptのみでエミュレーション可能にするjsdom[*48]というライブラリがよく

*44 Testing React Apps · Jest https://jestjs.io/docs/tutorial-react
*45 Testing Overview – React https://reactjs.org/docs/testing.html
*46 Running Tests | Create React App https://create-react-app.dev/docs/running-tests/#docsNav
*47 windowオブジェクトなど。
*48 https://github.com/jsdom/jsdom

用いられます。

create-react-appのテストでもjsdomを用いて、Node.js上でブラウザの挙動をエミュレーションしたテストを実行可能にしています。

7.12.1 テストの実行

ひとまずcreate-react-appに付属しているテストを実行してみましょう。create-react-appのテストはreact-scripts testというスクリプトでラップされています。テストを起動すると、対話的にテストの実行方法を選択可能です。

```
$ npm test -w packages/frontend

Watch Usage
 › Press a to run all tests.
 › Press f to run only failed tests.
 › Press q to quit watch mode.
 › Press p to filter by a filename regex pattern.
 › Press t to filter by a test name regex pattern.
 › Press Enter to trigger a test run.
```

ここではaを選択してすべてのテストを実行しましょう。

```
FAIL  src/App.test.js
  × renders learn react link (27 ms)
...

      4 | test('renders learn react link', () => {
      5 |   render(<App />);
    > 6 |   const linkElement = screen.getByText(/learn react/i);
        |                              ^
      7 |   expect(linkElement).toBeInTheDocument();
      8 | });
      9 |
```

テスト実行後はqで対話を終了できます。今までの変更でpackages/frontend/src/App.jsの中身が変更されているので、テストが失敗します。テストコードをみてみましょう。

リスト 7.35 packages/frontend/src/App.test.js

```
import { render, screen } from '@testing-library/react';
import App from './App';
```

```
test('renders learn react link', () => {
  render(<App />);
  const linkElement = screen.getByText(/learn react/i);
  expect(linkElement).toBeInTheDocument();
});
```

create-react-appでは描画のテストをやりやすくするため、testing-library*49というモジュールを利用しています。

ざっくりとJestとの役割の違いを説明すると、Jestはテストを実行するためのモジュール、testing-libraryはテストの中で共通して現れるシーンをカバーするモジュールです*50。

@testing-library/reactからReact用のテスト関数を読み込みます。読み込んだrender関数にコンポーネントを渡すことで描画のエミュレーションをしています。screen*51は描画したDOMにアクセスする手段を提供するAPIです。

上記のテストでは/learn react/iに一致するテキストがDOMの中に存在するかをテストしています。toBeInTheDocument関数はjest-dom*52から提供されるJestを拡張する関数です。

App.jsは初期状態から変更されているため/learn react/iに一致する要素は存在しません。そのためexpect(linkElement).toBeInTheDocument()の箇所の比較は失敗します。

この部分を確実に表示されているNav要素内の/usersへのリンクをターゲットに変更してみましょう。

リスト 7.36 packages/frontend/src/App.test.js diff

```
- test('renders learn react link', () => {
+ test('renders Users link', () => {

  // ...

- const linkElement = screen.getByText(/learn react/i);
+ const linkElement = screen.getByText(/Users/i);
```

今度はlinkElementが存在するため、テストがパスするはずです。

---

*49 https://testing-library.com/

*50 React Testing Library | Testing Library https://testing-library.com/docs/react-testing-library/intro/

*51 https://testing-library.com/docs/queries/about#screen

*52 https://github.com/testing-library/jest-dom

7.12.2 APIコールのテスト

APIコールのあるUserコンポーネントのテストを書いてみましょう。Usersコンポーネントは初期状態では空のリストが表示されますが、fetch('/api/users')の非同期呼び出しが完了すると描画される内容が変わります。ここでテストしたい内容は「APIコール後にどのようなHTMLが構築されるか」です。

まずはその内容を表すテストを作成しましょう。

リスト7.37 packages/frontend/src/App.test.js

```
import { render, screen, waitFor } from '@testing-library/react';
import Users from './Users';

test('renders Users', async () => {
  render(<Users />);

  await waitFor(() => {
    return expect(screen.getByText('alpha')).toBeInTheDocument();
  });
});
```

waitFor*53は、引数に与えた関数がエラーを返さなくなるまで待ち受ける関数です。

本書執筆時点でのデフォルトでは繰り返し間隔が50ms、タイムアウトは1000msです。上記のコードではalphaというテキストが現れるまで待ち受けます。

Usersコンポーネントはfetch('/api/users')を内包しているため、そのまま実行すると/api/usersへのアクセスを開始します。しかし、そのままでは呼び出す先のAPIが存在しないためアクセスできません。つまり、上記のテストはこのままではタイムアウトまで待ち受けて失敗します。

テストをパスさせるためにはfetchを成功させなければなりません。擬似的にリクエストを成功させるためには、fetchそのものをmock化する方法とmockサーバーを用意する方法があります。

mockサーバーの導入

今回はtesting-libraryのドキュメントにも載っている後者のmockサーバーを用意する方法を採用してみましょう*54。

*53 https://testing-library.com/docs/dom-testing-library/api-async/#waitfor

```
$ npm i -D msw -w packages/frontend # -Dは--save-devのショートオプション
```

msw*55はAPI（Web API）をmockするためのモジュールです。

mswのsetupServer関数でmock用のサーバーを用意できます。次のコードがAPIのmockを用意してコンポーネントのテストを行うコードです。

リスト 7.38 packages/frontend/src/Users.test.js

```
import { render, screen, waitFor } from '@testing-library/react';
import { rest } from 'msw';
import { setupServer } from 'msw/node';
import Users from './Users';

const server = setupServer();

beforeAll(() => server.listen());
afterEach(() => server.resetHandlers());
afterAll(() => server.close());

test('renders Users', async () => {
  // APIのmock
  server.use(
    rest.get('/api/users', (req, res, ctx) => {
      return res(ctx.json({ users: [{ name: 'alpha' }, { name: 'bravo' }] ↩
}));
    })
  );

  render(<Users />);

  await waitFor(() => {
    return expect(screen.getByText('alpha')).toBeInTheDocument();
  });

  await waitFor(() => {
    return expect(screen.getByText('bravo')).toBeInTheDocument();
  });
});
```

少しずつ分解して説明します。次の部分がmockサーバーの設定です。GET /api/usersを呼び出した際に{ users: [{ name: 'alpha' }, { name: 'bravo' }] }を返すように設定しています。

*54 Example | Testing Library https://testing-library.com/docs/react-testing-library/example-intro/
*55 https://www.npmjs.com/package/msw

```
server.use(
  rest.get('/api/users', (req, res, ctx) => {
    return res(ctx.json({ users: [{ name: 'alpha' }, { name: 'bravo' }] }));
  })
);
```

次に示すのが実際にテストを行っている部分です。Usersコンポーネントを描画しaplha、bravoというテキストが現れるまで待ち受けます。APIのコールが完了すると、その内容が描画されるのでAPIから取得したalphaとbravoが描画されていることをwaitForの内部でテストしています。

```
render(<Users />);

await waitFor(() => {
  return expect(screen.getByText('alpha')).toBeInTheDocument();
});

await waitFor(() => {
  return expect(screen.getByText('bravo')).toBeInTheDocument();
});
```

このようにtesting-libraryでは待ち受ける処理を記述することで、APIコールなどの副作用を含むコンポーネントもテスト可能です。

7.12.3 テストの分割

先ほどまでの内容でAPIコールを含むコンポーネントのテストを記述する方法を解説しました。これでもテストとしては成り立っていますが、もう少し手を加えていきましょう。

Usersコンポーネントは大きく分類すると次の2つの機能を持っています。

- **APIからデータを取得する**
- **ユーザーの表示をする**

先ほどのテストは、APIのモックと描画のテストで暗黙的に上記の2つを同時にテストしています。

筆者はコードを書くにあたって、次のポイントを意識するとメンテナンスがしやすい設計になると考えています。

- **できる限り、複数の責務が絡むテストをしないこと（単一のテストになるよう**

にすること）

■副作用を少なくし、In/Outでテストすること

つまり、テストがしやすくなるようにコードを書くと、メンテナンス性が高まるということです。これは6.12で述べた内容にもつながる話です。

先ほどの2つの機能を含むUsersコンポーネントを、この観点で分割します。どのようにしたら、分割可能になるでしょうか。まずは先ほどの例からAPIのコール部分をCustom Hookを作成して抜き出してみましょう。

リスト7.39 packages/frontend/src/Users.js

```
function Users() {
  const [users, setUsers] = useState([]);
  const [inputText, setInputText] = useState('');
  const [counter, setCounter] = useState(0);

  useEffect(() => {
    getUsers()
      .then((data) => {
        const users = data.users.map((user) => user.name);
        return users;
      })
      .then((users) => setUsers(users))
      .catch((error) => console.error(error));
  }, [counter]);

  const userList = users.map((user) => {
    return <User key={user} name={user} />;
  });

  const handleSubmit = (event) => {
    event.preventDefault();
    const newUsers = [...users, inputText];
    setUsers(newUsers);
  };

  const handleChange = (event) => {
    setInputText(event.target.value);
  };

  return (
    <div className="App">
      <ul>{userList}</ul>
      <form onSubmit={handleSubmit}>
        <input type="text" onChange={handleChange} />
        <button type="submit">追加</button>
      </form>
      <button onClick={() => setCounter(counter + 1)}>更新</button>
    </div>
```

```
  );
}
```

このコンポーネントから「描画とイベントハンドラーの紐づけ」を扱うコンポーネントと「データの保持や変更」を扱うCustom Hookを分離したものが次のコードです。

リスト 7.40　packages/frontend/src/Users.js

```
// ユーザー情報の取得や変更を担当するCustom Hook
function useUsers() {
  const [users, setUsers] = useState([]);
  const [inputText, setInputText] = useState('');
  const [counter, setCounter] = useState(0);

  useEffect(() => {
    getUsers()
      .then((data) => {
        const users = data.users.map((user) => user.name);
        return users;
      })
      .then((users) => setUsers(users))
      .catch((error) => console.error(error));
  }, [counter]);

  const submit = () => {
    const newUsers = [...users, inputText];
    setUsers(newUsers);
  };

  const addCounter = () => {
    setCounter(counter + 1);
  }

  return {
    users,
    setInputText,
    submit,
    addCounter
  }
}

// ユーザー情報の表示を担当するコンポーネント
function Users() {
  const { users, setInputText, submit, addCounter } = useUsers();

  const userList = users.map((user) => {
    return <User key={user} name={user} />;
  });
```

```
  const handleSubmit = (event) => {
    event.preventDefault();
    submit();
  };

  const handleChange = (event) => {
    setInputText(event.target.value);
  };

  return (
    <div className="App">
      <ul>{userList}</ul>
      <form onSubmit={handleSubmit}>
        <input type="text" onChange={handleChange} />
        <button type="submit">追加</button>
      </form>
      <button onClick={() => addCounter()}>更新</button>
    </div>
  );
}
```

Usersが「描画とイベントハンドラーの紐づけ」を扱うコンポーネントで、useUsersが「データの保持や変更」を扱うCustom Hookです。

この分割によって「描画と同時にfetchを行う」部分や「イベント時のデータ変更処理」をCustom Hookに分割しました。

また、Hooksもpackages/frontend/src/Users.hooks.jsへ分離しておきましょう。

リスト 7.41　packages/frontend/src/Users.hooks.js

```
import { useState, useEffect } from 'react';

const getUsers = async () => {
  const response = await fetch('/api/users');
  const body = response.json();
  return body;
};

// ユーザー情報の取得や変更を担当するCustom Hook
export function useUsers() {
  const [users, setUsers] = useState([]);
  const [inputText, setInputText] = useState('');
  const [counter, setCounter] = useState(0);

  useEffect(() => {
    getUsers()
      .then((data) => {
        const users = data.users.map((user) => user.name);
```

```
      return users;
    })
    .then((users) => setUsers(users))
    .catch((error) => console.error(error));
  }, [counter]);

  const submit = () => {
    const newUsers = [...users, inputText];
    setUsers(newUsers);
  };

  const addCounter = () => {
    setCounter(counter + 1);
  }

  return {
    users,
    setInputText,
    submit,
    addCounter
  }
}
```

リスト 7.42 packages/frontend/src/Users.js

```
import './App.css';
// hooksを読み込む
import { useUsers } from './Users.hooks'

function User({ name }) {
  return <li style={{ padding: '8px' }}>{name}</li>;
}

// ユーザー情報の表示を担当するコンポーネント
function Users() {
  const { users, setInputText, submit, addCounter } = useUsers();

  const userList = users.map((user) => {
    return <User key={user} name={user} />;
  });

  const handleSubmit = (event) => {
    event.preventDefault();
    submit();
  };

  const handleChange = (event) => {
    setInputText(event.target.value);
  };

  return (
    <div className="App">
```

```
      <ul>{userList}</ul>
      <form onSubmit={handleSubmit}>
        <input type="text" onChange={handleChange} />
        <button type="submit">追加</button>
      </form>
      <button onClick={() => addCounter()}>更新</button>
    </div>
  );
}

export default Users;
```

さっそくUsersコンポーネントに対して描画のテストを行ってみましょう。

リスト7.43 packages/frontend/src/Users.test.js

```
import { render, screen } from '@testing-library/react';
import Users from './Users';
import { useUsers } from './Users.hooks'

jest.mock('./Users.hooks', () => {
  return {
    useUsers: jest.fn()
  };
});

test('renders Users', () => {
  useUsers.mockImplementation(() => {
    return {
      users: ['alpha', 'bravo'],
    }
  });

  render(<Users />);

  expect(screen.getByText('alpha')).toBeInTheDocument();
  expect(screen.getByText('bravo')).toBeInTheDocument();
});
```

fetchがuseUsersに分離されたことでUsersコンポーネントは返ってきた配列をそのまま描画するシンプルなコンポーネントになりました。

jest.mockはUsersコンポーネント内でimport { useUsers } from './Users.hooks'としている部分をmockにしています。つまり、useUsersの中で呼ばれるfetchなどの内部構造を知らなくても、usersのインターフェースさえ知っていればUsersコンポーネントのテストが可能になったということです。

この程度のコンポーネントであれば責務が重複したテストでも大きな影響はあ

りませんが、分割の方法の参考として頭に入れておくとよいでしょう。

これにより、先ほどまでのテストにあったmockサーバーや描画までの待ち受けが必要なくなります。つまり、In（users配列）/Out（吐き出されたHTML）のシンプルなテストです。

フロントエンドのテストは副作用を完全に排除することは難しいですが、このような分割である程度までは副作用を軽減可能です。

イベントハンドラーの紐づけも、同様にmockの呼び出し回数でテストが可能です。testing-libraryにはfireEventという、要素にイベントを発生させる関数が提供されています。

リスト 7.44 packages/frontend/src/Users.test.js

```
import { render, screen, fireEvent } from '@testing-library/react';

// ...

test('追加ボタンのsubmitでsubmitが呼び出される', () => {
  const submitMock = jest.fn()

  useUsers.mockImplementation(() => {
    return {
      users: ['alpha', 'bravo'],
      submit: submitMock
    }
  });

  render(<Users />);

  fireEvent.submit(screen.getByText('追加'));

  expect(submitMock).toHaveBeenCalledTimes(1);
});
```

Hooksで分離していなかった場合は、submitイベントが発行された時にsetUsersが適切に呼び出されているか、というテストをする必要があります。

リスト 7.45 コンポーネントを分離しない場合に必要なテスト

```
const handleSubmit = (event) => {
  event.preventDefault();
  const newUsers = [...users, inputText];
  setUsers(newUsers);
};
```

これは暗黙的に「イベントハンドラーが適切に紐づけられている」ことと

「setUsersが正しく使われている」という2つをテストしていることになります。

Hooksに分割することでハンドラーの紐づけとロジック実体を分割し、暗黙的な依存を解消できます。

Custom Hookのテスト

次にCustom Hookのテストです。

先ほど分離したpackages/frontend/src/Users.hooks.js（**リスト7.41**）にテストを書いていきます。

まずはuseUsersを呼び出した時にfetchされ、データが保持されることを確認するテストを書いてみましょう。次のコードが今回用意したテストコードです。

リスト7.46 packages/frontend/src/Users/index.test.js

```
import { renderHook, waitFor } from '@testing-library/react';
import { rest } from 'msw';
import { setupServer } from 'msw/node';
import { useUsers } from './Users.hooks';

const server = setupServer();

beforeAll(() => server.listen());
afterEach(() => server.resetHandlers());
afterAll(() => server.close());


test('users配列がAPIから取得される', async () => {
  // APIのmock
  server.use(
    rest.get('/api/users', (req, res, ctx) => {
      return res(ctx.json({ users: [{ name: 'alpha' }, { name: 'bravo' }] ↩
}));
    })
  );

  const { result } = renderHook(() => useUsers());

  // APIのコール終了まで待ち受ける
  await waitFor(() => {
    return expect(result.current.users).toStrictEqual(['alpha', 'bravo']);
  });
});
```

Custom Hookのテストではrenderの代わりにrenderHookを利用します。renderHookはresultでCustom Hookの実行結果にアクセス可能です。useUsersは呼び出し後APIをコールし、users配列を更新します。

waitForを利用しresult.currentの中で参照できるusersがmswでたてたモックから返される値になることをテストすることでCustom Hooksの挙動をテストしています。

```
// APIのコール終了まで待ち受ける
await waitFor(() => {
  return expect(result.current.users).toStrictEqual(['alpha', 'bravo']);
});
```

Column

テストとmock

Usersコンポーネントのテストではuse Usersをmock化してテストしていました。これはコンポーネントが担う描画とHooksが担うロジックの責務を分離したかったためです。

テスト用に振る舞いを自由に設定するためにHooksをmockとして用意しています。このようにHooksをまるごとmock化することで「Usersコンポーネントに対する（fetchなどの）依存」を減らすことができます。つまりUsersコンポーネントはuseUsersはどのようなロジックであるか、逆にuseUsersはUsersコンポーネントがどのように描画されるかを知らなくてよくなります。

しかし、mockを利用することでuseUsersに対する依存を減らしたことにより、逆にuseUsersのインターフェースが変更されたときにmockの修正を忘れ、気づかぬままエラーとなるリスクも含んでいます。

mockを使わずにuseUsersを含んでいればテストが落ちて察知できるという点で、mockの利用は一長一短ではあります。

mockは暗黙的な依存を取り除くのに有効ではありますが、それが優位になる点を理解して適切なシーンで採用する必要があります。最近ではTypeScriptによる型の導入によってインターフェースを共有し、それらのリスクの低減も可能になってきました。

useUsersの関心ごとは描画以外のデータの保持やイベント発生時のロジックです。Usersコンポーネントのデザインが変更された場合にも、useUsersのロジックに変更がなければテストは落ちてほしくありません。

しかし、テスト内でUsersコンポーネントの要素に依存したテストを書いていた場合、useUsersのテストにも影響してしまう可能性があります。

たとえばuseUsersで提供しているsubmitロジックのテストのケースを考えてみましょう。submitのロジックを分解すると次の2点になります。

■inputTextの内容を配列に追加する

■users配列を新しい配列で更新する

これがUsersコンポーネントに直接書かれていた場合、「submitボタンを押した時に」という条件をテストに追加することになります。もし、途中でデザインの変更等で別の箇所に移った場合、submitのロジックそのものは変更されないが、テストの条件を変更する必要が出てきます。

フロントエンドはデザインの変更からは逃れられません。Custom Hooksのようにロジックと描画を分離していくことで、デザインの変更にある程度耐えやすくなります。

実際のアプリケーションではRedux[*a]やHooksなど、いくつかの方法でロジックと描画の分離が可能です。

重要なことはひとつのテストが複数の責務を担っていないか（ロジックと描画をできる限り分離できないか）、という視点を頭に入れておくことです。

テストがつらいと感じた場合、責務が重なっていないか、分離できる箇所はないかと考え始めると改善につなげやすいでしょう。

*a　https://redux.js.org/

7.12.4 スナップショットテスト

先ほどまでの描画のテストは、要素の有無や内部のテキスト程度しか確認できていませんでした。それで十分なケースもありますが、描画をテストしたい箇所はデザイン崩れを防ぎたいというニーズも大きいです。

そういったニーズでは、修正前後のコンポーネントで描画したHTMLをまるごと比較するためにスナップショットテストという手法が利用できます[*56][*57]。

Reactのスナップショットテストにはreact-test-rendererを利用します[*58]。

```
$ npm install -D react-test-renderer -w packages/frontend
```

実際にreact-test-rendererを利用してスナップショットテストを書いてみましょう。src/Users/Users.test.jsにスナップショットテストを追加します。

*56　https://jestjs.io/docs/tutorial-react#snapshot-testing
*57　https://jestjs.io/docs/snapshot-testing
*58　Test Renderer – React https://reactjs.org/docs/test-renderer.html

リスト 7.47 packages/frontend/src/Users/Users.test.js

```
// ...
import renderer from 'react-test-renderer';

// ...

test('Usersコンポーネントのスナップショットテスト', () => {
  useUsers.mockImplementation(() => {
    return {
      users: ['alpha', 'bravo']
    }
  });

  const component = renderer.create(<Users />);

  const tree = component.toJSON();
  // スナップショットファイルと比較
  expect(tree).toMatchSnapshot();
});
```

上記のテストを実行するとテストが配置されているディレクトリと同じ階層に__snapshots__ディレクトリが作成され、実行結果がファイルとして保存されます。

リスト 7.48 packages/frontend/src/__snapshots__/Users.test.js.snap

```
exports[`Usersコンポーネントのスナップショットテスト 1`] = `
<div
  className="App"
>
  <ul>
    <li
      style={
        Object {
          "padding": "8px",
        }
      }
    >
      alpha
    </li>
    <li
      style={
        Object {
          "padding": "8px",
        }
      }
    >
      bravo
    </li>
  </ul>
```

```
  <form
    onSubmit={[Function]}
  >
    <input
      onChange={[Function]}
      type="text"
    />
    <button
      type="submit"
    >
      追加
    </button>
  </form>
  <button
    onClick={[Function]}
  >
    更新
  </button>
</div>
`;
```

実際にテストができるかを確認するために、スタイルの数値を変更してみましょう。

リスト 7.49 packages/frontend/src/Users.js diff

```
  function User({ name }) {
- return <li style={{ padding: '8px' }}>{name}</li>;
+ return <li style={{ padding: '10px' }}>{name}</li>;
  }
```

この修正で先のテストで作成されたHTMLとは構成が変わりました。もう一度テストを実行するとテストが失敗することを確認できます。

```
 FAIL  src/Users.test.js
  ● Usersコンポーネントのスナップショットテスト

    expect(received).toMatchSnapshot()

    Snapshot name: `Usersコンポーネントのスナップショットテスト 1`

    - Snapshot  - 2
    + Received  + 2

    @@ -3,20 +3,20 @@
      >
        <ul>
          <li
```

```
        style={
          Object {
-           "padding": "8px",
+           "padding": "10px",
          }
        }
      >
        alpha
      </li>
      <li
        style={
          Object {
-           "padding": "8px",
+           "padding": "10px",
          }
        }
      >
        bravo
      </li>

    51 |   const tree = component.toJSON();
    52 |   // スナップショットファイルと比較
  > 53 |   expect(tree).toMatchSnapshot();
       |                ^
    54 | });
    55 |

    at Object.<anonymous> (src/Users.test.js:53:16)

 › 1 snapshot failed.
```

このように、スナップショットテストは包括的に描画されたHTML全体を比較可能なテストです。ロジックの修正等で思ってもみなかった影響がHTMLに出ていないかの確認に利用するのが主な用途です。

スナップショットテストは単純に以前の表示と現在の表示を比較するものです。このため、スタイルの修正を含む変更があった場合は必ずテストが失敗します。修正した内容が正しい場合は、スナップショットの結果を更新するためにオプション付きでJestを実行しましょう。

```
$ jest --updateSnapshot
```

create-react-appの場合は次のようにuやiオプションでスナップショットの結果を更新可能です。

```
Watch Usage
 › Press a to run all tests.
 › Press f to run only failed tests.
 › Press u to update failing snapshots.
 › Press i to update failing snapshots interactively.
 › Press q to quit watch mode.
 › Press p to filter by a filename regex pattern.
 › Press t to filter by a test name regex pattern.
 › Press Enter to trigger a test run.
```

スナップショットテストの注意点

スナップショットテストは慣れてきてしまうと、惰性で確認を怠ったままファイルを更新してしまいがちです。また、ほかのテストに比べ気軽に記述可能なこともあり、本来は不要なケースでも「とりあえず書いておこう」となってしまうことも多いテストです。

テストはないよりはあった方がいいのは確かですが、不必要にありすぎるのも問題です。

開発を進めていくと、少しの変更で大量のロジックとしては関係ないはずのテストが落ちてしまったり、あまりにもパターンが多すぎてテストの実行時間が長くなりすぎたりといった事態に出くわすことがあるでしょう*59。本来は開発を助けるはずのテストが、逆に開発を妨げてしまうことにもなりえます。

テストは無作為に増やせばいいものではなく、効果の高い場所を見極めて重点的に記述していくことが重要だと筆者は考えています。開発効率を保つために、不要になったテストはばっさりと削除することも時には必要になります。

その考えがベースにあるため、筆者はフロントエンドのテストで描画に依存するテストはあまり多く書きません。Webサービスではデザイン崩れは即座に直せればクリティカルでないケースも多いです*60。システムの重要な機能が使えない（データが送信できない/取得できない）方がシステムとしてクリティカルなため、そちらの方がテストの優先順位としては高く、より多くのテストが必要になると考えています。（コラム「E2Eテスト」参照）

描画に関わるテストが完全に不要というわけではありません。たとえば、データの読み込み中（loadingフラグがtrueの時）にローディングイメージが表示さ

***59** 今後コンピューターのパワーが上がったり、並列実行や環境の進化によってテスト実行時間の問題は解消される可能性はあります。ですが、現実的にはテスト実行時間の削減はまだ多くの人がぶつかるテーマです。

***60** デザイン崩れの許容については賛否があるでしょう。いずれにしても、即座に気づける環境自体は必要です。

れること、というようなテストはスナップショットテストが活きる場面でしょう。また、デザインシステムに関連するライブラリなど、描画のテストの重要度が高いシーンもありえます。

テストをたくさん書くことを否定したいわけではありません。必要なテストが増えるのはいいことです。しかし、書きやすいからと言って単純にテストを増やせば開発効率を逆に下げる可能性があります。優先順位やシステムに応じたテストのピラミッドを意識すると、開発の助けになるテストが増えていくでしょう。

Column

E2Eテスト

フロントエンドに関連するテストで、E2E（End to End）テストというテストがあります。E2Eテストは簡単に言えば、ユーザー（ブラウザ）の動きをシミュレートしてシステム全体をテストする手法です。

E2Eテストは内部のロジックをテストするものではないと考えています。特定のユーザーのアクションやフロー（たとえば正しくログインができるなど）が正常に完了するかをテストするものです。

E2Eテストでよく利用されるのはCypressやSeleniumといったフレームワークです。Chromeだけで担保できる場合はChromeをNode.jsから操作できるpuppeteerなども候補に挙がります。また、Playwrightというクロスブラウザを操作するモジュールもあります。

Cypress[*a]とSelenium[*b]はテストの文脈、Puppeteer[*c]とPlaywright[*d]はよりプリミティブなブラウザ自動化で登場します。

これらのE2Eテストはブラウザを実際に動作させるため、ネットワークの状況等で不安定になりがちです。

たとえばスナップショットテストの場合と同様HTMLの変更に弱かったり、テスト実行時にネットワークの状況がたまたま悪く、テストが落ちたりというケースです。

スナップショットテストの箇所でも述べましたが、ほかのテストでカバーできる範囲はそちらでカバーする方がよいでしょう。

筆者はざっくりと次のような優先順位でテストを考えることが多いです。

単純なロジックのテスト ＞ コンポーネントのテスト ≧ スナップショットテスト ＞ E2Eテスト

***a** https://www.cypress.io/
***b** https://www.selenium.dev/
***c** https://github.com/puppeteer/puppeteer

*d　https://github.com/microsoft/playwright

Column

フレームワークの利用

筆者は長期的なアプリケーションの運用を見据えた場合、Next.jsやNuxt.jsのような、包括的に扱えるフレームワーク利用をおすすめしています。これは特定のフレームワークをおすすめするという意図ではなく、依存ライブラリ等のアップデートをできるだけフレームワークにまかせ省コスト化することが要旨です。

これらのフレームワークにまで説明を始めると、本書の要旨からずれてしまうため使い方までは触れていません。しかし、筆者はNode.jsとフロントエンドの関係性を理解することが、それらのフレームワークを利用する上でも役立つと考えています。本章に記載した知識はそれらのフレームワークを利用する場合にも十分に活躍してくれるはずです。

Column

Access-Control-Allow-Originヘッダーを付与する（CORS）

7.8.4ではProxyを利用する方法を解説しましたが、もう少しCORSについて深堀りするために、`Access-Control-Allow-Origin`ヘッダーも解説します。

新しくシンプルな2つのサーバーを用意して説明します。

フロントエンド用のサーバーはただHTMLを返して3000ポートをlistenします。また、直接`script`タグの中でバックエンドのAPIを呼び出します。

図7.23 Access-Control-Allow-Originヘッダーの例

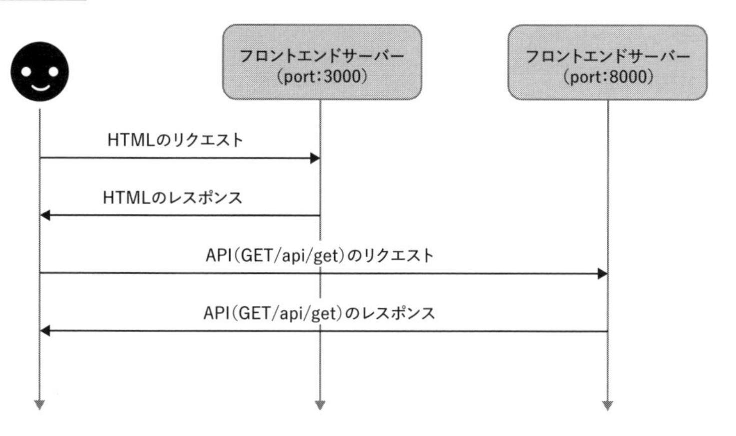

リスト7.50 packages/frontend/server.js

```
const express = require('express');
const app = express();

app.get('/', (req, res) => {
  res.status(200).send(`
<!DOCTYPE html>
  <script>fetch('http://localhost:8000/api/get').then((res) => res.json↩
()).then((data) => console.log(data))</script>
  <body>top</body>
</html>`);
});

app.listen(3000, () => {
  console.log('start listening');
});
```

バックエンドのコードは`GET /api/get`だけをもち8000ポートをlistenします。

リスト 7.51 packages/backend/server.js

```
const express = require('express');
const app = express();

app.get('/api/get', (req, res) => {
  res.status(200).json({ foo: 'bar' });
});

app.listen(8000, () => {
  console.log('start listening');
});
```

ブラウザからhttp://localhost:3000にアクセスすると、以前と同様にCORSのエラーが確認できます（**図7.15**など）。

図7.24 CORSエラー

top

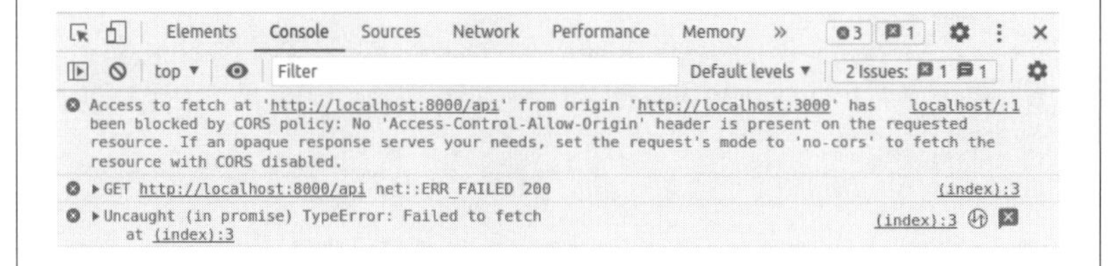

バックエンドのコードにAccess-Control-Allow-Originヘッダーを返すコードを追加します。ヘッダーの値にはアクセスを許可するOriginを設定します。

リスト 7.52 packages/backend/server.js

```
app.get('/api/get', (req, res) => {
  // res.appendでresにヘッダーを追加
  res.append('Access-Control-Allow-Origin', 'http://localhost:3000');
  res.status(200).json({ foo: 'bar' });
});
```

curlでヘッダーが追加されていることを確認します。

```
$ curl http://localhost:8000/api/get -v
...
< HTTP/1.1 200 OK
< X-Powered-By: Express
< Access-Control-Allow-Origin: http://localhost:3000
< Content-Type: application/json; charset=utf-8
...
{"foo":"bar"}
```

ヘッダーが追加されていることを確認したらフロントエンドの結果がどう変わるかを確認してみましょう。`http://localhost:3000`の Devtools から Console を確認してみると、エラーがなくなりデータを取得できることがわかります。

図7.25 CORSエラーが解消される

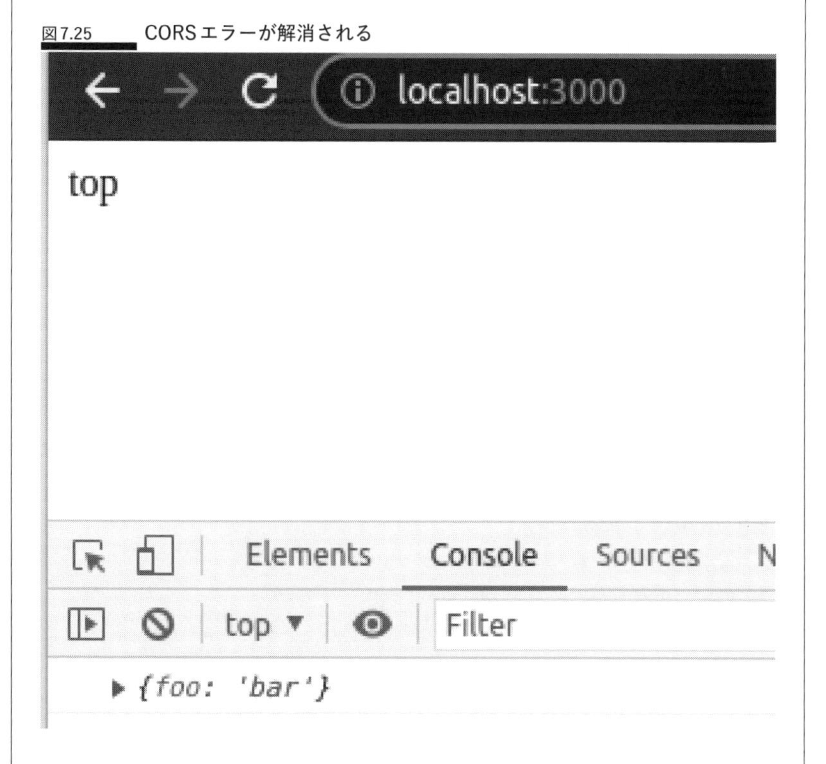

GET の場合は`Access-Control-Allow-Origin`ヘッダーだけで解決しました。別のメソッドの場合はどうでしょうか。

POST と PUT の API を追加してみましょう。

リスト 7.53 packages/backend/server.js

```
app.post('/api/post', (req, res) => {
  res.append('Access-Control-Allow-Origin', 'http://localhost:3000');
  res.status(200).json({ method: 'post' });
});

app.put('/api/put', (req, res) => {
  res.append('Access-Control-Allow-Origin', 'http://localhost:3000');
  res.status(200).json({ method: 'put' });
});
```

fetch関数は第二引数にオプションを設定可能です。GET以外のリクエストを送りたい場合はmethodオプションを指定します。

```
fetch('http://localhost:8000/api/post', {
  method: 'POST'
})
  .then((res) => res.json())
  .then((data) => console.log(data));

fetch('http://localhost:8000/api/put', {
  method: 'PUT'
})
  .then((res) => res.json())
  .then((data) => console.log(data));
```

これをhttp://localhost:3000を開いているタブのConsoleで実行します。

図7.26 PUTがエラーを起こしている

```
> fetch('http://localhost:8000/api/post', {
    method: 'POST'
  }).then((res) => res.json()).then((data) => console.log(data))
<· ▶Promise {<pending>}
  ▶{method: 'post'}
> fetch('http://localhost:8000/api/put', {
    method: 'PUT'
  }).then((res) => res.json()).then((data) => console.log(data))
<· ▶Promise {<pending>}
⊗ Access to fetch at 'http://localhost:8000/api/put' from origin 'htt
  resource. If an opaque response serves your needs, set the request'
⊗ ▶PUT http://localhost:8000/api/put net::ERR_FAILED
⊗ ▶Uncaught (in promise) TypeError: Failed to fetch
      at <anonymous>:1:1
```

POSTのリクエストは成功していますが、PUTのリクエストではエラーとなっていることがわかります。ネットワークタブをみてみると、StatusがCORSエラーとなり失敗しています。

図7.27 ネットワークタブで見てもPUTがCORSエラー

Name	Status	Type
☐ post	200	fetch
☐ put	CORS error	fetch

もう少し詳しくみていきましょう。バックエンドのサーバーにロガーを追加してみます。

リスト7.54 packages/backend/server.jsでGET/PUT/POSTの前に配置

```
app.use((req, res, next) => {
  try {
    console.log(req.method, req.url);
    next();
  } catch (err) {
    next(err);
  }
});
```

POSTとPUTのリクエストを`http://localhost:3000`から送信してみると、POSTはそのまま表示されますがPUTの代わりにOPTIONSという見慣れないメソッドのログが出力されています。

```
POST /api/post
OPTIONS /api/put
```

これはプリフライトリクエスト*[a]と呼ばれるものです。GETやPOSTが成功したのは単純リクエスト*[b]と呼ばれる条件に合致しているためです。

PUTはデフォルトでは許可されないメソッドになるため、CORSのアクセス制御をクリアするためにはサーバー側から明示的に許可する必要があります。そのため、PUTメソッドなどのデフォルトで許可されている以外のメソッドでCORSをクリアするためには、`Access-Control-Allow-Origin`だけでなく明示的に許可メソッドに追加する必要があります。

サーバーがデフォルト以外のメソッドを許可しているか、実際のリクエストを送信する前に確認するリクエストがOPTIONS（プリフライトリクエスト）です。このリクエストはChromeのDevToolsのNetworkなどで表示されない（表示する設定も可能です）ため、知っていないと気づきにくい仕様でしょう。

これらのメソッドを明示的に許可したい場合は`Access-Control-Allow-Methods`

にメソッドをカンマ区切りで指定します。

リスト 7.55 packages/backend/server.js

```
app.use((req, res, next) => {
  if (req.method === 'OPTIONS') {
    res.append('Access-Control-Allow-Origin', 'http://localhost:3000');
    res.append('Access-Control-Allow-Methods', 'PUT');
    return res.status(204).send('');
  }

  try {
    console.log(Date.now(), req.method, req.url);
    next();
  } catch (err) {
    next(err);
  }
});
```

HTTPステータスコードの204はNo Contentを表します。

HTTPステータスコードの204のRFC*cを参照すると、サーバーが正常に処理を完了したがコンテンツがないことを表すとあります*d。今回はレスポンスに内容が存在しないため、ステータスコード200より、204が適切だろうと考え、ここでは204を返す実装としています。

また、Expressはsend関数を呼ぶまでレスポンスを送信しません*e。このため、空であってもsend関数を呼び出す必要があります。

かなり大雑把にですがCORSについてコードとともに触れてきました。複雑な仕様でまだまだ説明しきれない部分も多くありますが、別のOriginに対するリクエストは制限されるというポイントを押さえておくとよいでしょう。

昨今のフレームワークではCORSやProxyなどが自動的に動作することもあるため、実装にあたって、これらを意識しないことも多いです。

---

*a https://developer.mozilla.org/ja/docs/Glossary/Preflight_request

*b https://developer.mozilla.org/ja/docs/Web/HTTP/CORS#%E5%8D%98%E7%B4%94%E3%83%AA%E3%82%AF%E3%82%A8%E3%82%B9%E3%83%88

*c https://www.rfc-editor.org/rfc/rfc9110.html#name-204-no-content

*d RFCはインターネットにおけるさまざまな仕様やルールをまとめた文書群です。インターネットは多くの決まりごとによって形づくられています。多くのブラウザやプログラミング言語がお互いにやりとりできるのは、RFCによって共通のルールがあるからです。今回のケースのようにルールがわからない際には、RFCのような一次情報にあたる癖をつけると答えに手早くたどり着きやすくなるためおすすめです。

*e 正確にはExpressがラップしているNode.jsのresponseオブジェクトの挙動です。

Column

Node.jsとモジュールの選び方

Expressは非常に薄いモジュールのため、モジュール単体で可能なことはそう多くありません。今回は説明のために愚直に自前で実装していますが、実際にアプリケーションを作成する際にすべてを自前で実装することはまれです。たとえばCORSの実装はExpressの公式モジュールがあります*a。

近年のアプリケーションではモジュールを利用して実装するのは当たり前のことです。しかし、たまたま用途にあったモジュールを見つけたとしても、これ幸いと利用するべきではありません。

npmには誰でもモジュールを公開できるため、多くのモジュールが公開されています。したがって、自分の必要とするモジュールを探せば1つや2つは見つかります。

しかし、たとえばモジュールの中にはNode.jsの性質を理解せずに作成されてパフォーマンスが低いものであったり、脆弱性が出た場合にもアップデートがされなかったりというようなリスクを含んでいます。そのためモジュールを採用する際には、そのモジュールが適切な実装をしているとわかることや、メンテナンスが行われていること、バグ修正などが取り込まれていることなどが重要な指標になります。

適切な実装がされているかのチェックするためには、適切な実装を知らなければなりません。また、適切でない場合やバグがあった場合には、自身で修正し貢献するシーンもOSSを利用する上では少なからずあります。

そういった時に調査が必要になるため、適切なモジュールを選択できるよう調べ方などを少しずつ知っていくとよいでしょう。

*a https://expressjs.com/en/resources/middleware/cors.html

Column

フロントエンドとバックエンドのJavaScriptの違い

本章ではフロントエンドとバックエンドをそれぞれ別に作成し説明をしました。これは**フロントエンドとバックエンドのコードは同じJavaScriptという文法ではあるが、性質も気をつけるべきポイントも違う**ということに触れたかったためです。

近年ではSSRやNext.jsといった文脈で、フロントエンドとバックエンドのコードを同時に触れる機会が増えています。意識せずとも同じJavaScriptという文法なのでコード自体は動作します。しかし、実際にそのコードがどこで動作するのかを意識するのはとても重要です。

たとえば「リクエストが交じらないように設計する」はNode.jsにおける注意点です（8.3.2参照）。ブラウザで動作するJavaScriptでは、関数の外に副作用で作用する変数を定義しても、そこに別のユーザーのデータが入ることはありません。バグは発生するかもしれませんが、Node.jsほどの致命的なリスクではないでしょう。

長いループの話も同様のことが言えます。長いループはNode.jsのイベントループを停止させてしまうため、アクセスしているすべてのユーザーに対して影響を与える可能性があります。これがブラウザの場合、停止の影響を受けるのはそのJavaScriptを動かしているユーザーだけです。もちろんアクセスしているユーザーが遅くなっていいというわけではありませんが、影響する数で言えばNode.jsに比べて限定的と言えます。

書いたコードが、どこで動くかを意識できると、アプリケーションの設計がよりやりやすくなるでしょう。

フロントエンドとバックエンドのコードが違うということがわかってくると、お互いのコードをひとまとめで扱うシーンは意外に少なくなっていきます。本書の冒頭で述べたUniversal JS/Isomorphic JSは期待するほどの共通化はできないというのはこのような理由からです。

その他の点についても考えてみましょう。

近年のフロントエンド開発において外せない要素はwebpackに代表されるバンドラー（とトランスパイラ）でしょう。webpackは設定やプラグインによってさまざまな役割をこなします（7.4.3も参照）。その中でも特に重要度が高いのは次の要素でしょう。

- **ブラウザ間の差異を埋める（過去のバージョンへのコンパイル）**
- **モジュールのバンドル**

これらの要素はバックエンド（Node.js）にとって、フロントエンドほど重要ではありません。Node.jsは単一の実行環境です。このため、ブラウザ間の差異のような差を考えなくてもよくなります*a。モジュールも、フロントエンドと違いネットワーク経由ではなく、起動時にすべて読み込みが可能です。

つまり、Node.js側にとって、webpackは必ずしも必要ではありません。もし意図通りにwebpackを設定できずにビルドをしてしまうと、Node.jsの特徴をとらえたコードを書いたのに意図通りのコードになっていないということもありえます。

もちろんTypeScriptの導入など、Node.jsのコードでもビルドが必要となるシーンはそれなりにあります。しかし、筆者はNode.jsに関してはできるだけビルドは最小限にし、考慮する要素を少なくしていく方が運用のコストを考えた際によりメリットが大きいと考えています。

このように、フロントエンドとバックエンドはやはり似ているようで違いがあります。まずは違いがあるということを意識し、次にどのようにコードを書き分けていくのかを考えていけるとよいでしょう。

*a Node.js もバージョンによる差異はありますが、実行環境に対してのみ対応すれば大丈夫です。

Column

ブラウザー操作自動化—Puppeteer

Puppeteer[*a]はChromeやChromiumをNode.jsから操作できる、ブラウザ操作の自動化ツールです。

ブラウザの自動化はE2Eテストだけでなく、いろいろな自動化で役に立ちます（コラム「E2Eテスト」参照）。

Puppeteerは実際にChromeを起動して、クリックや要素のテキストの抜き出しが可能です。ブラウザを使った定型的な業務を行っている場合、Puppeteerを組み込んだCLIを作成することでそれらの自動化ができるでしょう。

最近ではChromeのDevTools上でWebブラウザ上の操作を記録でき、Puppeteer用のスクリプトへエクスポートする機能[*b]も追加されました。

また、Chrome以外のブラウザを利用する場合はMicrosoftが開発をしているPuppeteerライクなPlaywright[*c]もおすすめです。

筆者はE2Eテストよりブラウザ作業の自動化用途で利用することが多く、Puppeteerはよく利用します。

古くは、このようなブラウザ自動化にPhantomJS[*d]が使われてきました。主要なブラウザがAPI経由で実行可能な、描画なしのHeadlessモードを搭載したことにより、現在では開発が停止し、ほかのライブラリが使われています。

*a https://github.com/puppeteer/puppeteer
*b https://developer.chrome.com/ja/blog/new-in-devtools-101/
*c https://playwright.dev/docs/api/class-playwright/
*d https://phantomjs.org/

8

アプリケーションの運用と改善

ここまでも運用について簡単に触れてきましたが、本章ではより実践的なアプリケーションの運用について解説します。

8.1 パッケージのバージョンアップ

基本的に、Node.jsのバージョンはLTSとなっている最新のバージョンに追随していくことがベストです。バージョンアップによって、バグの修正やパフォーマンスそのものの向上などの効果が見込めます。

また、Node.jsのバージョン同様、npmでインストールしたパッケージのバージョンアップに追従することも非常に重要です。

モジュールは機能追加に限らず脆弱性の対応やバグの修正など、さまざまなバージョンアップが日夜発生します。バージョンアップに気づき、こまめなアップデートを続ける意識を持っておくと運用が楽になります。アップデートを溜め込んでしまうと、Node.js本体のアップデートの障害になってしまうことも多々あるためです。

利用しているパッケージに新しいバージョンが出ていることを確認するためには`npm outdated`コマンドを利用します。

```
# express v3をインストール
$ npm install express@3
# expressのバージョンを確認
$ cat package.json
{
  "dependencies": {
    "express": "^3.21.2"
  }
}
# アップデートの確認
$ npm outdated
Package  Current  Wanted  Latest  Location              Depended by
express   3.21.2  3.21.2  4.17.1  node_modules/express  appendix01
```

`npm outdated`を実行すると、現在インストールされているバージョン（Current）と、最新バージョン（Latest）などの情報を確認できます。Wantedは現在のバージョンからsemverで破壊的変更がないと判断した最大のバージョンが表示されます。

アプリケーションであれば、基本的にはLatestを最速で導入することを目標にするとよいでしょう[*1]。

majorバージョンがあがっているときは、何かしらの破壊的変更が含まれていることが予想されます。この場合は、リリースノート等を確認し破壊的変更がどのようなものかを確認した後にバージョンアップし、動作確認やテストの確認をしましょう。

インストールするパッケージのバージョンを指定するにはパッケージ名の後ろに@バージョン番号を入力します。@latestと入れることでnpmにある最新のバージョンを指定可能です。

```
$ npm install express@4.17.1 # バージョンを指定してインストール
$ npm install express@latest # 最新のバージョンをインストール
```

8.1.1 npm audit

npmパッケージのバージョンアップについて説明しました。次はパッケージの脆弱性に関連するnpm audit[*2]について触れます。

npm auditはアプリケーションが利用しているnpmパッケージの中に、脆弱性を含むバージョンがあるかを確認するコマンドです。たとえば先ほどExpress v3をインストールしたアプリケーションで試してみると、いくつかのパッケージに脆弱性が見つかっていると表示されます。次の例は部分的に抜粋したqsモジュールの結果です。

```
$ npm audit
...
qs  <6.0.4
Severity: high
Prototype Pollution Protection Bypass in qs - https://github.com/advisories/GHSA-
gqgv-6jq5-jjj9
fix available via `npm audit fix --force`
Will install express@4.17.1, which is a breaking change
node_modules/qs
```

*1 ライブラリ開発時は、自身のmajorバージョンアップの可能性が発生するため、Latestにしないケースもありえます。

*2 https://docs.npmjs.com/cli/v8/commands/npm-audit

各モジュールの脆弱性のレベルや内容のリンクなどが表示されています。直接アプリケーションが依存として記述していないパッケージであっても、パッケージの依存ツリーの中に存在していれば検出されます。

npm auditコマンドは、検出された脆弱性を修正するnpm audit fixというコマンドもあります。npm audit fixはsemverから判断した互換性を崩さないバージョンで更新されます。したがって、すべての脆弱性が解消されるわけではないことに注意してください。

```
$ npm audit fix
```

互換性を考慮せず強制的に更新するnpm audit fix --forceというコマンドもありますが、これはそれぞれのパッケージが動作保証をしていないバージョンまでモジュールを更新してしまいます。更新してたまたま動作する場合もありますが、気軽に実行できるものではありません。

実際に運用を開始するとnpm audit fixでは脆弱性を修正しきれないケースに多く遭遇します。すばやく対応することがよりよいのは間違いありませんが、すべての脆弱性がアプリケーションにおいて致命的というわけでもありません。

修正しきれない脆弱性は内容を把握し、そのアプリケーションにおいて問題を発生させるかを確認しましょう。また、問題がある場合には別のモジュールに入れ替えられないか検討をしたり、時にはOSS自体にコミットすることで修正したりするという手段も必要になるでしょう。筆者はそういった際にはOSS側に貢献できると、自分たちだけでなくそのモジュールを利用するすべてのユーザーにとって利益があるため、できる限りOSS側にフィードバックできるとよいと考えています。

8.2 モノレポで共通のライブラリを管理する

第7章ではnpm workspacesを利用してフロントエンドとバックエンドのアプリケーションをモノレポ管理していました。

同じリポジトリで管理できるだけでもメリットはありますが、共通のライブラリが発生した時にモノレポの便利さをより感じることができるでしょう。

ここではloggerライブラリを作成して、それぞれのアプリケーションから利用する方法を見ていきましょう。

まずはpackages/loggerディレクトリにライブラリを作成していきます。

```
directory/
├── packages/
│   ├── logger/
│   │   ├── index.js
│   │   └── package.json
│   ├── frontend/~~
│   └── backend/~~
├── package.json
└── package-lock.json
```

npm initコマンドでも-wオプションを指定することで、新規にワークスペースの追加が可能です。

```
$ npm init -w packages/logger -y

Wrote to /home/dev/xxx/packages/logger/package.json:
{
  "name": "logger",
  "version": "1.0.0",
  "description": "",
  "main": "index.js",
  "devDependencies": {},
  "scripts": {
    "test": "echo \"Error: no test specified\" && exit 1"
  },
  "keywords": [],
  "author": "",
  "license": "ISC"
}
```

自動生成は不要なパラメータも多いため、最小限の要素にします。nameは参照先のアプリケーションで読み込むための名前になります。今回はmy-loggerに変更してみましょう。

リスト8.1　packages/logger/package.json

```
{
  "private": true,
  "name": "my-logger"
}
```

packages/logger/index.jsにloggerの実体を作成します。内容は先頭に時間を出力するだけの単純な関数です。

リスト 8.2 packages/logger/index.js

```
exports.info = (...args) => {
  console.log(Date.now(), ...args);
}
```

ここまで作成したら一度ルートディレクトリでnpm installを行います。

```
$ npm install
```

npm installを実行するとルートディレクトリのnode_modules/my-logger以下にpackages/loggerのシムリンクが生成されます。node_modules以下にシムリンクが生成されることで、それぞれのアプリケーションからその他のnpmモジュールと同様にrequireやimportが可能になります。

package.jsonのnameに指定した名前でシムリンクが作成されるため、その他に利用している依存パッケージと名前がかぶらないように注意しましょう。アプリケーションの名前をprefixとして付与しておく、などの対処がおすすめです。

さっそくpackages/frontend/src/index.jsでmy-loggerを読み込んで利用してみましょう。

リスト 8.3 packages/frontend/src/index.js

```
import React from 'react';
import ReactDOM from 'react-dom/client';
import './index.css';
import App from './App';
import reportWebVitals from './reportWebVitals';
// my-loggerを読み込み。my-loggerの中身はCJSだが、create-react-appはCJSをビル↩
ドするためimportで書ける。
import * as logger from 'my-logger';

// logger.infoを利用してみる
logger.info('foo', 'bar');

const root = ReactDOM.createRoot(document.getElementById('root'));
root.render(
  <React.StrictMode>
    <App />
  </React.StrictMode>
);
```

my-loggerを追加したらフロントエンドのアプリケーションを起動して、ブラウザのConsoleを確認してみましょう。

```
$ npm start -w packages/frontend
```

次のように時間と引数に与えた文字列が表示されていれば、共通ライブラリの利用は成功です。

図8.1　my-loggerをフロントエンドから利用する

同様にバックエンドのアプリケーションでも利用してみましょう。

リスト8.4　packages/backend/src/index.js

```
// server.js
const path = require('path') v
const express = require('express');
const redis = require('./lib/redis');
const usersHandler = require('./handlers/users');
// my-loggerを読み込み。
const logger = require('my-logger');

// logger.infoを利用してみる
logger.info('foo', 'bar');
```

バックエンドのアプリケーションを起動し、標準出力に時間と引数に与えた文字列が表示されることを確認しましょう。

```
$ npm start -w packages/backend
```

```
> start
> node server.js

1663827386400 foo bar
```

8.2.1 共通処理の設計

モノレポのパッケージやアプリケーションは、できる限り依存の方向性が片方からになるようにするとよいでしょう。

たとえば上記のmy-loggerは「フロントエンド → my-logger」と「バックエンド → my-logger」という方向の依存関係しかありません。

これがmy-loggerがバックエンド内部のロジックなどに依存するような形になると、双方向の依存が発生します。そうなれば、バックエンドの内部ロジックが変更されると、my-loggerを読み込んでいるさらに別のアプリケーションにも影響が波及する可能性が出てきます。

また、バックエンドでしか利用できない処理（DBの接続処理など）をうっかりフロントエンドからも読み込んでしまう、といったこともありえるでしょう。

その他にも、いざ共通処理を抜き出して運用を初めた後に、微妙にそれぞれのアプリケーションで処理を変えたい際に、共通処理の内部にあるアプリケーション専用のif文などのフローが現れるといったケースもあります。これは共通処理のテストパターンが増加し管理コストもあがるため、似てはいてもそれぞれのアプリケーションで実装した方がよいパターンでした。

筆者は、共通処理を別のパッケージに分割する際はそのような依存の方向や、似ているだけの処理ではないかという部分に気をつけて慎重に分離をする、という意識をもつとより適切な分割ができると考えています。

8.3 アプリケーションの実運用における注意点

ここでは実際にNode.jsのアプリケーション運用において、特に気をつけるべきポイントを解説します。

■ Node.jsはなるべく最新のLTSを利用する

- リクエストが交じらないように設計する
- 巨大なJSONを避ける（`JSON.parse`/`JSON.stringify`）
- 同期関数をなるべく避ける
- 長いループを避ける

8.3.1 Node.jsはなるべく最新のLTSを利用する

Node.jsはなるべく最新のLTSを利用します。これは主にセキュリティとパフォーマンス観点でのポイントです。

セキュリティの観点に関しては、当たり前のことですがNode.jsに限らずプログラムには日々さまざまな脆弱性が見つかります。できる限り定期的に最新のバージョンを追いかけていくことが、安全なアプリケーションを作成する上で簡単ながら重要なことです。

また、パフォーマンスの観点でもメリットがあります。Node.jsはJavaScriptの実行エンジンであるV8を下敷きにしています。V8の進化はかなり強力で、バージョンアップでかなりの高速化がされることも珍しくありません。

Node.jsはV8を内包しているため、V8のバージョンアップを取り込むにはNode.jsのバージョンアップが必要です。そのため、LTSについていくことはパフォーマンスの観点でも有効な手段になります。

8.3.2 リクエストが交じらないように設計する

リクエストが交じらないように設計します。これは重大な事故につながりやすいため、慣れないうちは特に気をつける必要がある注意点です。

リクエストが交じることについて、Expressのコードを例に説明します。下記のコードはリクエストに対してキャッシュを返したいというユースケースを想定したものです。

リスト8.5　server.js

```
// Expressの読み込みなど...
let cache = null;

app.get('/api', async (req, res) => {
  if (cache) {
    res.status(200).json(cache);
```

```
    return;
  }
  try {
    cache = await getData(req.params.userId);
    setTimeout(() => {
      cache = null;
    }, 10 * 1000);
    res.status(200).json(cache);
  } catch (e) {
    cache = null;
  }
});
```

このコードは実はかなり危険です。

上記のコードにあるユーザーAがアクセスする場合を考えてみましょう。初めてのアクセスの場合はキャッシュがないため、getData関数からユーザーAのIDに紐づくデータを取得しキャッシュに代入します。キャッシュが削除される前に、もう一度アクセスした場合はキャッシュの内容がそのまま返されます。

この「キャッシュが残っている」時に別のユーザーBがアクセスしてきた場合はどうなるでしょうか。キャッシュにはユーザーAのデータが入っていますが、キャッシュがあると判定されてしまうため、ユーザーBにユーザーAのデータを返してしまいます。

図8.2 キャッシュ事故が起こりえる

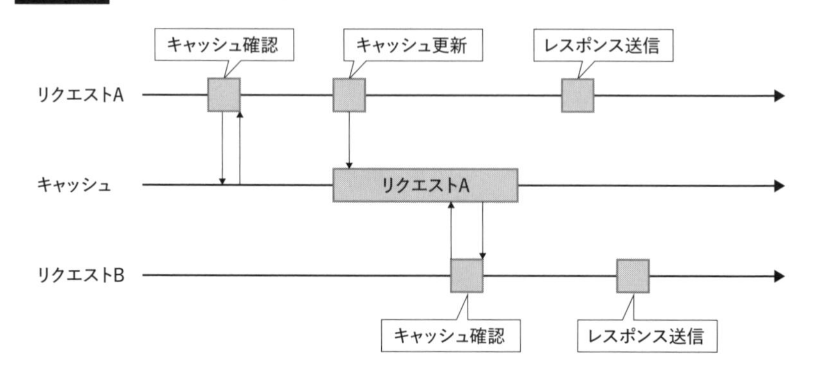

これは非常に重大な事故につながる可能性があります。たとえば住所など他人に公開してはいけない情報が公開されてしまうようなケースが想定されます。

Node.jsがシングルプロセス/シングルスレッドという特性を備えているゆえに、複数のユーザーが同じプロセスにアクセスすることがあるためです。副作用を伴うような処理をみたら、リクエストが混ざってしまう可能性がある、という危機意識を持っておくとよいでしょう。

リスト8.5を修正するならば、たとえばユーザーID単位でキャッシュを持たせるといった方法があります。

```
// ...
const cache = {};

app.get('/api', async (req, res) => {
  if (cache[req.params.userID]) {
    res.status(200).json(cache[req.params.userID]);
    return;
  }
  try {
    cache[req.params.userID] = await getData(req.params.userId);
    setTimeout(() => {
      cache[req.params.userID] = null;
    }, 10 * 1000);
    res.status(200).json(cache[req.params.userID]);
  } catch (e) {
    cache[req.params.userId] = null;
  }
});
```

筆者としては、Redis等を利用し副作用そのものを少なくするほうが、より安心できておすすめです。

```
// ...
app.get('/api', async (req, res) => {
  const cache = await redes.get(`key:${req.params.userID}`);
  if (cache) {
    res.status(200).json(cache);
    return;
  }
  try {
    const userData = await getData(req.params.userId);
    // expireもRedisに任せられる
    await redes.set(`key:${req.params.userID}`, userData, 'EX', 10);
    res.status(200).json(userData);
  } catch (e) {
    cache[req.params.userId] = null;
  }
});
```

ローカルの変数に別のリクエストがアクセス可能なことは、データベースの接続インスタンスが使いまわせるなど、パフォーマンス面などでメリットにもなります。しかし、このような大きな事故にもつながる可能性をはらんでいるため、取扱には十分に注意を払うよう意識してください。

8.3.3 巨大なJSONを避ける（JSON.parse/JSON.stringify）

`JSON.parse`/`JSON.stringify`は同期処理です。Node.jsの同期処理はイベントループを停止させてしまうため、その処理中はほかのリクエストをさばくことはできません（4.1参照）。

JSONの処理はJSONの大きさに比例して停止時間が長くなります。これは特にSSRなどのサーバー処理でボトルネックになりがちです。

実際のアプリケーションで、バックエンドのAPIをたたいて取得した情報から、Node.js（BFF、1.2.2参照）でSSRを行うというのはよくある設計です。この際返却されるJSONが大きく、リクエストのたびに`JSON.parse`が走り、その都度イベントループが長時間ストップしてしまうというケースが多々あります。

この影響を少なくするためには、JSONを小さくするか、`JSON.parse`の回数自体を減らすしかありません。JSONが大きくなってしまうような設計の場合は、ページングやリクエストを分割して呼べるようにするなど、APIのエントリポイントを分割して1つずつを小さくしていきましょう。

どれくらいから大きいJSONとするのかは難しい問題ですが、筆者の持っている適切なサイズの目安としては「最大でも1MB以内」に収まるかです。これを超えたら大きいJSONと考えてください。最近のNode.js環境では`JSON.parse`がかなり高速化していますが、それでも注意を払うべきなのは間違いありません。

もちろん最初からデータを大きくしようとして設計しているわけではないでしょう。APIを作成した時点では小さなJSONだったが、運用してデータ量が増えるにつれ比例して肥大化していってしまったというパターンがほとんどです。配列でデータを返しているパターンなどでそういったケースに陥ることが多いです。API設計時点で、将来も肥大化しない設計であることは重要です。

ここで、**リスト6.14**で作成したAPIのコードを振り返ってみましょう。

`/api/users`を返している`getUsers`関数です。

リスト 8.6　7章までで構築したサンプルのserver.js

```
const getUsers = async (req) => {
  const stream = redis.getClient().scanStream({
    match: 'users:*',
    count: 2
  });

  const users = [];
  for await (const resultKeys of stream) {
    for (const key of resultKeys) {
      const value = await redis.getClient().get(key);
      const user = JSON.parse(value);
      users.push(user);
    }
  }

  return { users: users };
};
```

実はこのコードは6.4.3でも少し触れたように、あまりよくないコードです。このコードはusers:*に当てはまるkeyが増えるほど、usersの配列が大きくなります。このようにデータを全件返すような設計は設計の段階で避けられるとよいです。

6.4.3のようにページングを入れる設計などで、一度に返る量が一定になるよう修正するのがよいでしょう。

8.3.4 同期関数をなるべく避ける

同期関数は可能な限り避けます。こちらもJSONと理屈は同様で、同期処理中はほかのリクエストを受けられないため、リクエストのたびに通るコードパスではなるべく避ける必要があります。

標準モジュールではfs.readFileSyncのように~Syncとついていたら危ないかもと思って注意してみましょう（5.1.1）。

リスト 8.7　server.js

```
// Expressなどの読み込み...
const fs = require('fs');

app.get('/', (req, res) => {
  // ここでサーバーがストップする
  const html = fs.readFileSync('./index.html');
  res.status(200).send(html);
});
```

もちろん、同期関数を絶対に使ってはいけないというわけではなく、「リクエストのたびに通るコードパス」を回避できていれば問題ありません。

```
const fs = require('fs');

// ここでサーバーがストップするが、サーバー起動時に一度だけしか動かないので問題
ない
const html = fs.readFileSync('./index.html');

app.get('/', (req, res) => {
  res.status(200).send(html);
});
```

どうしてもリクエストのたびに通るパスで使いたい、という場合は標準モジュールであれば非同期処理の処理が用意されているはずなので、そちらを選びましょう。Node.jsの標準モジュールはCallback形式になっていることが多いですが、最近ではPromiseのインターフェースもデフォルトで読み込み可能です*3。

npmから取得したモジュールの内部コードを知らないまま利用していたら、実は同期コードが呼ばれていたというケースもままあります。利用するモジュールや機能はできる限り、こういった部分を確認しておくとよいでしょう。

8.3.5
長いループを避ける

長いループを避けます。これも先の例と同様に同期処理です。ループ処理は処理を行っている間、イベントループが停止します。

ループは先の例に比べて完全に避けるのは難しいですが、設計時に長くなりすぎないように注意しましょう。

しかし、どうしても長いループを書かなければならないシーンは出てきてしまいます。そういった時にもNode.jsのイベントループを「長時間」停止させないことで、ある程度緩和できる可能性はあります。

たとえば1万件のデータが入っているRedisのkeyを整形して返却するエンドポイントがあったとします*4。

下記のようなコードでは、レスポンスを返す直前に`Array.map`によって1万件のループ処理をしてしまうので、その間イベントループが停止してしまいます。

---

*3　https://nodejs.org/docs/latest-v16.x/api/fs.html#promises-api

*4　先ほども良くない例として出しましたが、説明のために利用します。

リスト 8.8　server.js

```
// ...
app.get('/', (req, res) => {
  const keys = [];
  // データを100件ずつ取得する stream を作る
  const stream = redis.scanStream({ count: 100 });

  // 100件取得したら keys に詰め込む
  stream.on('data', (results) => {
    for (let i = 0; i < results.length; i++) {
      keys.push(results[i]);
    }
  });

  stream.on('end', () => {
    // keys.map が1万件のループになるので長時間の停止になってしまう
    res.status(200).json(keys.map((e) => `key-${e}`));
  });
});
```

この場合はdataイベントの中で整形処理をするべきです。

リスト 8.9　server.js diff

```
  stream.on('data', (results) => {
    for (let i = 0; i < results.length; i++) {
-      keys.push(results[i]);
+      keys.push(`key-${results[i]}`);
    }
  });

  stream.on('end', () => {
    // 整形が終わっているのでループは回らない
-    res.status(200).json(keys.map((e) => `key-${e}`));
+    res.status(200).json(keys);
    });
  });
```

このように、長いループを回さなければならない場合でも、間にI/Oを挟むことでループを細切れにできる可能性があります。Stream処理を使いこなすのは難しいですが、このように大きな処理を分割して処理するのに適したデザインパターンです。

ただ、やはり運用の難易度は高くなるため、まずは第一にそもそも長いループが回らないように仕様にできないか、と考えるのがよいでしょう。

8.4 パフォーマンス計測とチューニング

アプリケーションはたいていの場合一度つくって終わりではなく、継続的に開発をします。

開発を続けていくとどうしても、初期は速かったのに遅くなってしまったという状態に遭遇します。ユーザーのためにも、売上のためにもアプリケーションのパフォーマンスを保つことは重要なファクターです。

8.3でも気をつけるべきポイントを解説しましたが、ここでは具体的に現在のパフォーマンスを計測する方法を解説します。

何はともあれ計測をしない限り、そのシステムのパフォーマンスが高いのか、もしくは劣化してしまっているのかを判断できません。どこがボトルネックなのかを調査するためにも、まずは現状の測定からです。

チューニングの前に次の準備をします。

1. **本番と同等の挙動をする環境の用意**
2. **パフォーマンス計測ツールの導入**

8.4.1 本番と同等の挙動をする環境の用意

ステージング環境など、すでに本番と同等の挙動をする環境がある場合は、最初のステップは飛ばしてかまいません。

まずは本番と同等の挙動をする環境を用意します。ここで気をつけるべきポイントは「本番と同等」=「NODE_ENV=productionであること」です。NODE_ENV=production以外の時はデバッグ用の挙動などが発生することがあります（6.4.1参照）。ここまであげた以外に、ReactのSSRに利用されるreact-dom-serverもNODE_ENV=production時に本番用のファイルに切り替わります*5。

正確なパフォーマンスを計測できない可能性があるため、必ずNODE_ENV=productionの環境で計測をしましょう。

---

*5　https://github.com/facebook/react/blob/cae635054e17a6f107a39d328649137b83f25972/packages/react-dom/npm/index.js#L31

8.4.2 パフォーマンス計測ツールの導入

次のステップではパフォーマンスの計測に入ります。ここは各自使い慣れているツールを利用しましょう。ab[*6]などさまざまなツールがありますが、筆者はvegeta[*7]という計測ツールを利用することが多いです。

ここではvegetaを利用して計測方法の説明をします。vegetaを実行すると、次のように計測した結果が標準出力に表示されます。

```
$ echo "GET http://localhost" | vegeta attack -rate=30 -duration=10s -workers=10
-header 'Cookie: xxx' | vegeta report

...

Requests      [total, rate, throughput]  300, 30.09, 29.75
Duration      [total, attack, wait]      10.084217496s, 9.969010607s, 115.206889
ms
Latencies     [mean, 50, 95, 99, max]    118.262733ms, 115.071858ms, 152.870202ms
, 274.895501ms, 337.340772ms
Bytes In      [total, mean]              5559600, 18532.00
Bytes Out     [total, mean]              0, 0.00
Success       [ratio]                    100.00%
Status Codes  [code:count]               200:300
Error Set:
```

durationオプションで継続時間を指定して、rateオプションでreq/sを調整します。このあたりは筆者の感覚値ですが、1サーバーでrate=30くらいは最低でも耐えられることを目標にパフォーマンスをチューニングすることが多いです。

耐えられるリクエスト数が増えれば増えるほどよいのは確かです。しかし、パフォーマンスのためにトリッキーなコードが増えるより、サーバーの数を増やして並べてしまったほうが運用コストは低くなることもあります。見極めが重要です。

結果の読み解き方に話を移します。Successはレスポンスがステータスコード200で返ってきた率で、ここは100%を維持する必要があります。Durationなどの結果がすごくよくなったと思っていたら、全部エラーになって速かっただけということがあります。

Latenciesはアクセス中の平均50%, 95%, 99%の最大のレスポンスタイムが表示

*6　Apache HTTP server benchmarking tool, Apache Bench とも呼ばれています。 https://httpd.apache.org/docs/2.4/programs/ab.html

*7　https://github.com/tsenart/vegeta

されています。ここはシステムによっても目標とする数字は変わりますが、筆者はまずは1秒以内を目安としてチューニングを行っていることが多いです。

8.4.3 パフォーマンスチューニング

パフォーマンスを計測する準備ができました。次はいよいよ改善、パフォーマンスチューニングのステップです。筆者は重要度順に次の順番で見ています。

1. **ファイルディスクリプタの確認（6.13.3参照）**
2. **cluster対応の確認（6.15参照）**
3. **アプリケーションコードの改善**

パフォーマンスチューニングというとアプリケーションコードの改善にまず取り掛かかってしまいたいところです。しかし、アプリケーションの改善の優先度は一番低く、最後の最後で手をつける部分になります。

表層を改善するより底となる部分からの改善の方が、より効果が出やすくコスト対効果は高くなります。

1、2ではNode.jsの特性に合わせて設定が足りているかをまず確認します。設定が十分であることを確認したら、3のアプリケーションコードの改善に着手します。

Node.jsにはアプリケーションのプロファイリングを行う--profという起動オプションがあります*8。

```
$ node --prof index.js
```

profオプションをつけて起動してからプロセスを終了するとisolate-xxxxx-xxxx-v8.logというファイルが吐き出されます。このファイルの内容を人間が読み解くのは難易度が高いので、さらにこのファイルをNode.jsで--prof-processを用いて処理します。

```
$ node --prof-process isolate-xxxxx-xxxx-v8.log > isolate.txt
```

こうして吐き出されたisolate.txtファイルの中身を確認します。注目するべ

*8 simple profiling https://nodejs.org/es/docs/guides/simple-profiling/

き場所は[Summary]です。ここはJavaScriptやC++レイヤーのコードがどれだけCPUを専有しているかを表しています。

```
[Summary]:
  ticks  total  nonlib   name
     0    0.2%    0.2%  JavaScript
   114   82.4%   89.6%  C++
     3    2.2%    2.4%  GC
    11    8.0%          Shared libraries
```

上記の例ではC++レイヤーの処理が全体の80%を占めていることが読み取れます。つまりNode.jsのコアコードの占める割合が多くあるということです。逆にJavaScriptの割合が大きければ、ユーザー（アプリケーション開発者）が書いた部分、アプリケーションコード*9が多くを占めるということになります。

JavaScriptの割合が大きければ、それだけユーザーコードがCPUを専用しているので、JavaScriptのコードを改善していく余地があります。

また、コアコードの割合が大きいからといって改善できないわけではありません。この部分はアプリケーションコードやライブラリがコアコードを大量に呼び出していれば比率が高くなります。たとえばfs.readFilesyncのような同期コードが呼ばれていると、その処理中にはほかのJavaScriptコードは動くことができず、C++のtotal時間が加算されます。このため、たとえコアコードのtotal時間が長くても、改善の余地があります。

GCはガベージコレクションが起きたことを表します。ここが1453 6.0% 168.8% GCのように、大量に発生していた場合は「頻繁なGCが起きている」=「メモリリークが起きてしまっている可能性がある」と読み解けます。

他にもBottom up (heavy) profileの欄を見ると具体的にどういった関数が重い処理なのかを確認可能です。

```
[Bottom up (heavy) profile]:
 Note: percentage shows a share of a particular caller in the total
 amount of its parent calls.
 Callers occupying less than 1.0% are not shown.

  ticks parent  name
    78   39.4%  T __ZN2v88internal40
Builtin_CallSitePrototypeGetPromiseIndexEiPmPNS0_7IsolateE
```

*9 アプリケーションのJavaScript文法で書かれた部分。

```
    34   43.6%     T __ZN2v88internal40
Builtin_CallSitePrototypeGetPromiseIndexEiPmPNS0_7IsolateE
    18   52.9%       LazyCompile: ~promise /tmp/index.js:14:23
    18  100.0%         T __ZN2v88internal40
Builtin_CallSitePrototypeGetPromiseIndexEiPmPNS0_7IsolateE
    18  100.0%           t node::task_queue::RunMicrotasks(v8::
FunctionCallbackInfo<v8::Value> const&)
    18  100.0%             LazyCompile: ~processTicksAndRejections internal/
process/task_queues.js:65:35
     2    5.9%       T __ZN2v88internal40
Builtin_CallSitePrototypeGetPromiseIndexEiPmPNS0_7IsolateE
     1   50.0%         t node::task_queue::RunMicrotasks(v8::FunctionCallbackInfo<
v8::Value> const&)
```

flamegraph

多少読みやすくなったとはいえ、この文字列情報だけでは、具体的にどこがヘビーなポイントなのか読み解くのは容易ではありません。そこでflamegraphを利用して、よりアプリケーションに沿ったヘビーポイントの可視化を行います。

flamegraphは先にあげたコードパスの実行時間などをヒューマンフレンドリーに可視化してくれるツールです。これを通すことでホットコードなどが可視化され、どの部分を直すと効果が高いのかを見極めやすくなります。

flamegraphを表示するためのモジュールはいくつかありますが、筆者は0x*10というモジュールを愛用しています。

このモジュールを通してアプリケーションを起動します。0xをグローバルにインストール（npm install -g 0x）した上で、0x経由でindex.js（内容は後述の**リスト 8.10**参照）をnodeで実行します。

```
$ 0x -- node index.js # ある程度負荷をかけたらCtrl+Cなどで停止
```

起動した環境にvegetaで負荷をしばらくかけてから、プロセスを終了します。

すると4123.0x/のようなディレクトリが生成されます。このディレクトリには先のprofオプションで吐き出されたisolate-xxxxx-xxxx-v8.logやflamegraph.htmlというファイルが格納されています。今回注目するのはflamegraph.htmlです。これファイルをブラウザで開くと次の画像のようなページが見られます。

＊10 https://www.npmjs.com/package/0x

図8.3 flamegraph

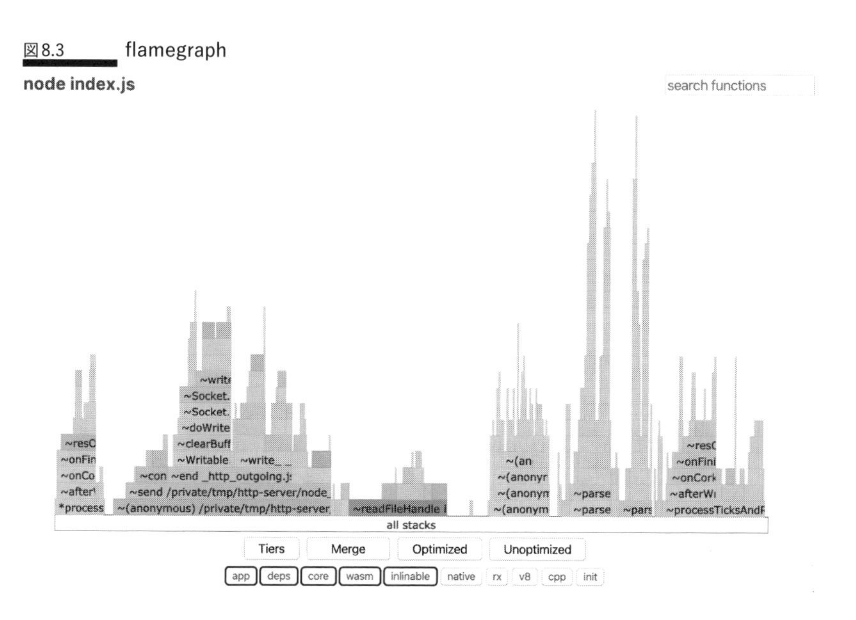

この結果は先ほど--prof-processで吐き出した結果をよりグラフィカルに表したようなものです。濃い赤色になっているほどホットコード、つまり一番多く通るコードパスです。濃い赤色の部分のパフォーマンスを向上させられると、全体に効果が出やすいわけです（誌面の都合で白黒です）。

横軸は関数の実行時間を表し、呼び出された関数が積み上げられていきます。ここで気にするべきは横幅です。「縦に積み上がっていて横幅が短い」ということは「たくさん関数を呼び出しているが実行時間は短い」という意味になります。

このため、最初は横幅が長くて、ホットコードな部分を重点的に見ます。

先のflamegraphは次のサンプルコードの結果です。

リスト8.10 index.js

```
const path = require('path');
const fs = require('fs').promises;
const express = require('express');

const app = express();

app.get('/', async (req, res, next) => {
  try {
    const html = await fs.readFile(path.join(__dirname, 'index.html'), {
      encode: 'utf8'
```

```
    });

    res.status(200).send(html);
  } catch (e) {
    next(e);
  }
});

app.listen(8000, () => {
  console.log('listen');
});
```

flamegraphで一番赤くなっている部分をみると`~readFileHandle internal/fs/promises.js`となっています。つまり`fs`モジュールの`readFile`という処理が多く動いているということがわかります。

上記のサンプルコードでいうとリクエストのたびに`fs.readFile`が走ってしまうためホットコードとして現れています。この場合はリクエストによって返すファイルは変わらないので、サーバー起動時に一度だけファイルを読み込むようにすれば先ほどのようなホットコードの表示にはならないでしょう。

実際にはこんな単純に見つけられることはあまりないですが、俯瞰して眺めるのに活用します。同期コードがホットコードとして現れて大きく改善できることもあるので、右上の検索ボックスからSyncと入れて検索をするのも有効です。

8.4.4 メモリリークの調査

ここまで述べてきたのは、主に設計やアプリケーションの書き方によるパフォーマンス低下をみつける手法でした。

ほかにもNode.jsの性能を劣化させる原因に、ガベージコレクション（GC）があります。他言語と同様に、ガベージコレクションはランタイムを停止させてしまうため、性能上よくありません。

ガベージコレクションが大量に起きている、もしくはサーバーの監視で右肩上がりをしていたメモリ使用量が突然下がってまた上昇していく、といった特徴が出ていた場合、メモリリークしているコードが含まれている可能性があります。

基本的にNode.jsのコアコードにメモリリークは存在しません。メモリリークが起きてしまっているということは、ほぼ確実に「自分の書いたコード」か「利用しているモジュール」に原因があります。

実際にメモリリークが起きているかを確認するためには、やはり計測してみるしかありません。次のようなコードを差し込みます。

```
// 2000msごとにGCを起こす
setInterval(() => {
  try {
    global.gc()
  } catch (e) {
    console.log('use --expose-gc')
    process.exit(1)
  }
  const heapUsed = process.memoryUsage().heapUsed
  console.log('Heap:', heapUsed, 'bytes')
}, 2000)
```

global.gcは強制的にガベージコレクションを呼び出す関数です。heapメモリの使用量を出力する前にガベージコレクションを強制的に呼び出したのにもかかわらず、メモリ使用量が上がり続けていた場合、ガベージコレクションできない領域でメモリを保持し続けている（メモリリークがある）可能性があります。

global.gcを利用するには、--expose-gcフラグ付きで起動する必要があります。例ではtry-catchでこの関数を囲んでいます。

```
$ node --expose-gc index.js
```

実際にメモリリークが起きているサーバーで起動してみると、ヒープの使用量が右肩上がりになっている様子が出力されます。

```
Heap: 137273608 bytes
Heap: 144623352 bytes
Heap: 146617720 bytes
Heap: 146791344 bytes
Heap: 146827544 bytes
Heap: 146838568 bytes
Heap: 146988200 bytes
Heap: 131588016 bytes
Heap: 213734336 bytes
Heap: 338640232 bytes
Heap: 471909552 bytes
Heap: 394506192 bytes
Heap: 515059296 bytes
Heap: 617747056 bytes
Heap: 720730040 bytes
Heap: 821192400 bytes
Heap: 924329760 bytes
Heap: 957664088 bytes
```

```
Heap: 957814288 bytes
Heap: 957840840 bytes
Heap: 957848128 bytes
```

もちろん普通のアプリケーションも時間経過とともにメモリ消費は増えるものです。右肩上がりだからといって即座にメモリリークと判断するのは危険です。先に述べたような特徴と合わせてメモリリークが起きているかどうかを判断しましょう。

また、これだけでは具体的に何がメモリリークを起こしているのかはわかりません。次はメモリのヒープダンプの取得をします。

8.4.5 メモリのヒープダンプ

Node.jsでメモリを直接調査するにはいくつか方法がありますが、heapdump*11モジュールを使う方法が手軽です。

```
$ npm install heapdump
```

少し古い記事ですが、下記のメモリリークの発見ガイドは非常に参考になるので必読です。

- **Node.js での JavaScript メモリリークを発見するための簡単ガイド | POSTD** https://postd.cc/simple-guide-to-finding-a-javascript-memory-leak-in-node-js/

基本的にメモリリークの検出で行うことは、上記の記事にある「3点ヒープダンプ法」です。3点ヒープダンプは、名前の通り3回ヒープダンプをとり、2回目と3回目の実行結果からGCを逃れているオブジェクトを見つけ出して対策するという手法です。

1. **1回目のヒープダンプ取得。ここが基準点となる。**
2. **2回目のヒープダンプ取得。ここでは基準点から1回以上GCが働いていることが期待できる。**
3. **3回目のヒープダンプ取得。ここでは、2回目のヒープダンプ取得時からさら**

*11 https://www.npmjs.com/package/heapdump

にGCが働いているはずなので、2回以上のGCが期待できる。これによってGCを複数回行っても回収されなかったもの（メモリリークの対象）が抜き出せる。

ヒープダンプを実際に取得する

筆者は下記のようなコードを差し込み、killコマンドを送信して、3回ヒープダンプを取得します。

```
const heapdump = require('heapdump'); // ファイルの先頭でrequireで読み込む

// ...

// 末尾に追記
// SIGUSR2にシグナルが来たら走る
process.on('SIGUSR2', () => {
  console.log('heap dump start!');
  heapdump.writeSnapshot(); // ヒープダンプ取得
  console.log('heap dump end!');
});
```

processオブジェクトのon関数でプロセスに対するシグナルの受け取りが可能です。ここでは、SIGUSR2にシグナルが来たとき、ヒープダンプを取得します。

適当なタイミングで、kill -USR2 {{アプリケーションのpid}}を実行して、ヒープダンプを走らせます[*12]。

```
$ kill -USR2 {{アプリケーションのpid}}
```

heapdumpモジュールを利用してheapdump.writeSnapshot()を実行するとheapdump-xxxxというファイルが生成されます。次にChromeのDevToolsを開きMemoryタブ内にあるProfilesから生成されたファイルをロードしていきます。

*12　killコマンドはプロセスにシグナルを送るためのコマンドです。プロセスの終了に用いられることが多いですが、それ以外の使い方もあります。

図8.4 memory

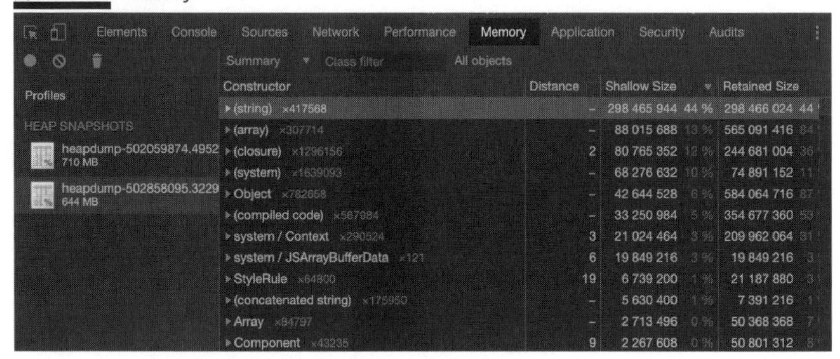

3点ヒープダンプ法とは、複数回（最低3回）取得したメモリのダンプを比較し、ガベージコレクションされないオブジェクトを探す方法です。

SummaryのAll objectsとなっているところからObjects allocated between heapdump-xxx and heapdump-yyyを選択するとそれぞれの比較ができます。それぞれの計測間で、新しくメモリの上に確保されたもののガベージコレクションされずに残ってしまっているオブジェクトがメモリリークを起こしていると考えられます。それぞれのポイントを比較するしくみ上、一定以上の長さと実際のアクセスを行った最低3点をみる必要があります。

筆者は、最初は10分間に3回以上の頻度として、取得することが多いです。その結果からガベージコレクションが発生していなさそうであれば、さらに時間と間隔を増やして確認をしていきます。

Column

SIGUSR2を使う理由

今回、利用するシグナルにSIGUSR2を割り当て、SIGUSR1を割り当てないのには理由があります。

SIGUSR1はLinux的にはユーザーが自由に使っていいシグナルになっていますが、Node.jsではdebuggerを起動するシグナルとして利用されています*a。

> 'SIGUSR1' is reserved by Node.js to start the debugger. It's possible to install a listener but doing so might interfere with the debugger.

*a https://nodejs.org/api/process.html#process_signal_events

おわりに

筆者は、新しい技術を習得するコツは「なぜ」という疑問を持ってみることだと考えています。なぜその言語や機能が必要だったのかということを気にしてみると利用のシーンも見えやすくなりますし、別の技術で必要だったあれってこの技術ではどうなるんだろう、と知識どうしがつながりやすくなっていきます。

筆者は社会人として働き始めるまで、JavaScriptはおろかWebの開発経験もありませんでした。入社して先輩からシステムを引き継ぎ、開発をしていく中で、見た目を装飾し、気持ちよく動作させるフロントエンドやJavaScriptの楽しさに引き込まれていきました。もちろん担当はフロントエンドだけではなくバックエンドの開発もあり、その中でバックエンドも同じJavaScriptで記述できるNode.jsの採用は自分にとってとても効率的に思えました。

筆者がNode.jsに触れ始めたのはv0.10とメジャーバージョンが1にもなっていなかったころで、Node.jsに限らずWebに関する知識も足りず、いろいろと苦労したことを覚えています。実際、本書に記載されているような失敗をいくつも経験しています。

Node.jsを書くのも慣れてきたころに、たまたまNode.jsのコードを読む勉強会に参加する機会がありました。毎週泣きながらコードを読み、なぜそのAPIがそういった実装になっているのか、その設計の理由まで深ぼりをする非常にハードな内容でした。しかし、ただアプリケーションをつくっているだけでは得られなかった知識を、Node.jsのコードを通して身につけられたのも事実です。

自身の知見を惜しみなく伝え、周囲のレベルを引き上げてくれたメンバーからもらったものを、また別の人に伝えることで返していきたいというのが本書を執筆した動機のひとつでもあります。

また、Node.jsを通して多くの機能やコードを知ることで、フロントエンドだけを開発していたころには知ることもなかった「なぜ」に多く触れました。これはエンジニアとしての幅を広げてくれた貴重な経験だと考えています。

本書に書いてあることは必ずしもすべての正解とは思いませんし、今後多くのものは変わっていくでしょう。Node.jsそのものが廃れることもあるかもしれません。しかし、技術は積み重ねてきたものの発展です。Node.jsを通して学んだエッセンスは死にません。身につけたことは、新しい技術の概念を理解するスピードも増すでしょう。

本書は、「なぜ」を知ってもらうために、単純な技術の説明だけでなく、筆者の見た歴史や得た経験、考えをできる限り詰め込みました。本書がJavaScriptやNode.jsを通して、読者の方々のプログラミング人生の一助となれれば幸いです。

謝辞

本書はヤフーで一緒にNode.jsのサポートチーム活動をしていた栗山太希さんにレビューをいただきました。内容の正誤だけではなく、伝わりやすさに至るまで多くの貴重なコメントをいただきました。深い感謝を申し上げます。また、本書執筆の機会をいただき、多大なサポートをいただいた技術評論社の野田大貴さんにもこの場を借りて感謝を申し上げます。

参考文献

一部は文中に記載。

■ **Node.js とは** https://nodejs.org/ja/about/

■ **Introduction To Node.js** https://nodejs.dev/en/learn/introduction-to-nodejs/

■ **Introduction to Node.js with Ryan Dahl** https://www.youtube.com/watch?v=jo_B4LTHi3I

■ **Index | Node.js v16.14.0 Documentation** https://nodejs.org/dist/latest-v16.x/docs/api/

■ **The C10K problem** http://www.kegel.com/c10k.html

■ **JavaScript Primer** https://jsprimer.net/

■ **Yahoo! Japan Tech Blog** https://techblog.yahoo.co.jp/javascript/nodejs/callback-to-promise/

■ **Minimum Hands-on Node.js / minimum handson nodejs - Speaker Deck（栗山太希著）** https://speakerdeck.com/ajido/minimum-handson-nodejs

■ **kohsweblog（伊藤康太著）** https://blog.koh.dev

索引

H

I

J

L

M

N

P

R

S

■著者プロフィール
伊藤 康太（いとう こうた）
2013年にヤフー株式会社に入社。情報システム部門やプラットフォーム部門にて企画・開発・運用に従事。
またヤフーにおけるスペシャリスト認定制度である黒帯（Webフロントエンド）を拝命し、社内横断の組織にて技術や開発のサポート、OSSへのフィードバックなどに携わる。
2022年よりRPGテック合同会社に参画し、スタートアップ・新規事業の開発やアドバイザー業務などを手掛ける。
著書に『動かして学ぶ！Slackアプリ開発入門（共著、翔泳社）』、その他ウェブメディアや雑誌への寄稿も行う。

●**本書サポートページ**
https://gihyo.jp/book/2023/978-4-297-12956-9
本書記載の情報の修正／補足については、当該Webページで行います。

●**装丁デザイン**：西岡裕二
●**本文デザイン**：西岡裕二、山本宗宏（株式会社Green Cherry）
●**組版**：山本宗宏（株式会社 Green Cherry）
●**作図**：酒徳葉子
●**編集**：野田大貴

実践 Node.js 入門 ―基礎・開発・運用

2023年 2月 8日 初 版 第1刷発行
2024年 7月 1日 初 版 第2刷発行

著 者 伊藤 康太
発行者 片岡 巌
発行所 株式会社技術評論社
東京都新宿区市谷左内町21-13
TEL：03-3513-6150 販売促進部
TEL：03-3513-6177 第５編集部
印刷／製本 日経印刷株式会社

ISBN978-4-297-12956-9 C3055
Printed in Japan